TRAINING

Gymnasium

Mathematik 6. Klasse

Elena Nettelbeck

STARK

Autorin: Mag. Elena Nettelbeck unterrichtete nach dem Abschluss des Lehramtsstudiums Mathematik/Germanistik ab 1987 an Gymnasien und Handelsakademien in Österreich. Seit 2004 ist sie am Nymphenburger Gymnasium in München tätig. Besonders wichtig ist es ihr, ihre Schülerinnen und Schüler individuell zu fördern und zu fordern.
Dies verwirklicht sie neben ihrer Unterrichtstätigkeit auch durch ihre Mitarbeit in mathematischen Arbeitsgemeinschaften und durch ihre langjährige Tätigkeit als Nachhilfelehrerin.

www.stark-verlag.de
1. Auflage 2019

Inhalt

Autorin: Elena Nettelbeck

Vorwort an die Schüler

Liebe Schülerin, lieber Schüler,

mit diesem auf den Lehrplan abgestimmten Trainingsbuch kannst du den **gesamten Unterrichtsstoff** für Mathematik in der **6. Klasse** selbstständig wiederholen und dich optimal auf Klassenarbeiten/Schulaufgaben vorbereiten.

- Wie du geschickt auch an schwierige Mathematikaufgaben herangehst, erfährst du im Kapitel **Methoden**.
- In den weiteren Kapiteln werden alle **wesentlichen Themen** aufgegriffen und anhand von ausführlichen **Beispielen** veranschaulicht. **Hilfreiche Hinweise** erklären dir die einzelnen Rechen- oder Denkschritte genau. Die Zusammenfassungen der **zentralen Inhalte** sind außerdem in farbiger Schrift hervorgehoben.
- **Zahlreiche Übungsaufgaben** mit ansteigendem Schwierigkeitsgrad bieten dir die Möglichkeit, die verschiedenen Themen einzuüben. Hier kannst du überprüfen, ob du den gelernten Stoff auch anwenden kannst. Komplexere Aufgaben, bei denen du wahrscheinlich etwas mehr Zeit zum Lösen brauchen wirst, sind mit einem ✱ gekennzeichnet.
- Zu allen Aufgaben gibt es am Ende des Buches **ausführlich ausgearbeitete Lösungen** mit **Hinweisen**, die dir den Lösungsansatz und die jeweiligen Schwierigkeiten genau erläutern.
- Begriffe, die dir unklar sind, kannst du im **Grundwissen der 5. und 6. Klasse** nachschlagen. Dort sind alle wichtigen Definitionen zusammengefasst, die du am Ende der 6. Klasse wissen musst.

Ich wünsche dir gute Fortschritte bei der Arbeit mit diesem Buch und viel Erfolg in der Mathematik!

Elena Nettelbeck

Vorwort an die Eltern

Liebe Eltern,

ich freue mich, dass Sie Ihr Kind auf dem Weg durch das Gymnasium unterstützen, und wünsche Ihnen dabei viel Erfolg.

Dieses Buch enthält den gesamten **Unterrichtsstoff** der 6. Klasse in prägnanter und schülergerechter Form und ist somit eine optimale Ergänzung zum Unterricht:

- Mithilfe von eingängigen Beispielen und abwechslungsreichen Aufgaben kann Ihr Kind den gesamten **Unterrichtsstoff nacharbeiten und festigen**.
- Bestehende **Lücken** können leicht **beseitigt** werden, indem Sie das entsprechende Kapitel auswählen, es wiederholen und die zugehörigen Aufgaben rechnen lassen.
- Bei den **vermischten Aufgaben** kann Ihr Kind überprüfen, ob es den gelernten Stoff auch dann anwenden kann, wenn es vorher nicht genau weiß, zu welchem Themengebiet die Aufgabe gehört.
- Ihr Kind kann sich mit dem Buch auch ideal **auf Klassenarbeiten / Schulaufgaben vorbereiten** und am Ende des Schuljahres den **gesamten Stoff wiederholen**.

Ihr Kind hat **verschiedene Möglichkeiten**, mit diesem Buch zu **üben**. Diese sind in dem Abschnitt „So arbeitest du mit diesem Buch“ aufgeführt. Beachten Sie dabei Folgendes:

- Ihr Kind sollte die Aufgaben immer selbstständig lösen, ohne den Lösungsteil zu benutzen. Dieser dient nur der Überprüfung.
- Gelingt das Lösen einer Aufgabe nicht, sollte Ihr Kind zunächst die Erklärungen und die zugehörigen Beispiele durcharbeiten und sich anschließend erneut mit der Aufgabe befassen.
- Erscheint die Aufgabe dennoch zu schwierig, sollte Ihr Kind die Aufgabe markieren, sie mithilfe des Lösungsteils bearbeiten und nach einer gewissen Zeit die Aufgabe noch einmal selbst lösen.

Ich wünsche Ihrem Kind viel Freude bei der Arbeit mit dem Buch und anhaltenden Erfolg in der Schule.

Elena Nettelbeck

Elena Nettelbeck

So arbeitest du mit diesem Buch

Besonders effektiv kannst du mit diesem Buch **arbeiten**, wenn du dich an den folgenden Vorgehensweisen orientierst:

- Lies dir zunächst die **Methoden** zur Lösung von Mathematikaufgaben gründlich durch. Versuche dann, dich bei der Bearbeitung der Aufgaben an diese Schritte zu halten.
- Um den **Unterrichtsstoff zu trainieren**, hast du grundsätzlich zwei verschiedene Möglichkeiten:

  Methode 1:
  - Bearbeite zunächst den **Unterrichtsstoff mit den Beispielen**.
  - Löse anschließend selbstständig die **Übungsaufgaben** in der angegebenen Reihenfolge.
  - Schlage bei der **Bearbeitung der Aufgaben** erst dann in den Lösungen nach, wenn du mit einer Aufgabe wirklich fertig bist.
  - Solltest du mit einer Aufgabe gar nicht zurechtkommen, dann markiere sie und bearbeite sie mithilfe der Lösung.
  - Versuche, die Aufgabe nach ein paar Tagen noch einmal selbstständig zu lösen.

  Methode 2:
  - Beginne damit, einige **Übungsaufgaben in einem Kapitel zu lösen** und danach mit den angegebenen Lösungen zu vergleichen.
  - Wenn alle Aufgaben richtig sind, bearbeitest du die weiteren Aufgaben des Kapitels.
  - Bei Unsicherheiten oder Schwierigkeiten **wiederholst du die entsprechenden Inhalte** in den einzelnen Kapiteln.
- Die **vermischten Aufgaben** solltest du erst lösen, wenn du das zugehörige Kapitel sicher beherrschst. Dadurch kannst du überprüfen, ob du die erlernten Lösungsmethoden auch dann anwenden kannst, wenn du vorher nicht genau weißt, aus welchem Themengebiet die Aufgabe kommt.
- An die **komplexeren Aufgaben**, die du an dem ✱ erkennst, solltest du dich erst dann wagen, wenn du die übrigen Aufgaben gut lösen konntest. Lass dich jedoch nicht entmutigen, wenn du bei diesen schwierigen Aufgaben nicht sofort auf eine Lösung kommst.
- Stolperst du in den einzelnen Kapiteln oder den Lösungen über Begriffe, die dir unklar sind, kannst du diese im **Grundwissen der 5. und 6. Klasse** nachschlagen. Ebenfalls kannst du damit am Ende der 6. Klasse noch einmal alle wichtigen Definitionen wiederholen.

Methoden

Wenn du eine mathematische Aufgabe lösen möchtest, ist es wichtig, strukturiert vorzugehen.

Schritt 1:
Lies die Aufgabenstellung genau durch. Dabei hilft es oft, wichtige Teile (also Zahlen oder mathematische Begriffe) zu **markieren**. Um die Aufgabe gut zu verstehen, kannst du dir auch aufschreiben, was **gegeben** und was **gesucht** ist.

Schritt 2:
Überlege, ob du **Formeln** kennst, die bei der Lösung der Aufgabe helfen können. Diese Formeln schreibst du gegebenenfalls auf. Falls es keine Formel gibt, die direkt auf die Aufgabe passt, versuche, die Aufgabe **in Teilschritte zu zerlegen**, die du entweder mit Formeln oder mit Rechengesetzen lösen kannst.

Schritt 3:
Führe alle notwendigen **Rechnungen** durch. Achte dabei auf eine übersichtliche Form und konzentriere dich, damit dir keine Flüchtigkeitsfehler unterlaufen.

Schritt 4:
Lies die Aufgabenstellung noch einmal durch und **überprüfe**, ob dein Ergebnis die Antwort auf die Fragestellung ist. Überlege danach, ob du einen **Antwortsatz** formulieren musst oder ob es reicht, das Ergebnis zu unterstreichen.

Beispiel

Marianne möchte einen neuen Teppichboden für ihr Zimmer. Das Zimmer ist 4,5 m lang und 2,3 m breit.
Wie viel Quadratmeter muss der Teppichboden haben, damit er den Boden des Zimmers bedeckt?

Lösung:

Schritt 1:

Markieren der wesentlichen Informationen in der Aufgabe:
Marianne möchte einen neuen Teppichboden für ihr Zimmer. Das Zimmer ist 4,5 m lang und 2,3 m breit.
Wie viel Quadratmeter muss der Teppichboden haben, damit er den Boden des Zimmers bedeckt?

Ins Heft kannst du aufschreiben:

Gegeben: $a = 4{,}5$ m
$= 45$ dm
$b = 2{,}3$ m
$= 23$ dm

Gesucht: Flächeninhalt des Bodens in Quadratmetern

Schritt 2:

Das Zimmer hat die Form eines Rechtecks. Die Formel für den Flächeninhalt eines Rechtecks lautet:

$A = a \cdot b$

Diese Formel schreibst du in dein Heft.

Schritt 3:

Nun setzt du die notwendigen Zahlen ein und führst die Rechnung aus:
$A = a \cdot b = 45 \text{ dm} \cdot 23 \text{ dm} = 1\,035 \text{ dm}^2$

Nebenrechnung:

$$\begin{array}{r} 45 \cdot 23 \\ \hline 90 \\ 135 \\ \hline 1\,035 \end{array}$$

Schritt 4:

Lies die Aufgabenstellung noch einmal durch. Du merkst, dass du die Antwort in Quadratmetern angeben sollst, also musst du noch **umwandeln**:
$A = 1\,035 \text{ dm}^2 = 10{,}35 \text{ m}^2$

Antwortsatz:
Der Teppichboden muss $10{,}35 \text{ m}^2$ haben, damit er den Boden des Zimmers bedeckt.

Einführung in die Bruchrechnung

1 Brüche als Anteile vom Ganzen

Die Klasse 6b macht einen Ausflug in den Zoo, auf den sich alle 30 Kinder schon lange gefreut haben. Auf dem Heimweg fragt der Klassenlehrer die Kinder, welche Tiere ihnen am besten gefallen haben. Zwölf mochten die Tiger besonders gern und sechs fanden die Pinguine am lustigsten. Die Affen zu beobachten, fanden ebenfalls zwölf Kinder besonders spannend.

Aus diesen Antworten lassen sich die Anteile für die jeweils genannten Tiere berechnen.

Anteile vom Ganzen lassen sich als **Brüche** darstellen. Dabei gibt der Nenner an, aus wie vielen gleich großen Teilen das Ganze besteht. Der Zähler zeigt, wie viele dieser Teile man nimmt.

$\frac{12}{30}$ ← Zähler → $\frac{1}{2}$
← Bruchstrich →
← Nenner →

Sprich: zwölf Dreißigstel — Sprich: ein Halbes

Beispiele

1. Gib den Anteil der Kinder an, denen die Pinguine am besten gefallen haben.

   Lösung:
   Die Klasse 6b besteht aus **30 gleichen Teilen**, da 30 Kinder in der Klasse sind. Der Nenner ist **30**.
   6 Kindern haben die Pinguine am besten gefallen. Der Zähler ist **6**.
   Nun kann der Anteil der Kinder, denen die Pinguine am besten gefallen haben, als Bruch geschrieben werden: $\frac{6}{30}$

2. Welcher Anteil der folgenden Figur ist gefärbt?

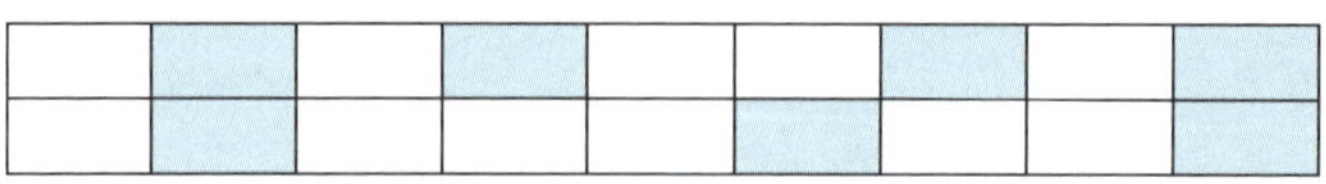

   Lösung:
   Die Figur besteht aus **18 gleich großen Teilen**. Der Nenner ist **18**.
   7 Teile sind farbig. Der Zähler ist **7**.
   Der Anteil der gefärbten Fläche kann als Bruch geschrieben werden: $\frac{7}{18}$

3. In der 6a sind 32 Kinder. Die Hälfte der Kinder hat genau einen Bruder oder eine Schwester. Drei Achtel der Kinder sind Einzelkinder. Wie viele Kinder haben mehr als einen Bruder oder eine Schwester?

   Lösung:
   Erst wird berechnet, wie viele Kinder es jeweils sind.
   Für die **Hälfte** muss man 32 in zwei Teile teilen:
   $32 : \mathbf{2} = 16 \;\Rightarrow\;$ 16 Kinder

   Für **Achtel** muss man 32 in acht Teile teilen:
   $32 : \mathbf{8} = 4 \;\Rightarrow\;$ 4 Kinder

   Man braucht aber **drei Achtel**:
   $\mathbf{3} \cdot 4 = 12 \;\Rightarrow\;$ 12 Kinder

   Durch Addieren der beiden Ergebnisse wird berechnet, wie viele Kinder das zusammen sind:
   $\mathbf{16} + \mathbf{12} = 28 \;\Rightarrow\;$ 28 Kinder

   Um herauszufinden, wie viele Kinder noch fehlen, wird von der Gesamtzahl das bisherige Ergebnis subtrahiert:
   $\mathbf{32} - \mathbf{28} = 4 \;\Rightarrow\;$ 4 Kinder

   4 Kinder haben mehr als einen Bruder oder eine Schwester.

1 Maria geht gerne mit ihrem Vater einkaufen. Heute fahren sie auf den Wochenmarkt, um Äpfel zu kaufen. Sie sucht vier gelbe, sieben rote und drei grüne Äpfel aus.
Schreibe den Anteil der roten Äpfel als Bruch.

2 Gib den Anteil der Figur an, der gefärbt ist.

a) 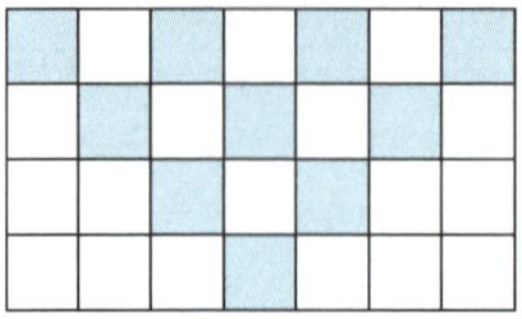

b) 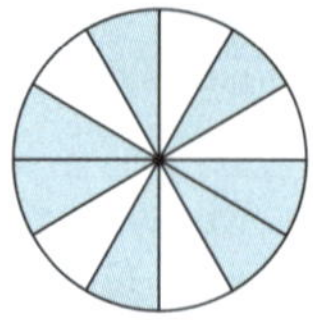

c) 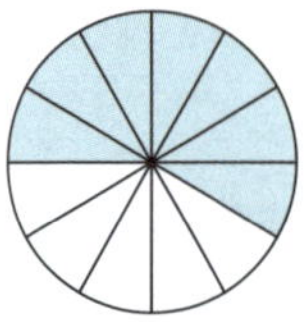

d) 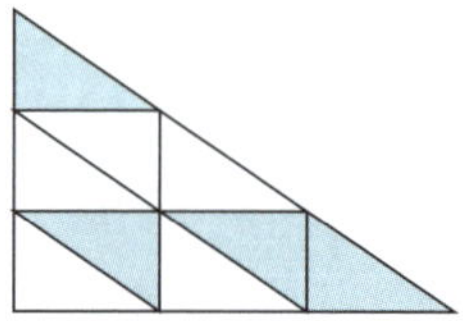

e) 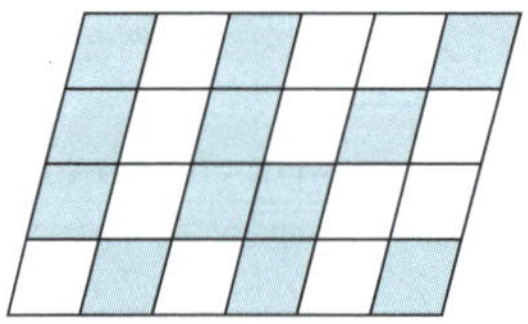

f) 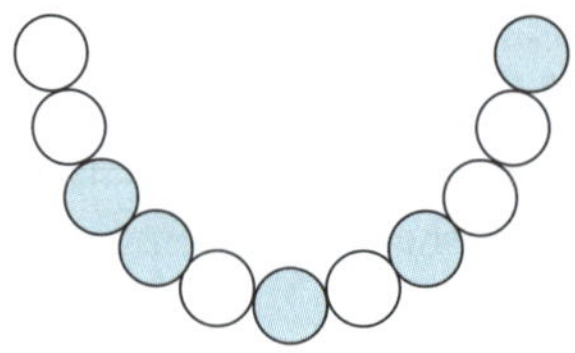

3 Zeichne für jede dieser Aufgaben ein Rechteck mit der Länge von sechs Kästchen und der Breite von 5 Kästchen. Du hast also insgesamt 30 Kästchen in deinem Rechteck.
Färbe nun die folgenden Anteile der Rechtecksfläche, die hier als Bruch angegeben sind:

a) $\frac{5}{30}$

b) $\frac{1}{2}$

c) $\frac{3}{5}$

d) $\frac{2}{6}$

4 Christian bekommt im Monat 24 € Taschengeld. Er sagt: „Ich gebe 6 € davon für Süßigkeiten aus. Meistens gehe ich einmal ins Kino, dann sind 10 € weg. Für Comics gebe ich 5 € aus und den Rest spare ich."

a) Zeichne ein Rechteck mit 6 Kästchen Länge und 4 Kästchen Breite und markiere in diesem Rechteck die Anteile in verschiedenen Farben: male den Anteil für die Süßigkeiten grau aus, den für das Kino farbig und den Anteil für die Comics schwarz.

b) Gib den Anteil an, der weiß bleibt.

c) Bestimme, wie viele Euro dieser Anteil ausmacht.

2 Grafische Darstellung von Brüchen

Auf der Geburtstagsfeier von Anna wird der Kuchen in zehn Stücke geteilt. Davon essen Anna und Rebecca jeweils ein Stück. Daniel isst zwei Stücke und Marco nimmt sich ebenfalls zwei Stücke. Klaus, dem der Kuchen besonders gut schmeckt, gönnt sich sogar drei Stücke. Welcher Anteil des Kuchens bleibt übrig?

> Man kann Anteile vom Ganzen, also Brüche, auf verschiedene Arten grafisch darstellen. Die drei häufigsten Möglichkeiten sind das **Rechteckdiagramm**, das **Streifendiagramm (Balkendiagramm)** und das **Kreisdiagramm**.

Beispiel

Veranschauliche die Anteile $\frac{9}{10}$ und $\frac{1}{10}$ grafisch.

Lösung:

Für das Rechteckdiagramm wählt man ein günstiges Rechteck. Es hat genau so viele Kästchen oder Quadratzentimeter, wie das Ganze Teile hat. Dann kann man die Anteile leicht einzeichnen.

Wenn man **zehn Teile** braucht, kann man z. B. ein Rechteck mit **5 cm Länge** und **2 cm Breite** wählen, weil $5 \cdot 2 = 10$ gilt.

Um $\frac{9}{10}$ und $\frac{1}{10}$ zu veranschaulichen, nimmt man **9** Kästchen und **1** Kästchen.

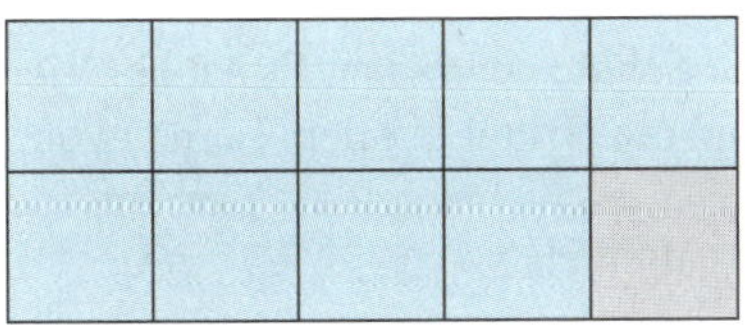

Für das Streifendiagramm (Balkendiagramm) wählt man ein Rechteck mit einer günstigen Länge. Es ist genauso viele Zentimeter lang, wie das Ganze Teile hat. Dann kann man die Anteile leicht einzeichnen.

Für die Breite des Rechtecks bietet sich 1 cm an.

Um $\frac{9}{10}$ und $\frac{1}{10}$ zu veranschaulichen, nimmt man **9 cm** und **1 cm** Länge.

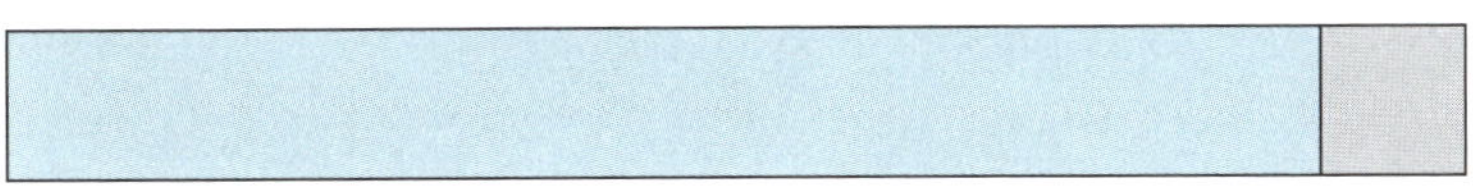

Für das Kreisdiagramm teilt man die 360° um den Mittelpunkt in genauso viele Teile, wie das Ganze hat. Dann kann man die Anteile leicht einzeichnen.

$360° : \mathbf{10} = 36°$

Um $\frac{9}{10}$ und $\frac{1}{10}$ zu veranschaulichen, multipliziert man 36° mit **9** bzw. **1**.

Also nimmt man die Mittelpunktswinkel $9 \cdot 36° = \mathbf{324°}$ und $1 \cdot 36° = \mathbf{36°}$.

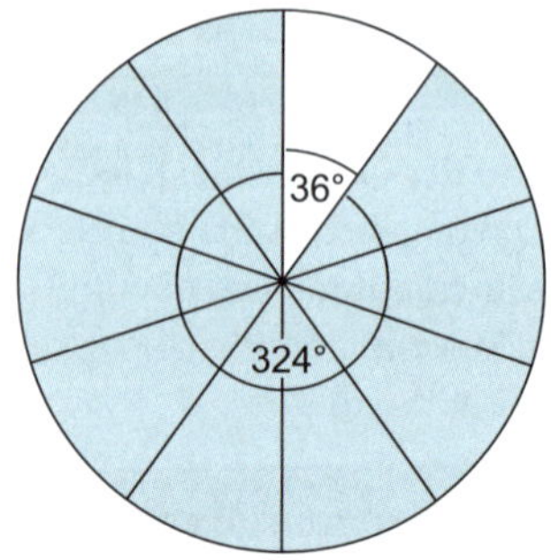

5 Veranschauliche folgende Anteile durch passende Rechtecke.

a) $\frac{4}{15}$ b) $\frac{13}{20}$

6 Veranschauliche folgende Anteile durch Kreisdiagramme mit einem Radius von 2 cm.

a) $\frac{4}{15}$ b) $\frac{13}{20}$

c) $\frac{4}{6}$ d) $\frac{7}{8}$

7 Am Wochenende hat Nico 4 Stunden für die Schule gearbeitet. Er hat ein Viertel der Zeit mit den Hausaufgaben verbracht und ein Drittel mit dem Lernen von Lateinvokabeln. Zusätzlich hat er 40 Minuten Geschichte gelernt. Den Rest der Zeit hat er für die Erstellung eines Referats gebraucht.
Veranschauliche Nicos Zeitaufwand für die Schule

a) mit einem Kreisdiagramm.

b) mit einem Streifendiagramm (Balkendiagramm).

8 Argumentiere mithilfe eines geeigneten Rechtecks, das für beide Brüche gezeichnet werden kann, ob die folgenden Aussagen stimmen.

a) $\frac{2}{5} < \frac{3}{7}$ b) $\frac{5}{8} > \frac{2}{3}$

9 Ahmed bekommt im Monat 36 € Taschengeld. Er gibt ein Viertel davon für einen Kinobesuch aus, ein Drittel für Süßigkeiten und ein Sechstel für Sticker. Den Rest spart er. Mit welchem Diagramm würdest du die Anteile darstellen? Erläutere, wieso du diese Darstellungsform wählen würdest.

3 Kürzen und Erweitern von Brüchen

Mario, Ahmed, Alina und Serap haben eine Tafel Schokolade geschenkt bekommen und wollen diese nun untereinander aufteilen. Sie zählen ab, wie viele Stückchen Schokolade die Tafel hat. Wie können sie gerecht teilen?

Man kann einen bestimmten Anteil des Ganzen verschieden darstellen:

- Wenn man ihn in mehr kleinere Teile aufteilt, spricht man davon, den Bruch zu **erweitern**. Man erweitert einen Bruch durch Rechnung, indem man Zähler und Nenner des Bruchs mit derselben Zahl **multipliziert**.
- Wenn man mehrere kleine Teile zu einem größeren zusammenfasst, spricht man davon, den Bruch zu **kürzen**. Man kürzt einen Bruch durch Rechnung, indem man Zähler und Nenner des Bruchs durch dieselbe Zahl **dividiert**.

Beispiele

1. $\frac{1}{6} = \frac{1 \cdot \mathbf{4}}{6 \cdot \mathbf{4}} = \frac{4}{24}$
   Die beiden Brüche drücken denselben Anteil aus, sie sind wertgleich.

$\frac{1}{6}$

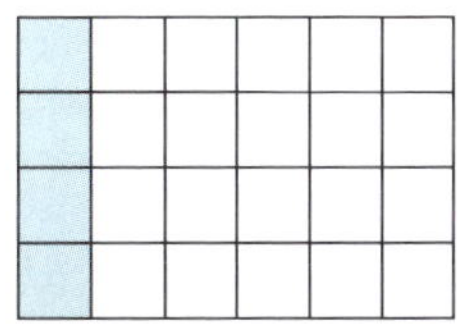

$\frac{4}{24}$

2. $\frac{4}{20} - \frac{4 : \mathbf{4}}{20 : \mathbf{4}} = \frac{1}{5}$
   Die beiden Brüche drücken denselben Anteil aus, sic sind wertgleich.

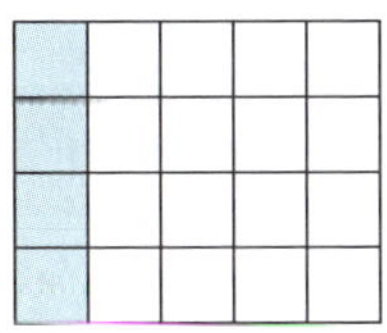

$\frac{4}{20}$

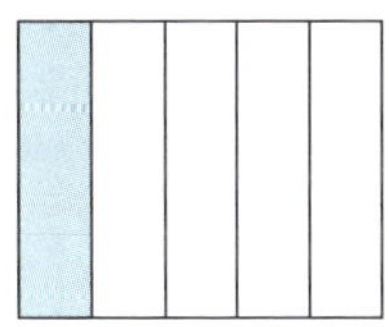

$\frac{1}{5}$

3. Nina, Gamze und Jonas sind in der Pizzeria. Sie haben eine Pizza Regina und eine Pizza Hawaii bestellt. Als diese serviert werden, sehen sie, dass sie jeweils in vier Stücke geschnitten sind. Alle drei wollen aber von jeder Pizza kosten und es soll gerecht sein, also soll jeder genau $\frac{1}{3}$ von jeder Pizza erhalten. Wie können sie gerecht teilen?

   Lösung:
   Mathematisch muss man einen Bruch finden, der sowohl aus Dritteln als auch aus Vierteln durch Erweitern hervorgehen kann. Man versucht also, das **kleinste gemeinsame Vielfache** der beiden Nenner zu finden (vgl. Seite 18).

In dieser Zahl sind sowohl die 3 als auch die 4 enthalten:
V(3) = {3, 6, 9, **12**, 15, 18, 21, 24, …}
V(4) = {4, 8, **12**, 16, 20, 24, 28, 32, …}
Der gesuchte Nenner ist also **12**. Man muss die vier Viertel der Pizza Regina und die der Pizza Hawaii jeweils zu zwölf Zwölfteln erweitern:
$\frac{4}{4} = \frac{4 \cdot \mathbf{3}}{4 \cdot \mathbf{3}} = \frac{12}{12}$
Jede der beiden Pizzen wird in 12 Teile geteilt. Es gibt also insgesamt 24 Stücke. Diese werden auf 3 Personen aufgeteilt:
24 : **3** = 8
Jeder erhält daher 8 kleine Pizzastücke, von jeder Pizza 4.

10 Übertrage die Tabelle in dein Heft und ergänze die fehlenden Zahlen.

a) Erweitere den Bruch um die vorgegebene Zahl. Das fett gedruckte Beispiel zeigt dir, wie es geht.

$\mathbf{\frac{2}{7}}$	$\frac{2}{3}$	$\frac{5}{9}$	$\frac{3}{11}$	$\frac{3}{4}$	$\frac{1}{10}$	$\frac{7}{12}$	$\frac{9}{16}$	$\frac{4}{15}$	$\frac{23}{60}$
4	4	2	5	6	3	8	11	20	5
$\mathbf{\frac{2 \cdot 4}{7 \cdot 4} = \frac{8}{28}}$									

b) Gib an, mit welcher Zahl erweitert wurde.

$\mathbf{\frac{2}{5}}$	$\frac{3}{7}$	$\frac{5}{9}$	$\frac{2}{3}$	$\frac{12}{25}$	$\frac{7}{15}$	$\frac{3}{8}$	$\frac{1}{12}$	$\frac{5}{16}$	$\frac{9}{10}$
4									
$\mathbf{\frac{8}{20}}$	$\frac{21}{49}$	$\frac{30}{54}$	$\frac{22}{33}$	$\frac{48}{100}$	$\frac{28}{60}$	$\frac{9}{24}$	$\frac{12}{144}$	$\frac{10}{32}$	$\frac{45}{50}$

c) Kürze den Bruch mit der vorgegebenen Zahl. Das fett gedruckte Beispiel zeigt dir, wie es geht.

$\mathbf{\frac{4}{14}}$	$\frac{7}{21}$	$\frac{35}{40}$	$\frac{18}{48}$	$\frac{30}{50}$	$\frac{28}{70}$	$\frac{22}{121}$	$\frac{4}{6}$	$\frac{8}{28}$	$\frac{12}{27}$
2	7	5	6	10	14	11	2	4	3
$\mathbf{\frac{4:2}{14:2} = \frac{2}{7}}$									

d) Gib an, durch welche Zahl gekürzt wurde.

$\mathbf{\frac{20}{35}}$	$\frac{12}{32}$	$\frac{30}{75}$	$\frac{21}{28}$	$\frac{30}{88}$	$\frac{33}{121}$	$\frac{21}{45}$	$\frac{25}{40}$	$\frac{140}{210}$	$\frac{45}{81}$
5									
$\mathbf{\frac{4}{7}}$	$\frac{3}{8}$	$\frac{2}{5}$	$\frac{3}{4}$	$\frac{15}{44}$	$\frac{3}{11}$	$\frac{7}{15}$	$\frac{5}{8}$	$\frac{2}{3}$	$\frac{5}{9}$

11 Luisas Katze ist über das Mathematikheft gelaufen und hat Spuren hinterlassen. Ergänze die Zahl so, dass die Brüche wertgleich sind.

a) $\frac{4}{7} = \frac{12}{\square}$ b) $\frac{3}{5} = \frac{\square}{40}$

c) $\frac{7}{9} = \frac{49}{\square}$ d) $\frac{4}{15} = \frac{20}{\square}$

e) $\frac{8}{24} = \frac{\square}{3}$ f) $\frac{12}{16} = \frac{3}{\square}$

12 Erweitere die Brüche so, dass sie denselben Nenner besitzen.

a) $\frac{3}{4}$ und $\frac{2}{3}$ b) $\frac{8}{15}$ und $\frac{1}{2}$ c) $\frac{4}{9}$ und $\frac{2}{3}$

13 In den folgenden gleich großen Rechtecken sind verschiedene Teilflächen gefärbt. Gib die gefärbten Anteile der Rechtecksflächen an und vergleiche ihre Größe miteinander.

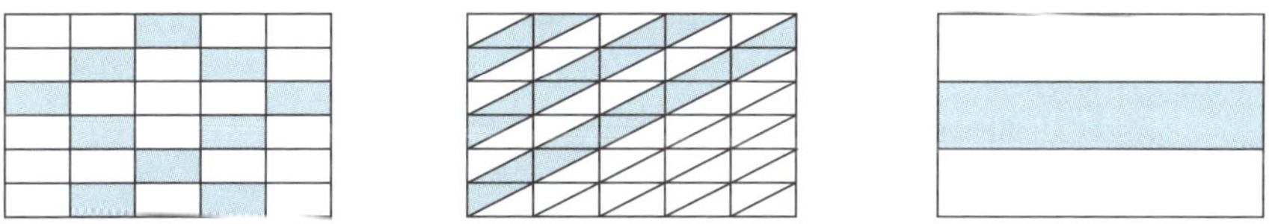

14 Erweitere und/oder kürze so, dass der Nenner eine der Zehnerpotenzen 10, 100 oder 1 000 ist.

a) $\frac{3}{4}$ b) $\frac{2}{20}$ c) $\frac{4}{25}$

15 Kann man zu jedem Bruch mindestens zwei wertgleiche Brüche finden? Begründe deine Antwort.

16 Sind die beiden Brüche $\frac{9}{15}$ und $\frac{12}{20}$ wertgleich?
Erläutere zuerst, wie du die Frage beantworten kannst, und gib dann eine Antwort.

* **17** Gib alle Brüche mit dem Nenner 20 an, die sich noch kürzen lassen, schreibe sie auch in der gekürzten Form.

4 Quotienten als Brüche

Svenja, Beate und Maria laufen bei ihrem Ausdauertraining fünf Runden mit insgesamt 20 km. Das erste Viertel dieser Strecke laufen sie sich langsam warm. Dann folgt ein Drittel, in dem sie sehr schnell laufen, bevor sie im nächsten Viertel ein mittleres Tempo wählen. Das letzte Sechstel ist dem langsamen Auslaufen gewidmet.

Man kann Quotienten als Brüche auffassen, indem man die vorliegende Größe durch die Zahl teilt, die den Anteil angibt. Dadurch können sich auch **unechte Brüche** ergeben, d. h. Brüche, deren **Zähler größer** ist als der **Nenner**. Diese kann man in **gemischte Zahlen** oder in **natürliche Zahlen** umwandeln. Dadurch ist nun jede Division durch eine natürliche Zahl ausführbar.

Beispiele

1. Berechne den Anteil der Warmlaufphase an den Runden bzw. an den gelaufenen Kilometern.

   Lösung:

   Ein Viertel von fünf Runden:

   $5:\mathbf{4}=\frac{5}{\mathbf{4}}$

   $5>4$

   $\frac{5}{4}=\frac{\mathbf{4}}{4}+\frac{\mathbf{1}}{4}=1+\frac{1}{4}=1\frac{1}{4}$

   (gemischte Zahl)

   Ein Viertel von 20 km:

   $20:\mathbf{4}=\frac{20}{\mathbf{4}}$

   $20>4$

   $\frac{20}{4}=\mathbf{5}$

   (natürliche Zahl)

   Die Warmlaufphase beträgt $1\frac{1}{4}$ Runden bzw. 5 km.

   Der Anteil wird durch einen Bruch angegeben.

   Der Zähler ist größer als der Nenner.

   $\frac{5}{4}$ kann in zwei Brüche aufgeteilt werden, denn 4 Viertel und 1 Viertel ergeben 5 Viertel. Die Zahl 20 lässt sich ohne Rest durch 4 teilen.

2. Carla liest ein Buch, das 450 Seiten hat. Sie will es in 20 Tagen fertig gelesen haben.
   Welchen Anteil muss sie jeden Tag lesen? Wie viele Seiten sind das?

Lösung:

Wenn sie das ganze Buch in 20 Tagen gelesen haben will, muss sie jeden Tag ein Zwanzigstel lesen:

Der Anteil wird durch einen Bruch angegeben.

$$\frac{\mathbf{1}}{\mathbf{20}}$$

Ein Zwanzigstel von 450 Seiten sind:

$$450 : \mathbf{20} = \frac{450}{20}$$

Man kann die Seitenanzahl als Bruch angeben.

$$= \frac{45}{2}$$

Dann kürzt man möglichst weit und gibt das Ergebnis als gemischte Zahl an.

$$= \frac{44}{2} + \frac{1}{2}$$

$$= 22\frac{1}{2}$$

Sie muss also jeden Tag $22\frac{1}{2}$ Seiten lesen.

3. Gib $\frac{23}{6}$ Stunden in Stunden und Minuten an.

Lösung:

$$\frac{23}{6} = \frac{18}{6} + \frac{5}{6} = \mathbf{3}\frac{\mathbf{5}}{\mathbf{6}}$$

Der Bruch wird in eine gemischte Zahl umgewandelt.

Der erste Teil der Antwort steht fest:
Es sind **drei** Stunden.

1 Stunde = 60 Minuten

$$\frac{1\,\text{h}}{6} = \frac{\mathbf{60\ min}}{\mathbf{6}} = 10\ \text{min}$$

Es wird der Anteil berechnet, den der Nenner des Bruches angibt.

$$10\ \text{min} \cdot \mathbf{5} = 50\ \text{min}$$

Es werden fünf Sechstel benötigt.

$\frac{23}{6}$ Stunden sind 3 Stunden und 50 Minuten.

4. Zeichne $\frac{9}{7}$ auf dem Zahlenstrahl ein.

Lösung:

Hier wird ein Maßstab gewählt, in dem 3,5 cm der Einheit 1 entspricht. Wenn $\frac{1}{7}$ genau bei 0,5 cm eingetragen wird, dann muss $\frac{9}{7}$ bei 9 Kästchen, also 4,5 cm stehen.

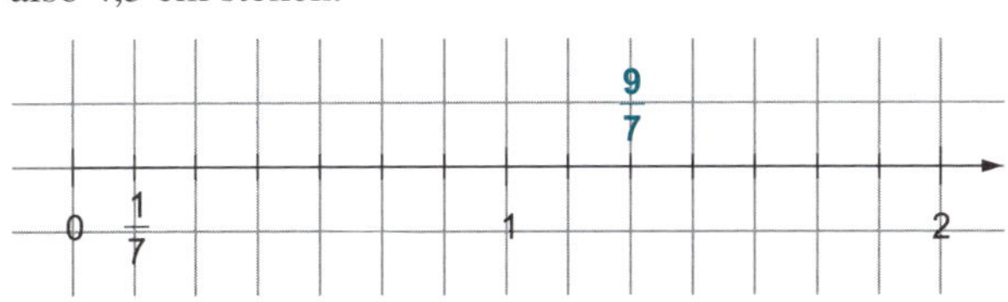

18 Kürze die folgenden Brüche möglichst weit und wandle sie im Anschluss in gemischte Zahlen um.

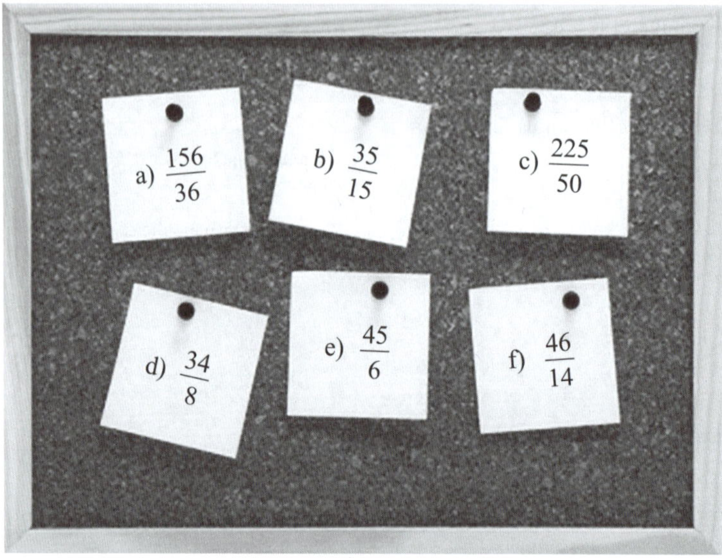

19 Fünf Kinder sollen sich 7 Tafeln Schokolade teilen.
Wie viel Schokolade bekommt jedes Kind? Gib das Ergebnis als gemischte Zahl an.

20 Wandle folgende Angaben in die geforderte Einheit um.

a) $\frac{8}{10}$ Stunden in Minuten

b) $\frac{15}{8}$ Kilometer in Meter

c) $\frac{15}{6}$ Tage in Stunden

d) $\frac{26}{7}$ Wochen in Tage

e) $\frac{7}{8}$ Kilogramm in Gramm

f) $\frac{14}{6}$ Minuten in Sekunden

21 Markiere jeweils die vier Brüche auf einem Zahlenstrahl. Wähle für jede Aufgabe einen passenden Maßstab, kennzeichne immer auch die Einheit 1.

a) $\frac{3}{8}, \frac{3}{4}, \frac{9}{8}, \frac{3}{2}$

b) $\frac{1}{6}, \frac{2}{3}, \frac{11}{12}, \frac{7}{6}$

c) $\frac{2}{5}, \frac{7}{10}, \frac{3}{5}, \frac{13}{10}$

* d) $-\frac{3}{4}, -\frac{1}{2}, \frac{3}{2}, \frac{9}{4}$

22 Für Wettkämpfe im Schwimmen trainieren Tarik und Jonas jeden Tag. Sie schwimmen zwei Stunden. Im ersten Zwölftel schwimmen sie sich ein. Dann folgt das Drittel des Trainings, in dem sie die Ausdauer trainieren. Ein weiteres Drittel ist den Kurzstrecken gewidmet und danach schwimmen sie ein Sechstel der Zeit möglichst nahe am Wettkampftempo. Den Rest der Zeit schwimmen sie sich langsam aus.

a) Wähle als Maßstab 3 cm für eine Stunde und veranschauliche ihr Training auf einer Zeitstrecke.

b) Wie lange dauert jede Trainingseinheit in Minuten?

23 Sind folgende Aussagen über Brüche mit natürlichen Zahlen in Zähler und Nenner wahr oder falsch? Kreuze an.

	wahr	falsch
a) Wenn der Zähler größer als der Nenner ist, befindet sich der zugehörige Bruch auf dem Zahlenstrahl links von der Eins.	☐	☐
b) Je größer der Nenner eines Bruches ist, desto weiter links auf dem Zahlenstrahl befindet er sich, wenn der Zähler gleich bleibt.	☐	☐
c) Je größer der Zähler eines Bruches ist, desto weiter links liegt er auf dem Zahlenstrahl, wenn der Nenner gleich bleibt.	☐	☐
d) Wenn der Zähler kleiner ist als der Nenner, kann man den Bruch als gemischte Zahl darstellen.	☐	☐
e) Ein Bruch kann als natürliche Zahl dargestellt werden, wenn der Nenner ein Teiler des Zählers ist.	☐	☐

24 Gib drei Brüche an, die größer als 2 sind. Erläutere dein Vorgehen.

5 Hauptnenner und Vergleichen von Brüchen

Anika und Sven haben gleich große Obstkuchen gebacken und laden ihre Freunde ein. Anikas Kuchen ist ein Erdbeerkuchen, den sie in 20 Stücke schneidet, Svens Kuchen ist ein Kirschkuchen, den er in 18 Stücke schneidet. Ihre Freunde langen kräftig zu und genießen die guten Kuchen. Von Anikas Kuchen werden 7 Stücke gegessen und von Svens Kuchen 6. Danach fragen sich Anika und Sven, wessen Kuchen beliebter war.

Man kann Anteile als Brüche darstellen und anschließend vergleichen.

- Wenn zwei Brüche **denselben Nenner** haben, ist jener größer, der den größeren Zähler hat.
- Wenn zwei Brüche **denselben Zähler** haben, ist jener größer, der den kleineren Nenner hat.

Brüche mit demselben Nenner nennt man **gleichnamig**. Haben zwei Brüche unterschiedliche Nenner, so kann man sie meist nicht so einfach vergleichen. Dann muss man sie erst gleichnamig machen, d. h., man erweitert so, dass sie denselben Nenner haben. Dafür muss das **kleinste gemeinsame Vielfache** der beiden Nenner gefunden werden.

Das kleinste gemeinsame Vielfache der Nenner wird als **Hauptnenner** (HN) bezeichnet. Er enthält sämtliche Primfaktoren der Nenner, aber keine zusätzlichen. Brüche werden auf den Hauptnenner erweitert und können so verglichen werden.

Es gibt zwei Methoden, um den Hauptnenner zu bestimmen. Man kann die **Vielfachenmengen** der Nenner aufschreiben. Das ist aber oft umständlich. Deshalb wählt man häufiger die Methode der **Primfaktorzerlegung**.

Beispiele

1. Welcher der beiden Brüche $\frac{12}{25}$ und $\frac{7}{15}$ ist größer?

Lösung:
Um die beiden Brüche vergleichen zu können, wird zunächst der Hauptnenner benötigt.

Möglichkeit 1: Primfaktorzerlegung

$25 = 5 \cdot \mathbf{5}$
$15 = 3 \cdot \mathbf{5}$

Die Nenner werden in ihre Primfaktoren zerlegt. Markiere gemeinsame Faktoren.

$$\mathrm{HN} = \mathrm{kgV}(25,\ 15) = \underbrace{\mathbf{5} \cdot \overbrace{5}^{}}_{25}\overbrace{\cdot\, 3}^{15} = 75$$

Gemeinsame Faktoren werden nur einmal in den Hauptnenner aufgenommen. Anschließend werden alle weiteren Faktoren der beiden Nenner ergänzt.

Möglichkeit 2: Vielfachenmenge

$V(25) = \{25, 50, \mathbf{75}, 100, 125, \ldots\}$
$V(15) = \{15, 30, 45, 60, \mathbf{75}, 90, \ldots\}$

Das kleinste gemeinsame Vielfache ist 75.

Die Brüche werden nun so erweitert, dass 75 im Nenner steht:

$$\frac{12}{25} = \frac{12 \cdot \mathbf{3}}{25 \cdot \mathbf{3}} = \frac{36}{75}$$

$$\frac{7}{15} = \frac{7 \cdot \mathbf{5}}{15 \cdot \mathbf{5}} = \frac{35}{75}$$

Wegen $36 > 35$ gilt:

$$\frac{12}{25} > \frac{7}{15}$$

Die Brüche sind gleichnamig. Man vergleicht also die Zähler 35 und 36.

2. Wurde von Anikas oder Svens Kuchen mehr gegessen?

Lösung:
Erst wird berechnet, welcher Anteil von jedem Kuchen gegessen wurde.

Anikas Kuchen: $\frac{7}{20}$

Svens Kuchen: $\frac{6}{18} = \frac{1}{3}$

Achte darauf, zu kürzen, falls dies möglich ist.

Mithilfe der Primfaktorzerlegung wird der Hauptnenner berechnet.

$20 = 2 \cdot 10 = 2 \cdot 2 \cdot 5 = 2^2 \cdot 5$
$3 = 3$
$\mathrm{HN} = \mathrm{kgV}(20,\ 3) = 2^2 \cdot 5 \cdot 3 = 60$

Es gibt keine gemeinsamen Faktoren in der Primfaktorzerlegung. Daher setzt sich der Hauptnenner aus allen in den beiden Nennern vorkommenden Faktoren zusammen.

Beide Brüche werden auf Sechzigstel erweitert und verglichen:

$\frac{7}{20} = \frac{7 \cdot \mathbf{3}}{20 \cdot \mathbf{3}} = \frac{21}{60}$ und $\frac{1}{3} = \frac{\mathbf{20}}{3 \cdot \mathbf{20}} = \frac{20}{60}$

Es gilt:

$\frac{\mathbf{21}}{60} > \frac{\mathbf{20}}{60}$

Von Anikas Kuchen wurde mehr gegessen.

25 Vergleiche jeweils die beiden Brüche, nachdem du sie auf den gleichen Nenner gebracht hast.

a) $\frac{6}{10}$ und $\frac{7}{12}$ b) $\frac{13}{44}$ und $\frac{19}{66}$

c) $\frac{5}{12}$ und $\frac{7}{18}$ d) $\frac{7}{21}$ und $\frac{8}{20}$

26 Welche der beiden Bruchzahlen ist größer? Du erhältst ein Lösungswort, indem du die Buchstaben aneinanderreihst, die zu dem größeren Bruch gehören.

a) $\frac{5}{7}$ (T) $\frac{3}{7}$ (G) b) $\frac{8}{3}$ (A) $\frac{8}{5}$ (E)

c) $\frac{6}{13}$ (B) $\frac{8}{13}$ (S) d) $\frac{7}{43}$ (I) $\frac{7}{31}$ (C)

e) $\frac{4}{3}$ (N) $\frac{7}{3}$ (H) f) $\frac{9}{2}$ (E) $\frac{9}{13}$ (A)

g) $\frac{3}{4}$ (M) $\frac{7}{8}$ (N) h) $\frac{3}{20}$ (S) $\frac{7}{40}$ (L)

i) $\frac{7}{10}$ (A) $\frac{69}{100}$ (E) j) $\frac{35}{100}$ (M) $\frac{6}{20}$ (R)

k) $\frac{14}{25}$ (P) $\frac{11}{20}$ (D) l) $\frac{5}{7}$ (E) $\frac{4}{6}$ (O)

27 Bilde den Hauptnenner der folgenden Brüche und vergleiche sie anschließend.

a) $\frac{3}{4}$, $\frac{7}{9}$ und $\frac{8}{12}$ b) $\frac{5}{9}$, 56 %, $\frac{25}{36}$ und $\frac{3}{5}$

c) $\frac{12}{25}$, 45 %, $\frac{9}{20}$ und $\frac{4}{10}$ d) $\frac{5}{6}$, $\frac{7}{8}$, $\frac{11}{12}$ und $\frac{2}{3}$

28 Sandra hat Pizza gebacken. Sie hat ein Backblech mit Salami belegt, das andere mit Schinken. Die Salamipizza hat sie in 21 Stücke geschnitten, die Schinkenpizza in 20 Stücke. Von der Salamipizza wurden 8 Stücke gegessen, von der Schinkenpizza waren es nur 6.
Von welcher Pizza ist ein größerer Anteil gegessen worden?

29 Emilio hat sich vorgenommen, seine Schrauben in seinem Metallbaukasten auszusortieren. Von den 130 kurzen Schrauben sind 39 verbogen, von den 90 mittleren sind es 15 und von den 30 langen sind es 2.

a) Welcher Anteil der kurzen, mittleren bzw. langen Schrauben ist jeweils verbogen?

b) Bei welchem Schraubentyp ist der größte Anteil verbogen?

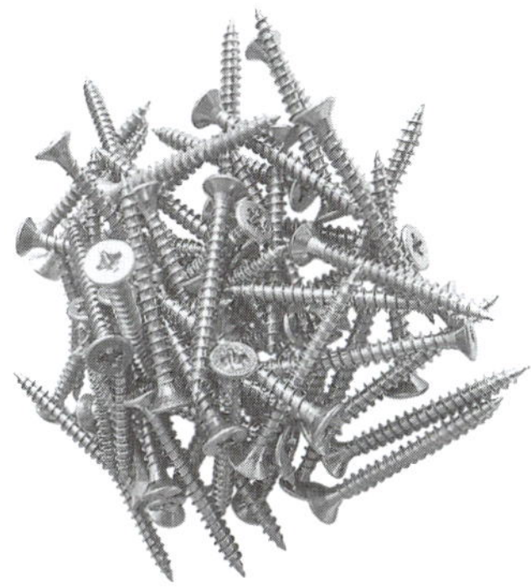

30 Franziska liest von einem 450-seitigen Buch 137 Seiten und Jamil von einem 630-seitigen Buch 195 Seiten.
Wer hat anteilsmäßig mehr gelesen?

31 Welcher Bruch passt nicht dazu? Argumentiere.

$\frac{4}{2}, \frac{1}{8}, \frac{5}{15}$

* **32** Im Max-Planck-Gymnasium besuchen 315 Schülerinnen und Schüler die Unterstufe, 216 die Mittelstufe und 387 die Oberstufe. Wegen einer Grippewelle fehlen in der Unterstufe 81 Schülerinnen und Schüler, in der Mittelstufe 72 und in der Oberstufe 99.
In welcher Stufe sind anteilsmäßig die meisten Schülerinnen und Schüler krank?

6 Vermischte Aufgaben

33 Welche natürliche Zahl muss für x gewählt werden? Gib alle Möglichkeiten an.

a) $\frac{5}{7} = \frac{45}{x}$ b) $\frac{24}{32} = \frac{x}{4}$

c) $\frac{5}{3} > \frac{x}{6}$ d) $\frac{7}{x} > \frac{7}{13}$

34 a) Färbe $\frac{7}{30}$ des Rechtecks ein. b) Färbe ein Achtel der grauen Figur.

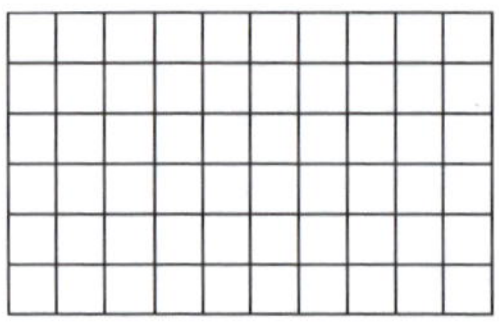

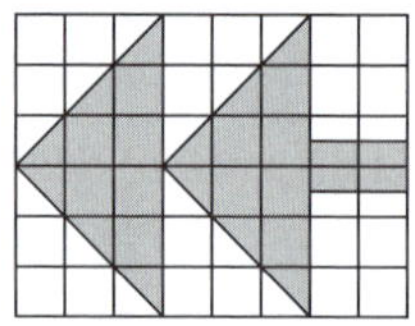

c) Färbe $\frac{2}{5}$ eines Kreises mit dem Radius r = 3 cm.

35 Kürze möglichst weit und schreibe, falls dies möglich ist, als gemischte Zahl.

a) $\frac{245}{140}$ b) $\frac{750}{1125}$

c) $\frac{405}{180}$ d) $\frac{840}{1176}$

36 Für die erste Englischstunde nach den Ferien lernt Edita in vier Tagen 69 Vokabeln, Marion lernt in sieben Tagen 115 Vokabeln.
Wer hat pro Tag mehr Vokabeln gelernt?

37 Bei der Herstellung einer besonderen Bronze werden Kupfer und Zinn im Verhältnis 9 : 2 gemischt.
Wie viel Zinn muss man zu 450 g Kupfer mischen, um diese Bronze zu erhalten?

38 Onkel Fritz sagt zu Maja: „Du kannst entweder die Hälfte von 40 € haben oder ein Fünftel!“ Natürlich wählt Maja die Hälfte. Wie viele Fünftel müsste Onkel Fritz anbieten, damit Maja sich für die Fünftel entscheidet?
Erläutere zuerst, wie du die Frage mithilfe von Rechteckdiagrammen beantworten kannst, und gib dann eine Antwort.

Dezimalbrüche und Dezimalzahlen

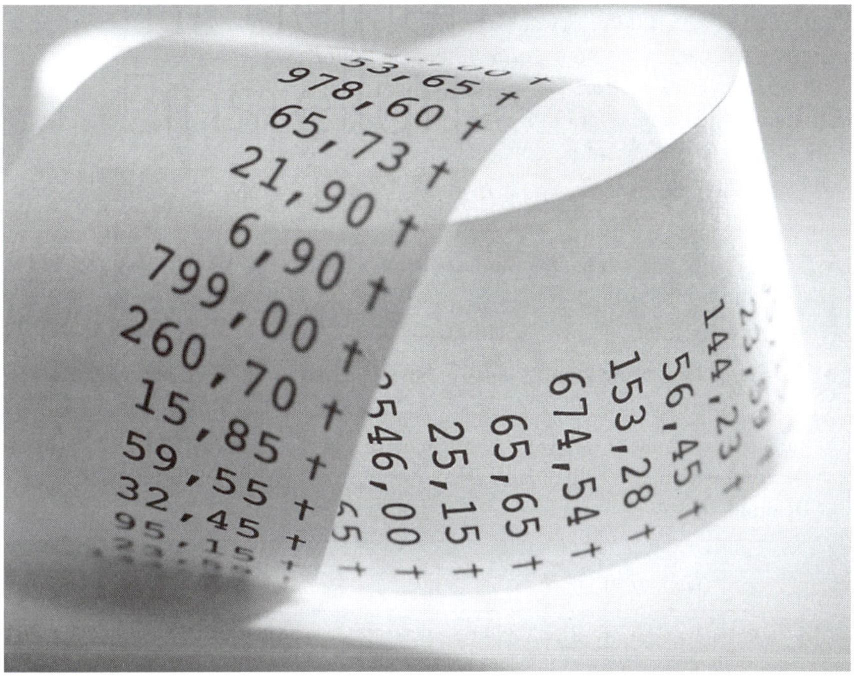

1 Dezimale Schreibweise

Elefanten sind die größten an Land lebenden Säugetiere. Schon bei der Geburt wiegt ein Elefantenkalb bis zu 100 kg. Erwachsene Elefanten wiegen zwischen ca. 2 und 5 Tonnen, und sie können rund 4 Meter groß werden. Der größte Elefant, von dem man sicher weiß, war ein Elefantenbulle, der 4,21 m hoch und 10,39 m lang war, als er 1978 in Namibia erlegt wurde.

- Neben den bereits bekannten Stufenzahlen: 1 (E), 10 (Z), 100 (H) usw. gibt es auch Stufenzahlen, die kleiner als 1 sind. Das sind die folgenden Brüche: $\frac{1}{10}$ (z für **Zehntel**), $\frac{1}{100}$ (h für **Hundertstel**), $\frac{1}{1\,000}$ (t für **Tausendstel**)
- Die Stufenzahlen, die kleiner als 1 sind, werden von den anderen durch ein Komma getrennt.
- Zahlen in Kommaschreibweise bezeichnet man als **Dezimalbrüche** oder **Dezimalzahlen**, die Zahlen hinter dem Komma als **Nachkommastellen** oder **Dezimalen**.

Beispiele

1.

T	H	Z	E	,	z	h	t
4	5	6	2	,	2	0	3

4 T 5 H 6 Z 2 E 2 z 0 h 3 t = 4 562,203

2. Gib die Größe und die Länge des Elefantenbullen in einer erweiterten Stellenwerttafel und in gemischten Einheiten an.

Lösung:

4,21 = 4 E 2 z 1 h
10,39 = 1 Z 0 E 3 z 9 h

Überlege erst, welche Stufenzahlen in deiner Stellenwerttafel vorkommen müssen.

Es wird also eine **Stellenwerttafel von Z bis h** benötigt. Dabei darf die Spalte für das Komma nicht vergessen werden.

In diese Stellenwerttafel können die Werte eingetragen werden:

Z	E	,	z	h
0	**4**	,	**2**	**1**
1	**0**	,	**3**	**9**

Die Umrechnungszahlen für Längenmaße lauten:

$\frac{1}{10}$ m = 1 dm und $\frac{1}{100}$ m = 1 cm

Damit kann die Stellenwerttafel ergänzt werden:

Z	E	,	z	h
0	4	,	2	1
1	0	,	3	9
m			**dm**	**cm**

Also gilt:
4,21 m = 4 m 2 dm 1 cm
10,39 m = 10 m 3 dm 9 cm

3. Gib 4 m 5 dm 3 mm in m an.

Lösung:
1 000 mm = 1 m, also gilt auch:

$1\text{ mm} = \frac{1}{1\,000}\text{ m}$

Du überlegst dir, welche Umwandlungszahlen für das Beispiel gelten. Dabei achtest du zunächst nur auf die kleinste Einheit.

Es wird also eine **Stellenwerttafel von E bis t** benötigt.

Für das Eintragen der 5 dm wird folgender Zusammenhang berücksichtigt:

$10\text{ dm} = 1\text{ m} \Rightarrow 1\text{ dm} = \frac{1}{10}\text{ m}$

E	,	z	h	t
4	**,**	**5**	**0**	**3**
m		dm	cm	mm

Da in der Angabe Zentimeter nicht erwähnt werden, kommt eine 0 an die Hundertstelstelle.

4 m 5 dm 3 mm = 4,503 m

39 Schreibe die folgenden Zahlen in eine erweiterte Stellenwerttafel. Überlege erst, welche Stellen du brauchst.

a) 34 567,87
b) 3 007, 4058
c) 0,12304
d) 68,304082

40 Schreibe die Brüche in eine Stellenwerttafel und schreibe sie im Anschluss als Dezimalzahl. Überlege erst, welche Stellen du brauchst.

a) $\frac{9}{100}$

b) $\frac{27}{1\,000}$

c) $\frac{3}{10}+\frac{9}{100}$

d) $\frac{4}{10}+\frac{3}{1\,000}$

41 Schreibe als Dezimalzahl in der größten verwendeten Einheit.

a) 2 € 5 ct

b) 4 m 8 dm 3 cm 7 mm

c) 3 m 5 cm 7 mm

d) 9 t 24 kg

e) 6 kg 340 g

f) 3 kg 30 g

g) 4 m^2 9 dm^2

h) 4 dm^2 25 mm^2

42 Zeichne auf dem Zahlenstrahl genau ein.

a) Wähle als Einheit 1 cm: –3,5; –0,7; 2,4 und 4,9

b) Wähle als Einheit 10 cm: 0,24; 0,54; 0,71 und 0,98

43 Zeichne in einem Koordinatensystem möglichst genau ein. Beachte, dass manche Eckpunkte mitten in Karos liegen.

a) A(–2,3 | –4,5), B(2,3 | –4,5), C(2,3 | 1,4), D(–2,3 | 1,4)
Um welche Figur handelt es sich?

b) A(–1,5 | –4), B(2,5 | –2), C(0,5 | 2), D(–3,5 | 0)
Um welche Figur handelt es sich?

2 Vergleichen von Dezimalzahlen

Während der Olympischen Spiele 2012 in London wurde das Finale der Männer im 100-m-Lauf ausgetragen. Dabei erreichten die Athleten folgende Zeiten:

Name	Land	Zeit
Ryan Bailey	USA	9,88
Yohan Blake	Jamaika	9,75
Usain Bolt	Jamaika	9,63
Justin Gatlin	USA	9,79
Tyson Gay	USA	9,8
Churandy Martina	Niederlande	9,94
Asafa Powell	Jamaika	11,99
Richard Thompson	Trinidad	9,98

- Um Dezimalzahlen zu vergleichen, geht man stellenweise vor. Man beginnt bei den ganzen Zahlen. Die Dezimalzahl mit der größeren ganzen Zahl ist die größere Dezimalzahl.
- Sollten die ganzen Zahlen für beide Dezimalzahlen gleich sein, vergleicht man die Stufenzahlen, die kleiner als 1 sind, miteinander. Man geht **von links nach rechts** vor, die ersten unterschiedlichen Ziffern geben den Ausschlag.
- Die Anzahl der Dezimalstellen hat auf die Größe der Zahl keinen Einfluss.

Beispiele

1. Bringe die Finalisten des 100-m-Laufs in die richtige Rangfolge. Wer hat die Goldmedaille gewonnen?

   Lösung:
   Es werden erst die ganzen Zahlen überprüft.
   11 > 9, also ist Asafa Powell am langsamsten gelaufen.

   Danach werden die Zehntel überprüft. Man erhält vier Gruppen.
   9,6…: Usain Bolt
   9,7…: Yohan Blake und Justin Gatlin
   9,8…: Ryan Bailey und Tyson Gay
   9,9…: Churandy Martina und Richard Thompson

   Die zweite Aufgabe kann schon gelöst werden:
   Usain Bolt hat die Goldmedaille gewonnen, da er als Einziger eine Zeit unter 9,7 s gelaufen ist.

Für die erste Frage müssen die Paare geordnet werden, indem die Hundertstel überprüft werden.
9,7**5** < 9,7**9**, also war Blake schneller
9,8**0** < 9,8**8**, also war Gay schneller
9,9**4** < 9,9**8**, also war Martina schneller

Man kann an eine Dezimalzahl hinter dem Komma so oft 0 anhängen, wie es für den Vergleich notwendig ist, ohne den Wert der Zahl zu verändern.

Nun kann auch die erste Aufgabe gelöst werden:

Usain Bolt	Jamaika	9,63
Yohan Blake	Jamaika	9,75
Justin Gatlin	USA	9,79
Tyson Gay	USA	9,8
Ryan Bailey	USA	9,88
Churandy Martina	Niederlande	9,94
Richard Thompson	Trinidad	9,98
Asafa Powell	Jamaika	11,99

2. Finde drei Dezimalzahlen, die zwischen 1,6 und 1,8 liegen.

   Lösung:
   Zuerst überprüft man, welche Zahl kleiner ist.
   1,6 < 1,8, weil 6 < 8 ist.

   Dann fügt man eine Dezimalstelle an, weil zwischen den Ziffern 6 und 8 nicht drei Ziffern Platz haben.
   1,6**0** < 1,8**0**

   Jetzt kann man frei drei Ziffernfolgen wählen, die in der Größe zwischen 60 und 80 liegen. Im Folgenden werden zwei der vielen Möglichkeiten aufgeführt:
   1,60 < 1,64 < 1,69 < 1,73 < 1,80
   1,60 < 1,75 < 1,77 < 1,79 < 1,80
   Zwei Nachkommastellen reichen aus, um diese Aufgabe zu lösen, aber man kann natürlich mehr als zwei oder auch nur eine verwenden:
   1,6 < 1,632 < 1,7 < 1,795 < 1,8

44 Übertrage die Zahlen in dein Heft und setze das passende Vergleichszeichen (<, >) ein.

a) 2,41 ☐ 4,21
b) 3,8 ☐ 3,09
c) 4,024 ☐ 4,24
d) 7,37 ☐ 3,773
e) 5,6 ☐ 5,62
f) 8,3 ☐ 8,289

45 Finde fünf Dezimalzahlen und ordne sie der Größe nach, beginnend mit der kleinsten. Die Zahlen sollen zwischen den folgenden Werten liegen:

a) zwischen 3,6 und 4

b) zwischen 5,54 und 5,56

c) zwischen 7,1 und 7,2

46 Ordne aufsteigend der Größe nach.

a) Die Neigungsgruppe Leichtathletik des Albert-Einstein-Gymnasiums trainiert für die Schülermeisterschaften im Weitsprung. Dabei erreichen die sechs besten Schüler folgende Weiten:

Finn: 5,67 m | Pascal: 65,7 dm | Max: 576 cm
Claudio: 7,65 m | Hendrik: 7560 mm | Quirin: 675 cm

b) Es werden eine Kuh, ein deutscher Schäferhund, ein Elefantenbulle und eine Katze gewogen. Dabei ergeben sich folgende Gewichte: 0,027 t, 3,97 t, 698 kg und 4 327 g. Zu welchem Tier gehört wohl welches Gewicht?

47 Ordne die Geschwindigkeiten bei den Olympischen Sommerspielen 2016 in Rio de Janeiro im Finale des 100-m-Freistil-Wettbewerbs der Frauen in ihrer Rangfolge. Beginne mit der höchsten Geschwindigkeit.

Name	Land	Geschwindigkeit
Campbell, Bronte	Australien	$1{,}885\ \frac{m}{s}$
Campbell, Cate	Australien	$1{,}8783\ \frac{m}{s}$
Kromowidjojo, Ranomi	Niederlande	$1{,}8839\ \frac{m}{s}$
Manuel, Simone	USA	$1{,}898\ \frac{m}{s}$
Oleksiak, Penny	Kanada	$1{,}898\ \frac{m}{s}$
Ottesen, Jeanette	Dänemark	$1{,}87\ \frac{m}{s}$
Sjöström, Sarah	Schweden	$1{,}88715\ \frac{m}{s}$
Weitzeil, Abbey	USA	$1{,}876\ \frac{m}{s}$

48 Gib alle Ziffern an, die du in der Lücke ergänzen kannst und für die die Aussage stimmt.

a) $4{,}25\square > 4{,}253$

b) $2{,}74 > 2{,}7\square$

c) $2{,}54 < 2{,}5\square < 2{,}59$

d) $4{,}52 < 4{,}6\square$

3 Umwandeln von Brüchen in Dezimalzahlen

Die Zwillinge Paula und Nina haben Geburtstag und wollen ihre Freunde zu einem Grillfest einladen. Ihre Mutter meint, dass $\frac{1}{4}$ kg Hackfleisch pro Person für Burger reicht, weil es ja auch noch Grillspieße und Salate geben soll. Nina überlegt, wie man das Gewicht vom Hackfleisch sonst noch angeben könnte.

> Jeder Bruch kann durch **Division** in eine Dezimalzahl umgewandelt werden. Man setzt hier ein Komma, sobald ein Rest auftritt, und rechnet dann weiter.
>
> Tritt bei der Division immer wieder dieselbe Abfolge von Resten auf, nennt man die entstehende Dezimalzahl (unendliche) **periodische Dezimalzahl**.
>
> Bricht die Division mit dem Rest 0 ab, so erhält man eine **endliche Dezimalzahl**.

Bei periodischen Dezimalzahlen wird über der Periode ein Strich gesetzt:
$1{,}545454... = 1{,}\overline{\mathbf{54}}$ oder $4{,}237777... = 4{,}23\overline{\mathbf{7}}$

Beispiele

1. Wandle $\frac{15}{11}$ und $\frac{21}{12}$ in Dezimalzahlen um.

Lösung:

$$
\begin{array}{l}
15:11 = 1{,}3636\ldots = 1{,}\overline{\mathbf{36}}\\
\underline{-11}\\
\quad 40\\
\quad \underline{-33}\\
\qquad 70\\
\qquad \underline{-66}\\
\qquad\quad 40\\
\qquad\quad \underline{-33}\\
\qquad\qquad 70\\
\qquad\qquad \underline{-66}\\
\qquad\qquad\quad 4
\end{array}
\qquad\qquad
\begin{array}{l}
21:12 = 1{,}75\\
\underline{-12}\\
\quad 90\\
\quad \underline{-84}\\
\qquad 60\\
\qquad \underline{-60}\\
\qquad\ \ \mathbf{0}
\end{array}
$$

periodische Dezimalzahl | endliche Dezimalzahl

2. Vergleiche die Zahlen $\frac{15}{7}$ und 2,143.

Lösung:
Um die beiden Zahlen vergleichen zu können, wandelt man den Bruch durch Division in eine Dezimalzahl um.

$$\begin{array}{l} 15:7 = 2{,}142\ldots \\ -14 \\ \hline \quad 10 \\ \quad -7 \\ \hline \qquad 30 \\ \quad -28 \\ \hline \qquad 20 \\ \quad -14 \\ \hline \qquad\; 6 \end{array}$$

Man rechnet nach dem Komma nur so lange, bis man vergleichen kann, bis sich also die **erste Ziffer unterscheidet**.

Nun kann man vergleichen:
$2{,}14\mathbf{2}\ldots < 2{,}14\mathbf{3}$, weil $2 < 3$
Also gilt:
$\frac{15}{7} < 2{,}143$

Man kann – sogar ohne zu rechnen – entscheiden, ob ein Bruch in eine endliche oder periodische Dezimalzahl umgewandelt werden kann. Im ersten Fall gibt es neben der Division eine weitere Methode, den Bruch umzuwandeln.

Falls der Nenner eines Bruches in der Primfaktorzerlegung nach dem **vollständigen Kürzen** nur die **Primzahlen 2 und 5** aufweist, kann der Bruch sehr leicht in eine **endliche Dezimalzahl** umgewandelt werden. Dazu erweitert man ihn so, dass der Nenner eine Stufenzahl ist.

Falls nach dem vollständigen Kürzen in der Primfaktorzerlegung des Nenners neben 2 und 5 weitere Primzahlen auftauchen, funktioniert nur die Methode mithilfe der Division und es entsteht immer eine periodische Dezimalzahl.

Beispiele

1. Entscheide, bevor du die Brüche in Dezimalzahlen umwandelst, ob $\frac{43}{50}$, $\frac{21}{24}$ und $\frac{2}{3}$ in eine endliche Dezimalzahl umgewandelt werden können.

   Wandle anschließend alle Brüche in Dezimalzahlen um.

   Lösung:
   Der erste Bruch ist vollständig gekürzt. Die Primfaktorzerlegung des Nenners ist:
   $50 = 2 \cdot 5^2$
   Sie enthält nur die Primzahlen 2 und 5. Der erste Bruch ergibt deshalb eine **endliche Dezimalzahl**.

Umrechnung in eine Dezimalzahl:

$\frac{43}{50} = \frac{86}{100} = \mathbf{0{,}86}$

Durch günstiges Erweitern wird die Zahl im Nenner eine Stufenzahl.

Um einen vollständig gekürzten Bruch zu erhalten, muss man beim zweiten Bruch erst mit 3 kürzen. Im Nenner steht dann $24 : 3 = 8$. Die Primfaktorzerlegung ergibt:
$8 = 2^3$
Hier kommt nur die Primzahl 2 vor. Der zweite Bruch ergibt deshalb eine **endliche Dezimalzahl**.

Umrechnung in eine Dezimalzahl:

$\frac{21}{24} = \frac{7}{8} = \frac{875}{1\,000} = \mathbf{0{,}875}$

Durch Kürzen mit 3 und anschließendes Erweitern mit 125 wird die Zahl im Nenner eine Stufenzahl.

Der dritte Bruch ist vollständig gekürzt und der Nenner besteht nur aus der Primzahl 3. Deshalb ergibt der dritte Bruch eine **unendliche Dezimalzahl**.

Umrechnung in eine Dezimalzahl:

$2 : 3 = 0{,}66\ldots = \mathbf{0{,}\overline{6}}$

```
 20
-18
  20
 -18
   2
```

2. Gib das Gewicht von $\frac{1}{4}$ kg Hackfleisch als Dezimalzahl in Kilogramm und als ganze Zahl in Gramm an.

Lösung:

$\frac{1}{4}\,\text{kg} = \frac{1}{2^2}\,\text{kg} = \frac{5^2}{2^2 \cdot 5^2}\,\text{kg} = \frac{25}{100}\,\text{kg} = \mathbf{0{,}25\,kg = 250\,g}$

49 Wandle die Brüche in Dezimalzahlen um, indem du die Nenner durch geschicktes Erweitern in Stufenzahlen verwandelst.

a) $\frac{3}{20}$
b) $\frac{7}{16}$
c) $\frac{89}{125}$
d) $\frac{3}{4}$
e) $\frac{245}{500}$
f) $\frac{29}{40}$

50 Wandle durch Division in eine Dezimalzahl um.

a) $\frac{5}{8}$ b) $\frac{21}{14}$

c) $\frac{7}{3}$ d) $\frac{13}{9}$

51 Schreibe drei Brüche auf, die sich in endliche Dezimalzahlen umwandeln lassen, und führe die Umwandlung durch.

52 Schreibe drei Brüche auf, die sich nicht in endliche Dezimalzahlen umwandeln lassen.

53 Vergleiche jeweils die beiden Zahlen. Welche Zahl ist größer?

a) $\frac{7}{12}$ und 0,572

b) $\frac{23}{6}$ und 3,841

c) $\frac{45}{7}$ und 6,428

d) $\frac{4}{9}$ und 0,39

54 Gib jeweils zwei Dezimalzahlen an, die zwischen den beiden Brüchen liegen.

a) $\frac{2}{3}$ und $\frac{7}{9}$ b) $\frac{1}{4}$ und $\frac{5}{16}$

55 Mario soll folgende Brüche in Dezimalzahlen umwandeln:

$\frac{9}{20}$, $\frac{42}{15}$, $\frac{32}{80}$ und $\frac{14}{6}$

Sami kommt vorbei und sagt: „Das ist doch leicht. Alle diese Brüche ergeben endliche Dezimalzahlen!“

Entscheide, ohne die Brüche in Dezimalzahlen umzuwandeln, ob Sami recht hat oder nicht. Begründe deine Entscheidung.

4 Umwandeln von Dezimalzahlen in Brüche

Tamara ist mit ihrer Mutter in einem Restaurant in Österreich. Der Kellner bringt zuerst die Getränke. Die Mutter bekommt eine kleine Apfelschorle. Auf dem Glas steht 0,2. Auf Tamaras Cola steht 0,25. Tamara fragt: „Welche Bruchteile eines Liters sind das eigentlich?“

- Beim Umwandeln von **endlichen Dezimalzahlen in Brüche** sucht man die kleinste vorkommende Stelle. Die zugehörige Stufenzahl kommt in den Nenner.
- Beim Umwandeln von **periodischen Dezimalzahlen in Brüche** gibt die Länge der Periode die Anzahl der Ziffer 9 im Nenner an, wenn die Periode direkt nach dem Komma beginnt.

Nach dem Umwandeln in Brüche muss überprüft werden, ob gekürzt werden kann.

Beispiele

1. $0{,}2 = \frac{2}{\mathbf{10}} = \frac{1}{5}$ — Die kleinste Stelle ist die Zehntelstelle, daher steht die 10 im Nenner.
2. $0{,}25 = \frac{25}{\mathbf{100}} = \frac{1}{4}$ — Die kleinste Stelle ist die Hundertstelstelle, daher steht die 100 im Nenner.
3. $3{,}7 = 3\frac{7}{\mathbf{10}}$ — Die kleinste Stelle ist die Zehntelstelle, daher steht die 10 im Nenner.
4. $1{,}\overline{8} = 1\frac{8}{\mathbf{9}} = \frac{17}{9}$ — Periodenlänge 1: Hier ist der Nenner 9, der Zähler ergibt sich aus der Periode.
5. $2{,}\overline{32} = 2\frac{32}{\mathbf{99}} = \frac{230}{99}$ — Periodenlänge 2: Hier ist der Nenner 99, der Zähler ergibt sich aus der Periode.

56 Wandle die endlichen Dezimalzahlen in Brüche um und kürze, wenn möglich.

a) 0,6 b) 0,764

c) 2,745 d) 3,02

57 Schreibe die Dezimalzahl als gemischte Zahl und kürze, wenn möglich.

a) 9,5 b) 12,15

c) 4,75 d) 7,362

58 Wandle die periodischen Dezimalzahlen in Brüche um.

a) $7{,}\overline{23}$ b) $2{,}\overline{5}$

c) $2{,}\overline{14}$ d) $3{,}\overline{212}$

5 Runden von Dezimalzahlen

Die Geschwister Chrissi, Anna und Leopold wollen sich einen Kickertisch kaufen. Jetzt, wo sie in das große Haus gezogen sind, haben sie endlich genug Platz dafür. Sie haben ausgemacht, dass sie gemeinsam dafür sparen. Sie haben ein Angebot gefunden, das 197,99 € kostet. Nun überlegen sie, wie viel jeder von ihnen ungefähr sparen muss.

- Wenn du runden willst, musst du dir erst überlegen, wie viele Nachkommastellen das Ergebnis haben soll.
- Wenn du dich entschieden hast, wie viele Nachkommastellen sinnvoll sind, rundest du nach denselben Regeln, die für ganze Zahlen gelten.
- Du betrachtest die erste Stelle, die du weglässt.
- Ist diese 0, 1, 2, 3 oder 4, wird die letzte Stelle, die du anschreibst, nicht verändert. Es wird also **abgerundet**.
- Ist diese jedoch 5, 6, 7, 8 oder 9, wird die letzte Stelle, die du anschreibst, um 1 vergrößert. Es wird also **aufgerundet**.
- Achtung: Nullen, die durch Rundung entstehen, dürfen auch nach dem Komma an letzter Stelle nicht weggelassen werden.

Beispiele

1. Runde die Zahlen auf die angegebenen Stellen.

a) 4,87 auf eine Nachkommastelle
b) 3,4927 auf zwei Nachkommastellen
c) 24,0007 auf drei Nachkommastellen
d) 1,975 auf eine Nachkommastelle

Lösung:

a) 4,8**7** ≈ 4,**9** — Wegen der 7 wird aufgerundet.
b) 3,49**27** ≈ 3,4**9** — Wegen der 2 wird abgerundet.
c) 24,000**7** ≈ 24,00**1** — Wegen der 7 wird aufgerundet.
d) 1,975 ≈ **2,0** — Wegen der 7 wird aufgerundet. Wenn man 9 um 1 vergrößert, erhält man eine 0 und muss in der Stelle davor ebenfalls um 1 vergrößern.

2. Wie viel müssen die Geschwister jeweils sparen, damit sie den Kickertisch kaufen können?

   Lösung:
   Erst wird der Betrag möglichst genau ausgerechnet. Das geschieht durch Division.

$$
\begin{array}{l}
\;\;197{,}99 : 3 = 65{,}9966\ldots \\
\underline{-18} \\
\;\;\;\;17 \\
\;\;\underline{-15} \\
\;\;\;\;\;\;29 \\
\;\;\;\;\underline{-27} \\
\;\;\;\;\;\;\;\;29 \\
\;\;\;\;\;\;\underline{-27} \\
\;\;\;\;\;\;\;\;\;\;20 \\
\;\;\;\;\;\;\;\;\underline{-18} \\
\;\;\;\;\;\;\;\;\;\;\;\;20 \\
\;\;\;\;\;\;\;\;\;\;\underline{-18} \\
\;\;\;\;\;\;\;\;\;\;\;\;\;\;2
\end{array}
$$

   Da 1 ct die kleinste Münze ist, die es gibt, sollte man **auf 2 Nachkommastellen** runden:

   $65{,}99\overline{\mathbf{6}} \approx 6\mathbf{6{,}00}$

   Also müssen die Geschwister jeweils 66,00 € sparen.

3. Larissa und Pascal betrachten ein faltbares Trampolin im Schaufenster. „Was meinst du, wie viel kostet das?“, fragt Pascal Larissa. Larissa meint: „Ich schätze ca. sechzig Euro!“ Zwischen welchen Werten liegt der Preis für das Trampolin, falls Larissa richtig geschätzt hat? Gib alle Möglichkeiten an.

   Lösung:
   Erst überlegt man, welche Möglichkeiten des Rundens es hier geben kann. Dann wird jede Möglichkeit durchgerechnet:
   – Auf 10 Cent genau
   – Auf Euro genau
   – Auf 10 Euro genau

   Dabei denkt man an die Regel bezüglich der weggelassenen Stelle:
   $\{5, 6, 7, 8, 9\} \Rightarrow$ es wird aufgerundet
   $\{0, 1, 2, 3, 4\} \Rightarrow$ es wird abgerundet

   Fall 1: Runden auf **10 Cent** genau
   59,95 €, 59,96 €, 59,97 €, 59,98 €, 59,99 €
   60,00 €, 60,01 €, 60,02 €, 60,03 €, 60,04 €
   Die Werte liegen zwischen 59,95 € und 60,04 €.

   Du betrachtest die Hundertstelstelle.

Fall 2: Runden auf **ganze Euro** genau
59,50 €, 59,51 €, 59, 52…€ 59,60… € 59,99 €
60,00 €, 60,01 €, 60,02… € 60,10… € 60,49 €
Die Werte liegen zwischen 59,50 € und 60,49 €.

Du betrachtest die Zehntelstelle.

Fall 3: Runden auf **10 Euro** genau
55,00 €, 55,01 €, 55,02… € 56,00… € 59,99 €
60,00 €, 60,01 €, 60,02… € 61,00… € 64,99 €
Die Werte liegen zwischen 55,00 € und 64,99 €.

Du betrachtest die Einerstelle.

59 Runde die folgenden Zahlen je nach Angabe:

a) 4,5648 auf zwei Nachkommastellen

b) 78,0354 auf zwei Nachkommastellen

c) 0,002 auf eine Nachkommastelle

d) 17,992 auf eine Nachkommastelle

60 Jasmin, Edita, Nico und Marco gehen auf Klassenfahrt. Auf die siebentägige Fahrt nehmen sie Taschengeld mit.
Wie viel können sie jeweils pro Tag verbrauchen? Überlege dir eine sinnvolle Rundung.

Jasmin: 50,00 € Edita: 60,00 €
Nico: 45,00 € Marco: 65,00 €

61 Emilio erzählt: „Ich bin täglich rund 7,4 km gelaufen!“ Kemal antwortet: „Ich bin rund 7,40 km gelaufen!“
Gib an, zwischen welchen Zahlen die Längen der Laufstrecken der beiden Jungen liegen.

62 Gib die jeweils kleinste Zahl an, die durch Runden zur angegebenen Zahl führt.

a) 0,17 b) 8,9

c) 24,00 d) 13,2

63 Gib die jeweils größte Zahl an, die durch Runden zur angegebenen Zahl führt. Erweitere die Zahl dabei jeweils nur um eine Nachkommastelle.

a) 0,35 b) 7,2

c) 9,00 d) 15,328

✱ **64** 2013 gab der Tourismusverband an, dass rund 31,6 Millionen Gäste in Bayern übernachteten.
Zwischen welchen Zahlen liegt die Anzahl der Gäste?

6 Prozentzahlen

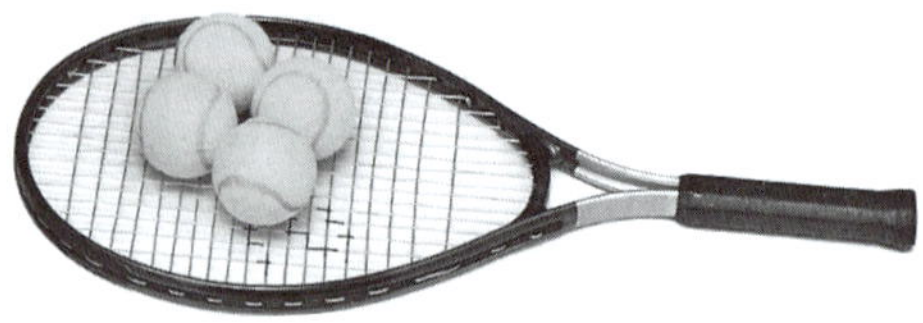

Simon spielt regelmäßig Tennis. Er erzählt seinen Freunden stolz, dass er 80 % seiner Spiele gewinnt.

> Anteile vom Ganzen können auch in der **Prozentschreibweise** angegeben werden. Dabei steht % für $\frac{1}{100}$.

Beispiele

1. $\frac{37}{100} = 37 \cdot \frac{1}{100} = 37\ \%$

2. $4\ \% = 4 \cdot \frac{1}{100} = \frac{4}{100}$

3. $45\ \% = \frac{45}{100} = 0{,}45$

4. $0{,}237 = \frac{23{,}7}{100} = 23{,}7\ \%$

5. $\frac{3}{20} = \frac{15}{100} = 15\ \%$

6. $1\frac{20}{100} = \frac{120}{100} = 120\ \%$

7. Gib $\frac{7}{16}$ und $\frac{2}{3}$ als Prozentzahl an.

   Lösung:
   Die Dezimalzahl, die dem Bruch entspricht, wird durch **Division** berechnet:
   $\mathbf{7 : 16} = 0{,}4375$
   $\mathbf{2 : 3} = 0{,}\overline{6} = 0{,}66\overline{6}$

   Man schreibt auf, wie viele **Hundertstel** dies jeweils sind, und erhält so die Antwort:
   $\frac{7}{16} = \frac{43{,}75}{100} = 43{,}75\ \%$
   $\frac{2}{3} = \frac{66{,}\overline{6}}{100} = 66{,}\overline{6}\ \%$

65 Schreibe die folgenden Brüche als Prozentsätze.

66 Schreibe die folgenden Prozentsätze als Bruch und kürze, wo es möglich ist.

a) 22,4 % b) 25 %

c) 12,5 % d) 60 %

* **67** Gegeben ist ein Rechteck mit der Länge 4 m und der Breite 3 m. Wie lauten die Abmessungen des größten Quadrats, das in dem Rechteck Platz findet? Berechne, welcher Prozentsatz der Rechtecksfläche durch das Quadrat abgedeckt wird.

7 Vermischte Aufgaben

68 Gib in der geforderten Einheit an.

a) 7 m 8 dm 4 cm 5 mm (in dm)
b) 9 t 34 kg 76 g (in kg)
c) 3 m^2 6 dm^2 7 cm^2 (in dm^2)
d) 2 h 5 min 15 s (in min)

69 Schreibe als Bruch und kürze, wo dies möglich ist.

a) 0,28
b) 36 %
c) 7,4
d) 2,3

70 Natascha und Janina bummeln durch die Stadt. Natascha meint: „Drei Achtel der Kleidungsstücke, die hier ausgestellt sind, sind blau!“ Janina entgegnet: „Und 20 % sind schwarz.“
Gibt es mehr blaue oder schwarze Kleidungsstücke?

71 Ordne die folgenden Zahlen der Größe nach aufsteigend.

a) $\frac{7}{9}$, 68 %, 0,593, $\frac{17}{40}$, $\frac{2}{3}$, 42,8 %

b) 35 %, $\frac{9}{20}$, 0,375, $\frac{72}{200}$, $\frac{3}{8}$, 0,3102

72 Anna hat mit ihrer Taschenrechner-App zwei einstellige natürliche Zahlen dividiert und anschließend die Zahl 1 addiert. Das Display zeigt 1,666666666667 an. Gib zwei mögliche Zahlen an, die sie dividiert haben könnte, und begründe deine Entscheidung.

* **73** Von den 88 Schülerinnen und Schülern der sechsten Jahrgangsstufe bezeichnen fast genau 35 % Pizza als ihr Lieblingsgericht.
Wie viele Kinder sind das? Runde sinnvoll.

Addition und Subtraktion von Brüchen

1 Addition und Subtraktion gleichnamiger Brüche

Leonie verbringt den Nachmittag auf dem Erdbeerfeld. Auf dem Heimweg überlegt sie, was sie mit den gepflückten Erdbeeren machen wird. Drei Achtel möchte sie verwenden, um einen Kuchen zu backen. Ein Achtel wird sie ihrer Freundin vorbeibringen und ein weiteres Achtel bekommt ihr Bruder. Wie viel bleibt Leonie übrig?

- Man nennt Brüche **gleichnamig**, wenn sie denselben Nenner haben.
- Man addiert diese Brüche, indem man ihre **Zähler addiert**.
- Man subtrahiert diese Brüche, indem man ihre **Zähler subtrahiert**.

Beispiele

1. $\frac{3}{11}+\frac{4}{11}=\frac{7}{11}$

   Da die Brüche denselben Nenner haben, werden die Zähler addiert.

2. $\frac{2}{15}+\frac{7}{15}+\frac{1}{15}=\frac{10}{15}=\frac{2}{3}$

   Das Ergebnis wird vollständig gekürzt.

3. $\frac{12}{7}-\frac{3}{7}=\frac{9}{7}=1\frac{2}{7}$

   Das Ergebnis kann in eine gemischte Zahl umgewandelt werden.

4. Welcher Anteil der Erdbeeren bleibt Leonie übrig?

   Lösung:

   Durch **Addition der Anteile** erhält man, wie viel Leonie für den Kuchen, ihre Freundin und ihren Bruder verwendet:

   $\frac{3}{8}+\frac{1}{8}+\frac{1}{8}=\frac{5}{8}$

   Insgesamt sind $\frac{8}{8}$ Erdbeeren vorhanden. Durch **Subtraktion der Anteile** erhält man, welcher Anteil übrig bleibt:

   $\frac{8}{8}-\frac{5}{8}=\frac{3}{8}$

   Es sind noch drei Achtel der Erdbeeren übrig.

74 Berechne. Kürze vollständig, wo dies möglich ist.

a) $\frac{1}{6}+\frac{4}{6}$ b) $\frac{3}{25}+\frac{12}{25}$

c) $\frac{12}{13}-\frac{8}{13}$ d) $\frac{17}{20}-\frac{7}{20}$

e) $\frac{7}{9}+\frac{4}{9}+\frac{16}{9}$ f) $\frac{25}{24}+\frac{1}{24}-\frac{6}{24}$

75 Die Zahl auf jedem Ziegelstein ergibt sich aus der Summe der Zahlen der Ziegelsteine, auf denen er ruht. Ergänze die fehlenden Zahlen.

a)

✳ b)

76 Auf der Geburtstagsfeier von Dana gibt es eine Schokotorte, die in 12 Stücke geschnitten ist, und einen Nusskuchen, der in 16 Stücke geschnitten ist. Die Tabelle gibt an, wer wie viele Stücke gegessen hat.
Welcher Anteil der Torte und des Kuchens wurde gegessen? Welcher Anteil ist jeweils noch übrig?

	Daniel	Tom	Justin	Marvin	Silvia	Kathi	Celine	Dana
Torte	2	1	–	2	–	–	1	1
Kuchen	1	2	3	1	2	2	1	–

77 Für einen Multivitaminsaft möchte Tim $\frac{3}{8}\,\ell$ Orangensaft, $\frac{7}{8}\,\ell$ Apfelsaft, $\frac{1}{8}\,\ell$ Ananassaft und $\frac{6}{8}\,\ell$ Mineralwasser mischen. Er hat einen 2-ℓ-Krug und einen 2,5-ℓ-Krug.
Kann er den kleineren Krug nehmen?

78 Bei einem magischen Quadrat ergeben alle Spalten, alle Zeilen und die Diagonalen jeweils dieselbe Summe. Übertrage das folgende magische Quadrat, bei dem die Summe immer $\frac{15}{17}$ beträgt, in dein Heft und berechne die fehlenden Werte.

$\frac{4}{17}$		$\frac{2}{17}$
	$\frac{5}{17}$	

✱ 79 Löse folgende Aufgaben:

a) Die Summe zweier Brüche ist $\frac{45}{65}$, ein Summand ist $\frac{17}{65}$.
Wie lautet der andere Summand?

b) Die Differenz zweier Brüche beträgt $\frac{7}{98}$, der Subtrahend ist $\frac{34}{98}$.
Berechne den Minuenden.

c) Die Differenz zweier Brüche lautet $\frac{14}{25}$, der Minuend ist $\frac{21}{25}$.
Berechne den Subtrahenden.

2 Addition und Subtraktion ungleichnamiger Brüche

Eva und Antonia machen einen Radausflug. Da die beiden Durst bekommen haben, legen sie am Starnberger See eine Pause ein. Eva bestellt sich eine große Apfelschorle, also einen halben Liter. Antonia nimmt erst eine kleine Flasche Limo, die $\frac{1}{3}$ Liter beinhaltet, danach aber noch eine kleine Apfelschorle, also ein Viertel Liter.

Ungleichnamige Brüche kann man nicht sofort addieren oder subtrahieren. Dafür geht man folgendermaßen vor:

- Die Brüche werden zuerst auf einen **gemeinsamen Nenner** (z. B. den Hauptnenner) gebracht.
- Dann kann ihre **Summe oder ihre Differenz** berechnet werden.
- Falls es möglich ist, wird das Ergebnis gekürzt und in eine gemischte Zahl umgewandelt.

Das Verfahren zur Hauptnennerbestimmung wird auf den Seiten 18 ff. erklärt.

Beispiele

1. Berechne folgende Terme.

a) $\frac{4}{5}+\frac{2}{3}$ b) $\frac{7}{8}-\frac{2}{3}$

Lösung:

a) Zunächst wird der **Hauptnenner** ermittelt:
$\text{HN} = \text{kgV}(5, 3) = \mathbf{15}$
Dann werden die Brüche **erweitert**:
$\frac{4}{5} = \frac{\mathbf{12}}{\mathbf{15}}$
$\frac{2}{3} = \frac{\mathbf{10}}{\mathbf{15}}$
Anschließend können die Brüche **addiert** werden:
$\frac{4}{5}+\frac{2}{3} = \frac{\mathbf{12}}{\mathbf{15}}+\frac{\mathbf{10}}{\mathbf{15}} = \frac{22}{15} = 1\frac{7}{15}$

b) Zunächst wird der **Hauptnenner** ermittelt:
$\text{HN} = \text{kgV}(8, 3) = \mathbf{24}$

Dann werden die Brüche **erweitert**:

$\frac{7}{8} = \mathbf{\frac{21}{24}}$ und $\frac{2}{3} = \mathbf{\frac{16}{24}}$

Anschließend können die Brüche **subtrahiert** werden:

$\frac{7}{8} - \frac{2}{3} = \mathbf{\frac{21}{24}} - \mathbf{\frac{16}{24}} = \frac{5}{24}$

2. Wer hat mehr getrunken, Eva oder Antonia?

Lösung:

Erst werden die erforderlichen Informationen aus dem Text herausgesucht:

Eva: $\frac{1}{2}\,\ell$

Antonia: $\frac{1}{3}\,\ell + \frac{1}{4}\,\ell$

Um die Menge, die Antonia getrunken hat, zu berechnen, werden die Brüche auf einen gemeinsamen Nenner gebracht und addiert:

$\text{HN} = \text{kgV}(3, 4) = 12$

Antonia: $\frac{1}{3} + \frac{1}{4} = \mathbf{\frac{4}{12}} + \mathbf{\frac{3}{12}} = \frac{7}{12}$

Um zu vergleichen, wer mehr getrunken hat, wird $\frac{1}{2}$ ebenfalls auf Zwölftel **erweitert**:

Eva: $\frac{1}{2} = \mathbf{\frac{6}{12}}$

$\frac{6}{12} < \frac{7}{12}$

Antonia hat mehr getrunken.

80 Führe die angegebenen Additionen aus.

a) $\frac{4}{15} + \frac{3}{20}$ b) $\frac{13}{25} + \frac{11}{30}$

c) $\frac{7}{45} + \frac{31}{90}$ d) $\frac{45}{33} + \frac{16}{21}$

81 Führe die angegebenen Subtraktionen aus.

a) $\frac{6}{5} - \frac{7}{9}$ b) $\frac{9}{10} - \frac{14}{25}$

c) $\frac{17}{20} - \frac{3}{5}$ d) $\frac{12}{25} - 4\,\%$

82 In der Mensa einer Schule sollen gleichzeitig zwei Jahrgänge essen. Wenn alle Kinder der sechsten Klassen in der Mensa sitzen, sind $\frac{7}{15}$ der Plätze belegt. Die siebten Klassen belegen $\frac{2}{5}$ der Sitzplätze und für die achten Klassen müssen $\frac{14}{25}$ der Plätze eingeplant werden.

a) Welcher Anteil der Plätze ist belegt, wenn die sechsten und die siebten Klassen gemeinsam in der Mensa essen?

b) Finden alle Schülerinnen und Schüler einen Platz, wenn die sechsten und die achten Klassen gleichzeitig in die Mensa gehen?

83 Benjamin erklärt am Abend seinen Eltern, dass er kaum Zeit hatte, um sein Zimmer aufzuräumen, da er fast den ganzen Nachmittag für die Schule gearbeitet hat: $\frac{3}{5}$ der Zeit hat er Hausaufgaben gemacht, $\frac{2}{9}$ des Nachmittags hat er mit Vokabelnlernen verbracht und $\frac{1}{9}$ der Zeit hat er für sein Erdkunde-Referat gebraucht. Welcher Anteil des Nachmittags blieb ihm für das Aufräumen seines Zimmers?

*** 84** Die Zahl auf jedem Ziegelstein ergibt sich aus der Summe der Zahlen der Ziegelsteine, auf denen er ruht. Ergänze die Zahlen. Verwende gemischte Zahlen.

a)

b)

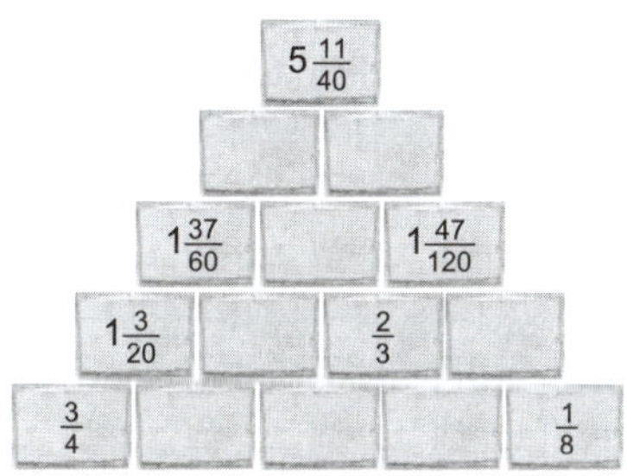

*** 85** Tante Elena erzählt: „Als ich $\frac{1}{9}$ meines jetzigen Alters erreicht hatte, begann ich meine Ausbildung, die $\frac{1}{3}$ meines bisherigen Lebens dauerte. Danach arbeitete ich die Hälfte meines bisherigen Lebens und 3 Jahre!“
Wie alt ist Tante Elena?

3 Addition und Subtraktion gemischter Zahlen

Im Zoo füttert der Wärter das Tigerweibchen Maura und ihr Junges Shir Khan. Er wiegt das Fleisch erst ab, bevor er es in den Käfig trägt. Das erste Stück wiegt $3\frac{1}{4}$ kg. Danach legt er ein $3\frac{1}{3}$-kg-Stück und ein $1\frac{3}{5}$-kg-Stück dazu. Er überlegt, ob er noch ein Stück nehmen soll, das $\frac{17}{20}$ kg wiegt, oder eines mit $\frac{5}{8}$ kg.

Wenn man gemischte Zahlen addieren oder subtrahieren möchte, gibt es zwei Möglichkeiten:

Möglichkeit 1:
- Wandle die gemischten Zahlen in **Brüche** um.
- Wandle sie anschließend in **gleichnamige Brüche** um.
- Führe dann die Rechnung aus.
- Wandle das Ergebnis, falls möglich, wieder in eine gemischte Zahl um.

Möglichkeit 2:
- Teile die gemischten Zahlen in **ganze Zahlen und Bruchzahlen** auf.
- Berechne diese jeweils **getrennt**.
- Fasse das Endergebnis wieder zu einer gemischten Zahl zusammen.

Beispiele

1. Berechne die folgenden Terme.

a) $3\frac{4}{7}+4\frac{1}{3}$

b) $4\frac{1}{4}-2\frac{2}{3}$

Lösung:

a) *Möglichkeit 1:*

$3\frac{4}{7}+4\frac{1}{3}=\mathbf{\frac{25}{7}}+\mathbf{\frac{13}{3}}$ — Gemischte Zahlen in Brüche umwandeln.

$=\frac{75}{\mathbf{21}}+\frac{91}{\mathbf{21}}$ — Brüche auf den gleichen Nenner bringen.

$=\frac{\mathbf{166}}{21}$ — Zwei gleichnamige Brüche werden addiert, indem die Zähler addiert werden.

$=7\frac{19}{21}$ — Ergebnis wieder in eine gemischte Zahl umwandeln.

Möglichkeit 2:

$3\frac{4}{7}+4\frac{1}{3}=3+4+\frac{4}{7}+\frac{1}{3}$ Gemischte Zahlen in ganze Zahlen und Bruchzahlen aufteilen.

$=\mathbf{7}+\frac{12}{\mathbf{21}}+\frac{7}{\mathbf{21}}$ Die ganzen Zahlen addieren und die Bruchzahlen auf einen gemeinsamen Nenner bringen.

$=7+\frac{\mathbf{19}}{21}$ Die Brüche werden addiert, indem die Zähler addiert werden.

$=7\frac{19}{21}$ Ergebnis als gemischte Zahl schreiben.

b) *Möglichkeit 1:*

$4\frac{1}{4}-2\frac{2}{3}=\frac{\mathbf{17}}{4}-\frac{\mathbf{8}}{3}$ Gemischte Zahlen in Brüche umwandeln.

$=\frac{51}{\mathbf{12}}-\frac{32}{\mathbf{12}}$ Brüche auf den gleichen Nenner bringen.

$=\frac{\mathbf{19}}{12}$ Zwei gleichnamige Brüche werden subtrahiert, indem die Zähler subtrahiert werden.

$=1\frac{7}{12}$ Ergebnis wieder in eine gemischte Zahl umwandeln.

Möglichkeit 2:

$4\frac{1}{4}-2\frac{2}{3}=4-2+\frac{1}{4}-\frac{2}{3}$ Gemischte Zahlen in ganze Zahlen und Bruchzahlen aufteilen.

$=\mathbf{2}+\frac{3}{\mathbf{12}}-\frac{8}{\mathbf{12}}$ Die ganzen Zahlen subtrahieren und die Bruchzahlen auf einen gemeinsamen Nenner bringen.

$=2-\frac{\mathbf{5}}{12}$ Die Brüche werden subtrahiert, indem die Zähler subtrahiert werden.

$=1\frac{\mathbf{12}}{\mathbf{12}}-\frac{5}{12}$ Die ganze Zahl in eine gemischte Zahl umwandeln.

$=1\frac{7}{12}$ Ergebnis als gemischte Zahl schreiben.

2. Der Wärter erklärt: „Ein Tigerweibchen benötigt pro Tag fast 6 kg Fleisch, ein Junges frisst ungefähr die Hälfte davon.“
   Welches Stück Fleisch soll der Wärter nehmen, wenn er sicher sein will, dass Maura und Shir Khan ausreichend Fleisch bekommen?

   Lösung:

   Die beiden brauchen zusammen 6 kg + 3 kg = **9 kg Fleisch**.

   Es wird addiert, wie viel das **Fleisch in der Plastikwanne** wiegt:

   $3\frac{1}{4}+3\frac{1}{3}+1\frac{3}{5}=3+3+1+\frac{1}{4}+\frac{1}{3}+\frac{3}{5}=7+\frac{15}{60}+\frac{20}{60}+\frac{36}{60}=7\frac{71}{60}=8\frac{11}{60}$

Nun wird berechnet, wie viel es mit den beiden Stücken jeweils wäre:

$$8\frac{11}{60}+\mathbf{\frac{17}{20}}=8\frac{11}{60}+\frac{51}{60}=8\frac{62}{60}=9\frac{2}{60}=9\frac{1}{30}$$

$$8\frac{11}{60}+\mathbf{\frac{5}{8}}=8\frac{22}{120}+\frac{75}{120}=8\frac{97}{120}$$

Der Wärter muss das Stück nehmen, das $\frac{17}{20}$ kg wiegt.

86 Führe die folgenden Additionen durch.

a) $4\frac{3}{4}+\frac{3}{5}+2\frac{3}{8}$

b) $2\frac{7}{12}+9\frac{2}{3}+5\frac{3}{4}$

c) $7\frac{3}{25}+2\frac{39}{50}+1\frac{29}{40}$

d) $3\frac{7}{20}+75\,\%+6\frac{3}{8}$

87 Führe die folgenden Subtraktionen durch.

a) $7\frac{9}{14}-2\frac{4}{21}$

b) $5\frac{11}{40}-2\frac{7}{8}$

c) $15\frac{1}{3}-6\frac{5}{7}$

d) $4\frac{7}{9}-2\frac{1}{5}$

88 Niklas möchte Haselnussplätzchen backen. Er braucht dafür 4 Päckchen Haselnüsse. Als er im Schrank nachschaut, merkt er, dass einige Päckchen schon offen sind. Er findet erst $2\frac{3}{5}$ Päckchen und anschließend noch einmal $1\frac{1}{3}$ Päckchen. Muss er Haselnüsse kaufen, bevor er zu backen beginnen kann?

89 Mayas Maus benötigt täglich $10\frac{1}{2}$ g Futter.
Wenn sie ihr morgens schon $4\frac{3}{4}$ g gegeben hat und mittags $2\frac{1}{3}$ g, wie viel soll sie dann abends noch füttern?

✻ 90 Berechne die fehlenden Zahlen der beiden Rechenmauern. Die Zahl auf jedem Ziegelstein ergibt sich aus der Summe der Zahlen der Ziegelsteine, auf denen er ruht. Falls er nur auf einem Ziegelstein liegt, erhält er die Zahl dieses Steins.

a)

b)

4 Addition und Subtraktion von Dezimalzahlen

Nicole hat von ihrer Oma zum Geburtstag 50 € geschenkt bekommen. Sie überlegt, was sie sich davon am liebsten kaufen will. Sie hat ermäßigte Inlineskates für 19,99 € gesehen, die sie unbedingt haben möchte. Dann hätte sie aber auch gerne ein 3-D-Puzzle für 16,79 € und ein Kartenspiel für 6,99 €. Vielleicht kann sie sich aber auch noch die tollen Fleece-Reithandschuhe für 5,95 € leisten?

- Wenn man Dezimalzahlen addieren oder subtrahieren möchte, schreibt man sie so untereinander, dass das **Komma** der Zahlen **genau untereinandersteht**.
- Dann ergänzt man hinter dem Komma so mit Nullen, dass die Zahlen **gleich viele Nachkommastellen** haben.
- Nun kann man wie bei ganzen Zahlen addieren und subtrahieren. Im Anschluss fügt man das Komma genau an der Stelle ein, an der es auch in den Summanden bzw. im Minuenden und im Subtrahenden steht.

Beispiele

1. Berechne die folgenden Terme.
   a) 452,725 + 13,8

   b) 2,3 − 1,45

   Lösung:

   a)
   ```
     452,725
   +  13,800
   ---------
     466,525
   ```
   Die beiden Zahlen werden so untereinandergeschrieben, dass die Kommas an derselben Position stehen. Bei 13,8 müssen noch zwei Nullen ergänzt werden.

   b)
   ```
    2,30
   -1,45
   -----
    0,85
   ```
   Bei 2,3 muss eine Null ergänzt werden.

2. Kann sich Nicole auch die Fleece-Reithandschuhe von Omas Geburtstagsgeschenk kaufen?

   Lösung:

   Erst werden die Preise von den Produkten addiert, die Nicole ganz sicher kaufen möchte:
   ```
    19,99
   +16,79
   + 6,99
   ------
    43,77
   ```

Dann wird diese Summe von 50 € subtrahiert:

$$\begin{array}{r} 50{,}\mathbf{00} \\ -\,43{,}77 \\ \hline 6{,}23 \end{array}$$

Bei der 50 müssen sowohl das Komma als auch zwei Nullen ergänzt werden.

Nun wird mit dem Verkaufspreis der Fleece-Handschuhe verglichen:
$6{,}23 > 5{,}95$
Nicole kann die Reithandschuhe noch kaufen.

91 Führe folgende Additionen aus. Schreibe dazu die Dezimalzahlen richtig untereinander.

a) $4{,}79 + 23{,}824$ b) $5{,}02 + 0{,}87$

c) $3\,456{,}2 + 17{,}984$ d) $0{,}34 + 0{,}037$

92 Führe folgende Subtraktionen aus. Schreibe dazu die Dezimalzahlen richtig untereinander.

a) $47{,}903 - 9{,}02$ b) $125{,}2 - 56{,}87$

c) $12{,}34 - 5{,}89$ d) $4{,}678 - 2{,}904$

93 Die Haustiere und ihre jeweiligen Besitzer sind durcheinandergeraten. Ordne den Tieren ihre Besitzer zu, indem du die Terme berechnest. Das gleiche Ergebnis verrät dir, dass die beiden zusammengehören.

Maria
6,78 + 2,376

3,123 + 4,548

Timo
11,73 − 3,5

10,843 − 2,613

Paul
12,871 − 5,2

Vanessa
0,98 + 1,34 + 2,001

6 − 2,063

11,57 − 2,414

Lara
7,427 − 3,49

2,583 + 1,738

94 Gib die Ziffern an, die in die Lücken gehören.

a)
```
     4 5 6 , 7 9□
 + 3 9□5 , □0 9
 ----------------
  □3 7 2 , 0 0 1
```

b)
```
   7 8 2 3 , 4 6□
 - 2 9 4 5 , □7
 ----------------
  □8□7 , 5 9 5
```

c)
```
   6□3 9 4 , 5 0□
 +   7 0 2□ , 8 9 9
 ------------------
   6 9 4 1 6 , 4□5
```

d)
```
   8□5 2 3 , 0 9 4
 -     7□3 , 2□5
 ------------------
   8 3 7 7 9 , 7 9□
```

95 Am 16. Februar 2013 fanden die Weltmeisterschaftsläufe zum Damenslalom in Schladming statt. Folgende Zeiten ergaben sich im ersten bzw. im zweiten Lauf:

Teilnehmerin	Erster Lauf	Zweiter Lauf
Tina Maze (SLO)	50,88 s	49,73 s
Tanja Poutiainen (FIN)	50,58 s	49,88 s
Mikaela Shiffrin (USA)	50,59 s	49,26 s
Frida Hansdotter (SWE)	50,41 s	49,70 s
Michaela Kirchgasser (AUT)	50,96 s	49,11 s

Berechne die Endzeiten für diese fünf Läuferinnen, indem du ihre einzelnen Zeiten addierst, und gib die Platzierung der Sportlerinnen an.

96 Familie Huber fliegt in den Urlaub nach Griechenland. Pro Person dürfen sie 20 kg im Koffer mitnehmen. Die Kinder Tom und Maja würden gerne zusätzlich zur Kleidung, dem Spielzeug und den Badesachen ihr Gummiboot (8,35 kg), ein Zelt (2,87 kg) und zwei große Luftmatratzen (je 1,24 kg) mitnehmen. Sie wiegen zur Sicherheit alles zu Hause ab. Dabei ergibt sich für den großen Koffer der Eltern ein Gewicht von 35,78 kg, für die kleineren Rollkoffer von Tom und Maja einmal 17,9 kg und einmal 16,68 kg.

Müssen sie schon eine Gebühr bezahlen, weil sie zu viel Gepäck haben? Können sie das Boot, das Zelt und die Luftmatratzen noch mitnehmen?

5 Vermischte Aufgaben

97 Führe folgende Additionen durch.

a) $5{,}64+2\frac{3}{4}+\frac{7}{8}+25\ \%$

b) $12{,}54+75\ \%+\frac{4}{5}+3{,}08$

c) $\frac{5}{12}+\frac{9}{8}+\frac{4}{15}$

d) $33\ \%+\frac{1}{3}+4\frac{5}{6}+4{,}5$

98 Führe folgende Rechnungen durch.

a) $3{,}64-2\frac{3}{5}+\frac{17}{50}-35\ \%$

b) $45{,}54-65\ \%-2\frac{4}{5}+3{,}8$

c) $\frac{7}{15}-\frac{5}{8}+\frac{11}{12}$

d) $83\ \%-\frac{2}{3}+4\frac{1}{6}-2{,}5$

99 Berechne die Werte im Rechenhaus. Die Summe aller Werte in einem Stockwerk ergibt jeweils die Zahl im Dachgeschoss. Gib das Ergebnis als gemischte Zahl an.

100 Erfinde zu folgenden Rechnungen eine kleine Geschichte mit einer passenden Frage.

a) $\frac{7}{10}+\frac{1}{15}=\frac{23}{30}$

b) $14{,}95-(8{,}25+4{,}99)=1{,}71$

101 Tobias behauptet: „Die Differenz zweier Dezimalzahlen ist immer kleiner als die größere der beiden Dezimalzahlen.“ Hat er recht?
Begründe deine Entscheidung.

✳ **102** In der 6b fahren $\frac{4}{7}$ der Kinder mit dem Rad zur Schule, $\frac{1}{7}$ läuft zur Schule, der Rest, das sind 8 Kinder, fahren mit dem Bus.
Wie viele Kinder gehen in die 6b?

✳ **103** Maja, Martin und Enzo nehmen sich vor, mehr im Haushalt zu helfen. Damit sie es nicht vergessen, wollen sie die Zeiten, die sie mit Hausarbeit verbringen, aufschreiben.
Am Samstagabend vergleichen sie ihre Aufzeichnungen:

	Montag	Dienstag	Mittwoch	Donnerstag	Freitag	Samstag
Maja	25 min	0,25 h	$1\frac{1}{3}$ h	10 min	0,3 h	$\frac{1}{6}$ h
Martin	$\frac{3}{4}$ h	12 min	$\frac{4}{5}$ h	–	$\frac{5}{6}$ h	15 min
Enzo	34 min	$1\frac{1}{12}$ h	0,75 h	$\frac{7}{12}$ h	–	$\frac{3}{10}$ h

a) Wer hat am längsten, wer am kürzesten im Haushalt geholfen? Rechne in Stunden.

b) Sie haben sich vorgenommen, jede Woche mindestens drei Stunden zu helfen. Wie viel müssen sie am Sonntag noch helfen?

Multiplikation und Division von Brüchen

1 Multiplikation von Brüchen

Claudio hat eine Lieblingsmischung für sein Müsli: eine halbe Packung Quark, ein Viertel Liter Milch, das Drittel von einem klein geschnittenen Apfel und 15 g aus der Müslipackung. Zum Frühstück möchte Claudio für sich und seine Eltern Müsli zubereiten. Dafür berechnet er, wie viel er von den Zutaten insgesamt braucht.

- Man multipliziert einen Bruch mit einer ganzen Zahl, indem man den **Zähler** des Bruchs **mit der Zahl** multipliziert.
- Man multipliziert einen Bruch mit einem anderen Bruch, indem man die **Zähler miteinander** multipliziert und die **Nenner miteinander** multipliziert.
- Man kann Faktoren, die sowohl im Zähler als auch im Nenner vorkommen, **kürzen**.
- Weil die Multiplikation **kommutativ** ist, kann man die Faktoren vertauschen.

Beispiele

1. $3\cdot\frac{1}{8}=\frac{\mathbf{3}\cdot 1}{8}=\frac{1\cdot\mathbf{3}}{8}=\frac{1}{8}\cdot\mathbf{3}=\frac{\mathbf{3}}{8}$

   Wegen der Kommutativität können die Faktoren beliebig vertauscht werden.

2. $\frac{4}{3}\cdot\frac{2}{5}=\frac{4\cdot 2}{3\cdot 5}=\frac{8}{15}$

3. $\frac{5}{6}\cdot\frac{9}{10}=\frac{5\cdot 9}{6\cdot 10}=\frac{\cancel{5}\cdot\cancel{3}\cdot 3}{2\cdot\cancel{3}\cdot 2\cdot\cancel{5}}=\frac{3}{4}$

   Faktoren, die sowohl im Zähler auch als im Nenner vorkommen, können gekürzt werden.

4. Welche Mengen muss Claudio jeweils verwenden, damit genug Müsli für ihn und seine Eltern da ist?

   Lösung:
   Die Zutaten für das Müsli werden nacheinander betrachtet:

   Quark: $\frac{1}{2}$ Packung

   Milch: $\frac{1}{4}$ Liter

   Apfel: $\frac{1}{3}$ Apfel

Er braucht jeweils die **dreifache Menge**. Jede dieser Mengen wird mit der Zahl 3 multipliziert:

Quark: $\mathbf{3} \cdot \frac{1}{2}$ Packung $= \frac{\mathbf{3}}{2}$ Packungen $= 1\frac{1}{2}$ Packungen

Milch: $\mathbf{3} \cdot \frac{1}{4}$ Liter $= \frac{\mathbf{3}}{4}$ Liter

Apfel: $\mathbf{3} \cdot \frac{1}{3}$ Apfel $= \frac{\mathbf{3}}{3}$ Apfel $= 1$ Apfel

Claudio braucht also $1\frac{1}{2}$ Packungen Quark, $\frac{3}{4}$ Liter Milch und einen ganzen Apfel. Dazu braucht er noch $3 \cdot 15$ g $= 45$ g Müsli.

5. Merrit hat für die Geburtstagsfeier mit ihren Freundinnen 11 Flaschen Smoothies gekauft. Jede Flasche beinhaltet einen halben Liter. Nach der Feier stellt Merrit fest: „Wir haben insgesamt zwei Drittel der Smoothies ausgetrunken." Wie viel haben sie gemeinsam getrunken?

Lösung:

Erst wird betrachtet, was zwei Drittel von einer Flasche, also von einem halben Liter sind:

$\frac{\mathbf{2}}{\mathbf{3}} \cdot \frac{1}{2} = \frac{1}{3}$

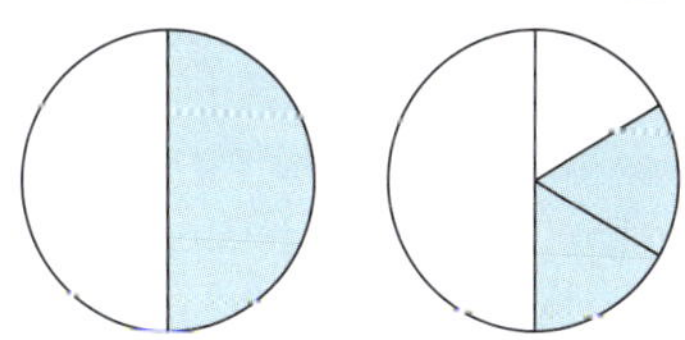

Zwei Drittel von 11 solcher Flaschen muss genau elfmal so viel sein:

$\mathbf{11} \cdot \frac{1}{3} = \frac{11}{3} = 3\frac{2}{3}$

Wird dies in einer Rechnung geschrieben, kann man es auch kürzer formulieren:

$$11 \cdot \frac{2}{3} \cdot \frac{1}{2} = \frac{11 \cdot \cancel{2} \cdot 1}{3 \cdot \cancel{2}} = \frac{11}{3} = 3\frac{2}{3}$$

Merrit und ihre Freundinnen haben also $3\frac{2}{3}$ Liter Smoothies getrunken.

104 Führe folgende Multiplikationen aus. Achte darauf, zu kürzen, wenn das möglich ist.

a) 

b) 

c) 

d) 

e) 

f) 

g) 

h) 

105 Marion hat von ihrem Taschengeld 42 € gespart. Nachdem sie einkaufen war, sagt sie: „Ich habe vier Fünftel meines Ersparten ausgegeben!“
Wie viel hat sie ausgegeben?

106 Quirin hat für ein Sammelalbum 98 Klebebilder. Vier Siebtel davon hat er von seinem Onkel geschenkt bekommen.
Wie viele Bilder sind das?

107 Die Hälfte der Kinder in der 6d sind Mädchen. Vier Fünftel davon mögen Katzen lieber als Hunde.
Welcher Anteil der 6d ist das?

108 Berechne die Produktwerte und formuliere zu jedem Produkt eine passende Aufgabe.

a) $\frac{1}{4} \cdot 60$ €

b) $\frac{1}{5} \cdot \frac{1}{2}$ kg

c) $8 \cdot \frac{3}{4}$ km

d) $\frac{4}{7} \cdot 3\frac{1}{2}$ kg

2 Division von Brüchen

Ben, Maja, Tom und Ijeoma kommen nach dem Kino nach Hause und sehen, dass noch ein Drittel vom Weihnachtsbaum geschmückt werden muss. Majas Vater fragt: „Wollt ihr helfen, den Baum zu schmücken?“ Voller Freude teilen sie das Drittel des Weihnachtsschmuckes untereinander auf.

- Ein **Kehrbruch** ist der Bruch, der entsteht, wenn man Zähler und Nenner eines Bruches vertauscht.
- Auch ganze Zahlen haben Kehrbrüche, nämlich Stammbrüche. Ein **Stammbruch** hat den Zähler 1.
- Man **dividiert durch einen Bruch**, indem man **mit dem Kehrbruch multipliziert**. Dabei ist es egal, ob der Dividend ein Bruch oder eine ganze Zahl ist.

Beispiele

1.

Bruch	$\frac{7}{5}$	$\frac{3}{11}$	$7=\frac{7}{1}$	$3=\frac{3}{1}$	$\frac{1}{5}$
Kehrbruch	$\frac{5}{7}$	$\frac{11}{3}$	$\frac{1}{7}$	$\frac{1}{3}$	$5=\frac{5}{1}$

2. a) $5:\frac{4}{3}=5\cdot\mathbf{\frac{3}{4}}=\frac{5\cdot 3}{4}=\frac{15}{4}=3\frac{3}{4}$ Multiplikation mit dem Kehrbruch

   b) $\frac{5}{6}:7=\frac{5}{6}:\mathbf{\frac{7}{1}}=\frac{5}{6}\cdot\mathbf{\frac{1}{7}}=\frac{5}{42}$ 7 wird in einen Bruch umgeschrieben, um den Kehrbruch zu bilden.

   c) $\frac{2}{7}:\frac{3}{5}=\frac{2}{7}\cdot\mathbf{\frac{5}{3}}=\frac{2\cdot 5}{7\cdot 3}=\frac{10}{21}$

3. Welchen Anteil des gesamten Baumschmucks erhält jedes Kind, wenn sie ihn gerecht untereinander aufteilen?

   Lösung:
   Hier kann man auf zwei Arten rechnen.

   Möglichkeit 1: Multiplikation von Brüchen
   Es wird berechnet, wie viel ein Viertel von einem Drittel ist:
   $\mathbf{\frac{1}{4}}\cdot\frac{1}{3}=\frac{1}{12}$

Möglichkeit 2: Division von Brüchen
Ein Drittel wird durch 4 geteilt, also mit dem Kehrbruch multipliziert:
$\frac{1}{3} : 4 = \frac{1}{3} \cdot \mathbf{\frac{1}{4}} = \frac{1}{12}$
Jedes Kind bekommt ein Zwölftel des Schmucks.

4. In der 6. Schulstufe des Sandström-Gymnasiums kommen $\frac{7}{24}$ aller Schülerinnen und Schüler mit dem Bus zur Schule. Das sind 35 Kinder. Wie viele fahren nicht mit dem Bus zur Schule?

   Lösung:
   Man berechnet erst, wie viele Kinder insgesamt in die 6. Schulstufe gehen:
   $35 : \mathbf{\frac{7}{24}} = 35 \cdot \frac{24}{7} = 120$
   120 Kinder besuchen die 6. Schulstufe.

   $\frac{7}{24}$ von allen Kindern sind 35 Kinder.
   $\frac{7}{24} \cdot$ Anzahl aller Kinder = 35 Kinder

   Nun zieht man die Anzahl der Schülerinnen und Schüler, die mit dem Bus fahren, von der Gesamtzahl ab:
   $120 - 35 = 85$
   85 Kinder fahren nicht mit dem Bus.

109 Führe folgende Divisionen aus.

a) $5 : \frac{3}{4}$

b) $22 : \frac{11}{3}$

c) $24 : \frac{3}{5}$

d) $8 : \frac{5}{6}$

e) $\frac{7}{8} : 4$

f) $\frac{3}{5} : \frac{4}{15}$

g) $\frac{9}{2} : 3$

h) $\frac{4}{9} : \frac{8}{3}$

110 Nach vier Tagen sagt Rafik: „Zwei Siebtel unserer Reise sind schon vorbei!“ Wie viele Tage sind sie noch unterwegs?

Tipp: Berechne erst, wie lange die Reise insgesamt dauert.

111 In der 6d spielen 6 Kinder ein Instrument, das sind zwei Neuntel der Klasse. Wie viele Kinder besuchen die 6d?

112 In der 6b gibt es 14 Mädchen, das sind sieben Dreizehntel der Klasse. Wie viele Jungen gibt es in der 6b?

3 Potenzen

Anna und Malak haben eine Blechpizza gebacken, die sie mit ihren Lieblingszutaten belegt haben. Sie setzen sich an den Tisch, um ihren Teil der Pizza zu genießen. Als ihre Freundinnen Elena und Lucia vorbeikommen, teilen sie ihre Pizzastücke noch einmal auf.

- Als abgekürzte Schreibweise für die Multiplikation gleicher Brüche benutzt man die **Potenzschreibweise**:

  Basis ↘ Exponent ↙

  $$\underbrace{a \cdot a \cdot a \cdot a \cdot \ldots \cdot a}_{\text{n Faktoren}} = \underbrace{a^{n}}_{\text{Potenz}}$$

- Man kann auch eine **negative Basis** verwenden. Das Minuszeichen muss dann mit der Zahl in einer Klammer stehen.
- Potenzen mit **negativen Exponenten** werden als Schreibweise für Brüche mit Zähler 1 verwendet.

Beispiele

1. $\left(-\frac{1}{5}\right)^2 = \left(-\frac{1}{5}\right)\cdot\left(-\frac{1}{5}\right) = +\left(\frac{1}{5}\cdot\frac{1}{5}\right) = \frac{1}{5\cdot 5} = \frac{1}{25}$

2. $3^{-1} = \frac{1}{3^1} = \frac{1}{3}$

3. $3^{-2} = \frac{1}{3^2} = \frac{1}{3\cdot 3} = \frac{1}{9}$

4. $3^{-3} = \frac{1}{3^3} = \frac{1}{3\cdot 3\cdot 3} = \frac{1}{27}$

5. $\left(\frac{3}{5}\right)^4 = \frac{3}{5}\cdot\frac{3}{5}\cdot\frac{3}{5}\cdot\frac{3}{5} = \frac{3\cdot 3\cdot 3\cdot 3}{5\cdot 5\cdot 5\cdot 5} = \frac{81}{625}$

6. $\left(\frac{1}{2}\right)^{2}\cdot\frac{1}{2} = \frac{1}{2}\cdot\frac{1}{2}\cdot\frac{1}{2} = \left(\frac{1}{2}\right)^{3}$

Wenn man eine Potenz noch einmal mit der Basis multipliziert, erhöht sich der Exponent um 1.

7. $\left(\frac{3}{5}\right)^{\mathbf{4}}:\frac{3}{5}=\left(\frac{3}{5}\right)^{4}\cdot\frac{5}{3}=\frac{3}{5}\cdot\frac{3}{5}\cdot\frac{3}{5}\cdot\frac{3}{5}\cdot\frac{5}{3}$

$=\frac{3\cdot3\cdot3\cdot\cancel{3}\cdot\cancel{5}}{5\cdot5\cdot5\cdot\cancel{5}\cdot\cancel{3}}=\left(\frac{3}{5}\right)^{\mathbf{3}}$

Wenn man eine Potenz durch die Basis teilt, wird der Exponent um 1 kleiner.

8. Welchen Teil der Pizza würden Anna und Malak erhalten, wenn sie zu zweit wären, und welchen Teil erhält jedes der vier Mädchen, wenn weiter geteilt wird? Schreibe das Ergebnis auch als Potenz.

Lösung:

Weil Anna und Malak erst zu zweit sind, bekommt jede eine **halbe Pizza**:

$\frac{1}{2}$

Nun muss jede ihr Stück noch einmal teilen:

$\frac{1}{2}\cdot\frac{1}{2}=\frac{1}{4}$

Jedes Mädchen bekommt also **ein Viertel** der Pizza. Als Potenz:

$\frac{1}{4}=\frac{1}{2}\cdot\frac{1}{2}=\left(\frac{\mathbf{1}}{\mathbf{2}}\right)^{\mathbf{2}}$

113 Berechne und kürze, falls möglich.

a) $\frac{3}{4}+4^{-1}$

b) $\frac{1}{5}-5^{-2}$

c) $\left(\frac{2}{5}\right)^{2}\cdot5^{3}$

d) $0{,}2+5^{-1}$

e) $25\cdot5^{-2}$

f) $4^{2}:0{,}5^{3}$

114 Schreibe das Ergebnis als Potenz.

a) Multipliziere $\frac{2}{3}$ viermal hintereinander mit $\frac{2}{3}$.

b) Teile 7^{4} sechsmal durch 7.

115 Luca meint: „5^{-2} ist negativ.“
Entscheide, ob Luca recht hat, und begründe deine Antwort.

4 Multiplikation von Dezimalzahlen

Schon seit Wochen freuen sich alle, dass der neueste Pixar-Film bald im Kino anlaufen wird. Emma möchte ihren Geburtstag im Kino feiern und lädt dafür vier Freundinnen und Freunde in die 3-D-Vorstellung ein. In ihrem Lieblingskino kostet eine Karte am Kinomontag 7,95 €. Durch Multiplikation kann Emma berechnen, wie viel sie für alle Karten bezahlen muss.

- Man führt für eine Multiplikation von Dezimalzahlen oft eine **Überschlagsrechnung** aus, damit man ungefähr weiß, wie groß die Lösung sein wird.
- Dabei gilt die **Rundungsregel**: Wenn die nächste Ziffer zwischen 0 und 4 liegt, wird abgerundet, ansonsten wird aufgerundet.
- Mit den so gerundeten Faktoren führt man die Multiplikation aus, um eine erste Abschätzung der Lösung zu erhalten.

Beispiele

1. $23 \cdot 7{,}8 \approx \mathbf{20 \cdot 8} = 160$
2. $481 \cdot 0{,}0876 \approx \mathbf{500 \cdot 0{,}09} = \overset{5}{\cancel{500}} \cdot \frac{9}{\underset{1}{\cancel{100}}} = 45$

Besonders einfach ist die Multiplikation von Dezimalzahlen mit Stufenzahlen.

Bei der Multiplikation mit Stufenzahlen wird das **Komma** jeweils um so viele Stellen **verschoben**, wie es Nullen in der Stufenzahl gibt. Hier werden zwei Fälle unterschieden:

- Stufenzahlen, die **größer** sind **als 1**:
  Hier stehen die Nullen hinten, und das **Komma** wird **nach hinten verschoben**.
- Stufenzahlen, die **kleiner** sind **als 1**:
  Hier stehen die Nullen vorne, und das **Komma** wird **nach vorne verschoben**.

Beispiele

1. $0{,}00345 \cdot 1\,000 = 3{,}45$

   Stufenzahl größer als 1: das Komma wird um drei Stellen nach hinten verschoben.

2. $546{,}7 \cdot 100 = 54\,67\mathbf{0}$

   Stufenzahl größer als 1: das Komma wird um zwei Stellen nach hinten verschoben.

   Da nur eine Stelle hinter dem Komma vorhanden ist, muss noch eine **Null** angehängt werden.

3. $546{,}783 \cdot 0{,}01 = 5{,}46783$

   Stufenzahl kleiner als 1: das Komma wird um zwei Stellen nach vorne verschoben.

4. $98{,}1 \cdot 0{,}001 = \mathbf{0{,}0}981$

   Stufenzahl kleiner als 1: das Komma wird um drei Stellen nach vorne verschoben.

   Da nur zwei Stellen vor dem Komma vorhanden sind, muss noch eine **Null** nach dem Komma eingefügt werden.

Beim Multiplizieren zweier Dezimalzahlen kannst du folgende Regel benutzen.

- Man multipliziert Dezimalzahlen, indem man im ersten Schritt völlig normal schriftlich multipliziert, ohne das Komma zu beachten. Es wird während der Rechnung auch nicht gesetzt.
- Im zweiten Schritt addiert man die **Anzahl der Nachkommastellen** in den Faktoren und setzt das Komma so, dass auch im Produkt gleich viele Nachkommastellen vorhanden sind.
- Man setzt in der ursprünglichen Rechnung das **Komma im Endergebnis** – nicht in den Zwischenschritten.

Beispiele

1. 4,35 · 2,76

```
4,35 · 2,76
-----------
    870
    3045
     2610
-----------
  12,0060
```

Der erste Faktor 4,35 hat **zwei** Nachkommastellen, der zweite Faktor 2,76 hat ebenfalls **zwei** Nachkommastellen. Also muss das Produkt **vier** Nachkommastellen aufweisen.

2. 120 · 1,15

```
120 · 1,15
----------
  120
   120
    600
----------
 138,00
```

Der erste Faktor 120 hat **keine** Nachkommastelle, der zweite Faktor 1,15 hat **zwei** Nachkommastellen. Also muss das Produkt **zwei** Nachkommastellen aufweisen.

3. Wie viel muss Emma für 5 Kinokarten zu je 7,95 € zahlen?

   Lösung:

   Der Preis für eine Kinokarte muss mit **fünf** multipliziert werden.

   $$\begin{array}{r} 7{,}95 \cdot 5 \\ \hline 39{,}75 \end{array}$$

   Die Faktoren haben zusammen **zwei** Nachkommastellen, also muss auch das Produkt **zwei** Nachkommastellen aufweisen.

   Sie muss 39,75 € bezahlen.

116 Führe zu folgenden Multiplikationen Überschlagsrechnungen aus. Berechne anschließend das exakte Ergebnis.

a) 35,2 · 7,21
b) 529 · 0,021
c) 65,9 · 3,41
d) 7,65 · 0,098
e) 457,9 · 34,78
f) 0,0678 · 4,35
g) 5,067 · 0,00245
h) 789,32 · 0,041

117 Führe folgende Multiplikationen mit Stufenzahlen durch („Kommaverschieben“). Wenn du die Ergebnisse in die richtige Reihenfolge bringst, erhältst du ein Lösungswort.

a) 4 567,234 · 100
b) 465,23 · 1 000
c) 734,23 · 10
d) 4 523,4 · 0,01
e) 875,23 · 0,1
f) 34,23 · 0,001
g) 9 867,234 · 10
h) 765,23 · 0,01
i) 64,23 · 1 000
j) 1 167,234 · 0,001
k) 4,6523 · 1 000
l) 7,3423 · 0,1

7,6523 L
87,523 U
45,234 A
456 723,4 S
64 230 E
465 230 Z
4 652,3 N
1,167234 E
7 342,3 T
98 672,34 F
0,73423 N
0,03423 H

118 Ergänze, mit welcher Zahl multipliziert worden ist. Finde dazu das passende Puzzle-Teil.

a) 72,378 ·  = 7 237,8

b) 160,83 ·  = 1,6083

c) 1,2345 ·  = 12,345

d) 401,33 ·  = 401 330

e) 423 ·  = 0,0423

f) 821,14 ·  = 0,82114

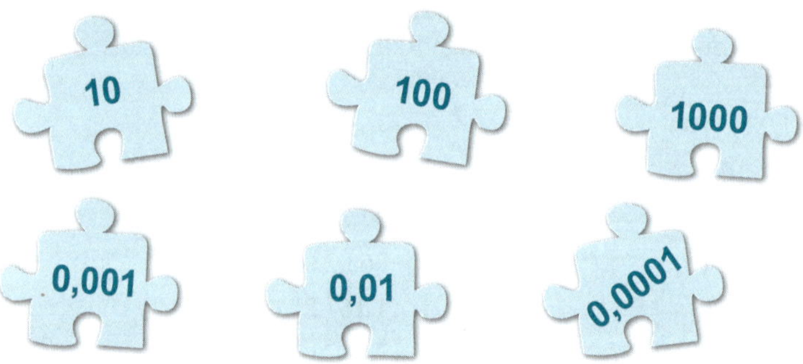

119 Ein Teppichhändler sagt: „Dieser wertvolle Teppich hat eine Länge von 3,75 m und eine Breite von 2,5 m!“
Wie groß ist der Flächeninhalt des Teppichs?

120 Ein Stoffstück ist 3,4 cm lang und 72 mm breit.
Wie groß ist sein Flächeninhalt in cm^2?

121 Verena hat 25,50 €. Carmen sagt: „Ich hab das 2,3-Fache deines Betrages!“
Kann sich Carmen Jeans kaufen, die auf 61,50 € heruntergesetzt sind? Falls sie das nicht kann: Wie viel muss sie sich von Verena leihen?

5 Division von Dezimalzahlen

Nils und Jannik bereiten eine Überraschungsparty für ihren Freund Lukas vor. Sie überlegen, wen sie dazu einladen wollen, und beschließen, dass sie noch fünf weitere Freundinnen und Freunde einladen, dann sind sie zu acht. Sie planen, wie viele Getränke sie brauchen werden. „Glaubst du, dass wir mit 6,5 Litern Saft auskommen?“, fragt Nils.

- Man dividiert eine Dezimalzahl **durch eine natürliche Zahl**, indem man so dividiert, wie es bei natürlichen Zahlen üblich ist. Wenn man die **Einerstelle** berechnet hat, setzt man das **Komma** und rechnet einfach weiter, indem man die nächste Stelle herunterschreibt.
- Man dividiert eine Zahl **durch eine Dezimalzahl**, indem man beide Zahlen so mit derselben **Stufenzahl multipliziert**, dass der **Divisor** eine **ganze Zahl** ist. Der Dividend kann nach der Multiplikation eine ganze Zahl oder eine Dezimalzahl sein. Danach führt man die Division aus.

Es kann wie bei der Umwandlung von Brüchen in Dezimalzahlen passieren, dass sich immer wieder dieselben Rechenschritte wiederholen. Man spricht hier ebenfalls von einer **periodischen Dezimalzahl** und schreibt über der Ziffer, die sich wiederholt, oder den Ziffern, die sich wiederholen, einen Querstrich möglichst bald hinter dem Komma.

Beispiele

1. $325{,}62 : 3 = 108{,}54$

$$\begin{array}{l} \underline{-3} \\ \;\;02 \\ \;\underline{-0} \\ \;\;\;25 \\ \;\underline{\mathbf{-24}} \\ \;\;\;\;16 \\ \;\;\underline{-15} \\ \;\;\;\;\;12 \\ \;\;\;\underline{-12} \\ \;\;\;\;\;\;0 \end{array}$$

Das Komma wird gesetzt, sobald die Einerstelle berechnet wurde.

2. $17{,}2 : 3 = 5{,}733\ldots = 5{,}7\overline{3}$

$$\begin{array}{l} -15 \\ \quad 22 \\ \ -21 \\ \qquad 10 \\ \quad\ -9 \\ \qquad 10 \end{array}$$

Der Rest 1 wiederholt sich immer wieder.

3. 32 : 1,6
   Wenn der **Divisor** eine Nachkommastelle hat, multipliziert man beide Zahlen mit **10**:
   320 : **16** = 20

4. 4,2348 : 0,12
   Wenn der Divisor **zwei Nachkommastellen** hat, multipliziert man beide Zahlen mit **100**:

$$\begin{array}{l} \mathbf{423{,}48} : \mathbf{12} = 35{,}29 \\ -36 \\ \quad 63 \\ \ -60 \\ \qquad 34 \\ \quad -24 \\ \qquad 108 \\ \quad -108 \\ \qquad\quad 0 \end{array}$$

5. Führe die Überschlagsrechnung für die folgenden Divisionen aus.
   a) 34,5 : 0,21
   b) 27,34 : 696,7

   Lösung:
   a) 34,5 : 0,21 ≈ **30** : **0,2** = **300** : **2** = 150
   b) 27,34 : 696,7 ≈ **30** : **700** ≈ 0,04

122 Führe die Überschlagsrechnung für folgende Divisionen aus. Führe anschließend die Divisionen aus. Runde dabei auf die zweite Nachkommastelle, falls die Division nicht davor glatt aufgeht.

a) 78,34 : 5,4 b) 3,76 : 0,21
c) 4 598 : 3,2 d) 45,92 : 32,1
e) 0,35 : 0,72 f) 2,87 : 0,015
g) 34,5 : 3,21 h) 92,54 : 1,7

123 Die Ergebnisse der folgenden Divisionen sind periodische Dezimalzahlen. Gib diese in der Schreibweise mit dem Querstrich an.

a) 470 : 6,6 b) 25,3 : 3,6

c) 340 : 0,99 d) 7,85 : 4,5

124 Der Flächeninhalt eines Raumes beträgt 9,1 m^2. Man kennt seine Länge, die 3,25 m beträgt, aber nicht die Breite.
Wie breit ist dieser Raum?

125 Pia sammelt Fußballkarten während der Weltmeisterschaft. Ein Päckchen kostet 45 Cent. Sie hat 13,44 € gespart.
Wie viele Päckchen kann sie davon kaufen? Wie viel Geld bleibt übrig?

126 Wie viele Becher, die 0,25 Liter fassen, kann man mit 7,8 Litern ganz füllen? Wie viel bleibt für einen weiteren Becher übrig?

127 Erfinde zu folgenden Rechnungen eine kleine Geschichte mit einer passenden Frage.

a) 4 : 0,2 = 20 b) 4,5 : 0,2 = 22,5

128 Entscheide, ob die folgenden Aussagen wahr oder falsch sind, und begründe deine Entscheidung.

a) Je mehr Nachkommastellen der Dividend hat, desto weiter muss man das Komma bei der Division von Dezimalzahlen nach rechts verschieben.

b) Man verändert das Ergebnis einer Division nicht, wenn man das Komma beim Dividenden und beim Divisor um gleich viele Stellen nach rechts verschiebt, bis der Divisor ganzzahlig ist.

c) Das Ergebnis einer Division von Dezimalzahlen hat immer mindestens so viele Nachkommastellen wie der Dividend.

6 Zehnerpotenzen

Mia schaut ihrer Schwester Annalena, die gerade in die fünfte Klasse geht, dabei zu, wie sie Stellenwertdarstellungen als Hausaufgabe macht. „Das dauert so lange!“, jammert Annalena. „Ich kann schon keine Nullen mehr sehen!“

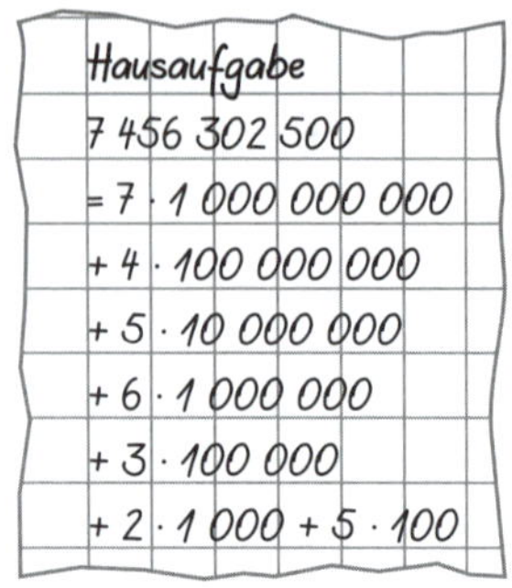

> Eine **Zehnerpotenz** ist eine Potenz mit der Basis 10.
> Jede **Stufenzahl** kann als Zehnerpotenz geschrieben werden.

Beispiele

1. $\mathbf{100} = 10 \cdot 10 = 10^{\mathbf{2}}$
2. $\mathbf{0{,}001} = \frac{1}{1000} = \frac{1}{10} \cdot \frac{1}{10} \cdot \frac{1}{10} = 10^{\mathbf{-3}}$
3. $\mathbf{0{,}000000}3 = 3 \cdot 0{,}0000001 = 3 \cdot 10^{\mathbf{-7}}$

Die Anzahl der Nullen in einer Stufenzahl gibt den Betrag des Exponenten an. Bei ganzzahligen Stufenzahlen ist das Vorzeichen des Exponenten positiv, bei Stammbrüchen ist das Vorzeichen des Exponenten negativ.

4. Wie kann Annalena ihre Hausaufgabe kürzer schreiben?

   Lösung:
   Sie kann sie mit Zehnerpotenzen schreiben:
   $7456302500 = \mathbf{7} \cdot 10^9 + \mathbf{4} \cdot 10^8 + \mathbf{5} \cdot 10^7 + \mathbf{6} \cdot 10^6 + \mathbf{3} \cdot 10^5 + \mathbf{2} \cdot 10^3 + \mathbf{5} \cdot 10^2$

129 Sortiere die Zahlen der Größe nach. Beginne mit der kleinsten Zahl.
10^{-1}; 100000; 1000; 0,01; 10^2; 0,2; $2 \cdot 10^3$; 10^4

130 Ergänze die Lücken. Verwende Zehnerpotenzen, wenn möglich.

a) $3989 = 3{,}989 \cdot \square$
b) $27020 = \square \cdot 10^4$
c) $0{,}0545 = 5{,}45 \cdot \square$
d) $0{,}243 = \square \cdot 10^{-1}$
e) $4{,}5 \cdot \square = 45000$
f) $3{,}21 : \square = 0{,}0321$
g) $5{,}3 : \square = 530$
h) $1{,}3 \cdot \square = 0{,}0013$

131 Haare sind etwa 0,05 mm dick.
Gib die Dicke eines Haares in m an und schreibe die Maßzahl dann mithilfe einer Zehnerpotenz.

7 Vorteilhaftes Rechnen – Umwandeln in vorteilhafte Darstellung

Eva und Marion rechnen ihre Hausaufgaben. „Das dauert ja ewig!“, beschwert sich Marion. Marion fragt sich, wie Eva es bloß geschafft hat, so viel schneller als sie zu sein.

Man spart oft Zeit, wenn man Brüche in Dezimalzahlen und umgekehrt umwandelt (siehe Seite 30 ff. und Seite 34 ff.).

- **Addition** und **Subtraktion** lassen sich leichter für **Dezimalzahlen** berechnen.
- **Multiplikation** und **Division** lassen sich leichter für **Brüche** berechnen.

Beispiel

Eva und Marion müssen folgende Terme berechnen.
Wie geht es am schnellsten?

a) $7\frac{1}{4}+\frac{5}{3}-21\,\%-2{,}45$

b) $5{,}43:2{,}5-45\,\%\cdot\frac{2}{9}$

Lösung:

a) $7\frac{1}{4}+\frac{5}{3}-21\,\%-2{,}45$

$=\mathbf{7{,}25}+\mathbf{1{,}\overline{6}}-\mathbf{0{,}21}-2{,}45$

$=8{,}91\overline{6}-2{,}66$

$=6{,}25\overline{6}$

Additionen und Subtraktionen lassen sich schnell in Dezimalschreibweise lösen.

b) $5{,}43:2{,}5-45\,\%\cdot\frac{2}{9}=\mathbf{\frac{543}{100}}:\mathbf{\frac{25}{10}}-\mathbf{\frac{45}{100}}\cdot\frac{2}{9}$

$=\frac{543}{100}\cdot\frac{10}{25}-\frac{5}{100}\cdot\frac{2}{1}$

$=\frac{543}{250}-\frac{10}{100}$

$=\frac{2\,172}{1\,000}-\frac{1}{10}$

$=\mathbf{2{,}172}-\mathbf{0{,}1}$

$=2{,}072$

Multiplikationen und Divisionen lassen sich schnell in Bruchschreibweise lösen.

Die anschließende Subtraktion bietet sich in Dezimalschreibweise an.

132 Rechne die folgenden Additionen und Subtraktionen möglichst vorteilhaft.

a) $\frac{2}{9}-\frac{5}{4}+178\,\%$
b) $\frac{7}{20}-\frac{5}{33}$
c) $\frac{59}{8}-3{,}5+\frac{1}{5}$
d) $14\,\%+\frac{5}{6}-\frac{1}{12}$

133 Rechne die folgenden Multiplikationen und Divisionen möglichst vorteilhaft.

a) $3{,}4\cdot\frac{5}{17}$
b) $5{,}1:\frac{17}{2}$
c) $34\,\%:\frac{2}{5}$
d) $\frac{7}{8}\cdot 3{,}2$

134 Rechne folgende Aufgaben möglichst vorteilhaft.

a) Was hättest du lieber als Taschengeld: zwei Drittel von 33 € oder drei Siebtel von 49 €?

* b) „Von unseren Keks-Packungen haben wir erst ein Viertel, dann ein Zehntel und schließlich drei Fünftel verbraucht. Nun sind nur noch 2 Packungen übrig!“, bemerkt Thomas im Skilager.
Wie viele Packungen waren es ursprünglich?

* c) Ein Quadrat hat die Seitenlänge $s=4{,}5$ cm.
Wie groß ist sein Flächeninhalt? Wie viel kleiner ist der Flächeninhalt eines Rechtecks, das entsteht, wenn man eine Seite des Quadrats um ein Drittel verkürzt und die andere um ein Viertel verlängert?

* **135** Hannah sagt: „Ich rechne immer mit Dezimalzahlen, weil ich Brüche nicht so mag.“ Darauf erwidert Constantin: „Das ist aber falsch!“
Wer von beiden hat recht? Begründe deine Meinung.

8 Vermischte Aufgaben

136 Berechne die Produkte.

a) $\frac{14}{15} \cdot \frac{20}{21}$

b) $\frac{5}{14} \cdot 32\,\%$

c) $2{,}8 \cdot \frac{15}{49}$

d) $2{,}76 \cdot 3{,}7$

137 Berechne die Quotienten.

a) $\frac{14}{15} : \frac{20}{21}$

b) $\frac{21}{25} : 35\,\%$

c) $2{,}1 : \frac{14}{48}$

d) $2{,}76 : 3{,}2$

138 Berechne folgende Terme vorteilhaft.

a) $3\frac{1}{4} \cdot \left(\frac{1}{26} + 0{,}5\right) : \frac{5}{6}$

b) $2 \cdot \frac{3}{14} \cdot \left[\left(\frac{2}{3}\right)^2 + 3^{-1} - \frac{2^0}{3}\right]$

c) $2{,}4 \cdot \frac{7}{18} + 5{,}726$

d) $17\,\% \cdot \frac{5}{34} + 8{,}92$

139 Überlege und berechne.

a) Das Produkt zweier Brüche ist $\frac{9}{7}$. Ein Faktor ist $\frac{3}{4}$.
Welcher Bruch ist der andere Faktor?

b) Der Quotient zweier Brüche ist $\frac{1}{10}$, der Dividend ist $\frac{3}{4}$.
Welcher Bruch ist der Divisor?

c) Das Produkt zweier Dezimalzahlen ist 23,358. Ein Faktor ist 3,4.
Was ist der andere Faktor?

d) Der Quotient zweier Dezimalzahlen ist 3,76, dabei war der Divisor 2,5.
Welche Zahl war der Dividend?

140 Im Supermarkt liegt ein $2\frac{1}{4}$ kg schweres Stück Rindfleisch. Der Verkäufer schneidet ein Drittel davon ab und schneidet das in 6 gleich schwere Teile. 1 kg dieses Fleisches kostet € 18,90. Frau Huber nimmt 4 von den sechs Stücken. Wie viel muss sie bezahlen?

Rationale Zahlen

1 Die Menge der rationalen Zahlen

Maria unterhält sich mit ihrem kleinen Bruder Tom, der in die fünfte Klasse geht. Er erzählt voller Stolz: „Ich kenne jetzt schon zwei Zahlenmengen: die natürlichen Zahlen und die ganzen Zahlen! Du kennst sicher auch nicht mehr!“ Maria denkt an die Brüche und die Dezimalzahlen.

- Die Menge aller Zahlen, die man als Bruch darstellen kann, bezeichnet man als **rationale Zahlen**.
- Zu den rationalen Zahlen gehören ebenfalls alle natürlichen Zahlen, alle ganzen Zahlen sowie alle endlichen und periodischen Dezimalzahlen.
- Von zwei rationalen Zahlen ist immer diejenige größer, die am Zahlenstrahl weiter rechts steht.

Beispiel

Welche Zahlen sind größer?

a) $\frac{7}{9}$ oder 0,78?

b) 268 % oder $\frac{68}{25}$?

c) −3,5 oder $-\frac{26}{8}$?

Lösung:

Zuerst überlegt man, welche Darstellungsform für die Zahlen geschickt gewählt werden sollte. Generell ist die **Darstellung als Dezimalzahl** einfacher für Größenvergleiche.

Dann wandelt man alle Zahlen in Dezimalzahlen um. Beim Vergleich von Dezimalzahlen reicht es, die **erste unterschiedliche Ziffer** zu vergleichen.

a) $\frac{7}{9} = 0,\overline{7} = 0,77\ldots$

$0,77\ldots < 0,78$

Daher gilt:

$\frac{7}{9} < 0,78$

Bei positiven Zahlen ist jene größer, die weiter von 0 entfernt ist, also weiter rechts steht.

b) $268\,\% = 2{,}68$

$\frac{68}{25} = 2\frac{18}{25} = 2\frac{72}{100} = 2{,}72$

$2{,}68 < 2{,}72$

Daher gilt:

$268\,\% < \frac{68}{25}$

c) $-\frac{26}{8} = -3\frac{2}{8} = -3\frac{1}{4} = -3{,}25$

$-3{,}5 < -3{,}25$

Daher gilt:

$-3{,}5 < -\frac{26}{8}$

Bei negativen Zahlen ist jene größer, die weniger weit von 0 entfernt ist, also weiter rechts steht.

141 Welche der folgenden rationalen Zahlen sind ganze Zahlen, welche davon sind auch natürliche Zahlen?

$-\frac{15}{3}$; $-2{,}5$; $-200\,\%$; $\frac{0}{12}$; $\frac{7}{2}$; $\frac{24}{8}$; $\frac{40}{10}$; $\frac{60}{5}$; 7,8

142 Ordne die folgenden Zahlen der Größe nach. Beginne mit der kleinsten Zahl und du erhältst jeweils ein Lösungswort.

a)

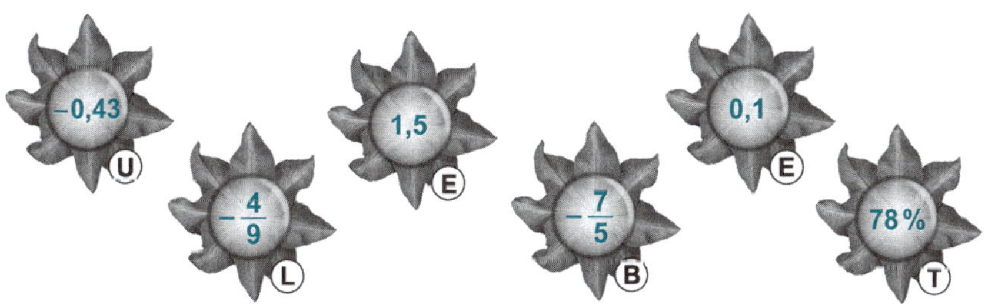

b)

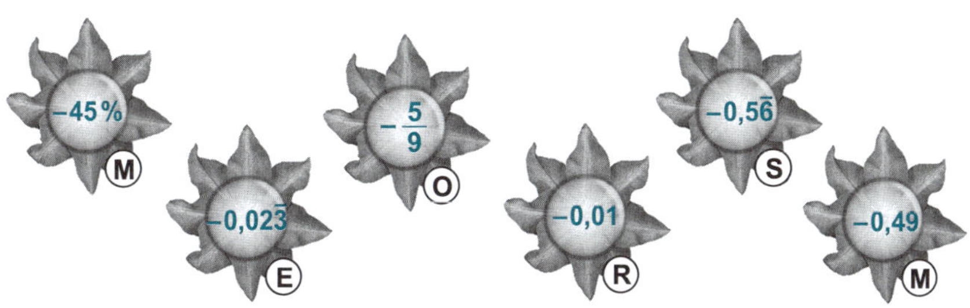

143 Gib jeweils eine Zahl an, die zwischen den beiden genannten Zahlen liegt.

a)

b)

c)

d)

144 Gib jeweils die nächste ganze Zahl an, die kleiner als die gegebene Zahl ist.

a) 3,45
b) –5,6
c) $-\frac{63}{2}$
d) 45 %

145 Gib jeweils die nächste ganze Zahl an, die größer als die gegebene Zahl ist.

a) –2,45
b) 4,6
c) $-\frac{39}{2}$
d) –86 %

146 Trage die folgenden Zahlen auf einem Zahlenstrahl ein. Wähle dazu einen geeigneten Maßstab.

a) –3,4; –1,5; 1,8
b) 5,233; 5,23; 5,235

147 Wahr oder falsch?
Kreuze an und widerlege falsche Aussagen mit einem Gegenbeispiel.

	wahr	falsch
a) Jede natürliche Zahl hat einen Nachfolger.	☐	☐
b) Jede ganze Zahl hat einen Nachfolger.	☐	☐
c) Jede rationale Zahl kann eindeutig durch einen Bruch dargestellt werden.	☐	☐
d) Jede ganze Zahl kann auf viele Weisen durch einen Bruch dargestellt werden.	☐	☐
e) Jede ganze Zahl ist eine natürliche Zahl.	☐	☐
f) Jede ganze Zahl ist eine rationale Zahl.	☐	☐

2 Rechnen mit rationalen Zahlen

Maria grinst ihren kleinen Bruder Tom an: „Stimmt nicht, ich kenne eine Menge mehr: die rationalen Zahlen!“ „Und was kannst du mit denen groß machen, was ich nicht auch kann?“, fragt Tom. „Dividieren ohne Rest!“, antwortet Maria schlagfertig.

Für das Rechnen mit rationalen Zahlen gelten dieselben Rechenregeln wie für das Rechnen mit ganzen Zahlen.

Addition und Subtraktion

- Zwei rationale Zahlen mit **demselben Vorzeichen** werden addiert, indem man ihre Beträge addiert und das Vorzeichen übernimmt.
- Zwei rationale Zahlen mit **unterschiedlichen Vorzeichen** werden addiert, indem man den kleineren Betrag vom größeren subtrahiert und das Vorzeichen des größeren Betrags übernimmt.
- Eine rationale Zahl subtrahiert man, indem man ihre **Gegenzahl addiert**.

Beispiele

1. $\frac{7}{9}+\frac{4}{3}=\left(+\frac{7}{9}\right)+\left(+\frac{4}{3}\right)=+\left(\frac{7}{9}+\frac{12}{9}\right)=+\frac{19}{9}$
2. $-5{,}32+(-1{,}4)=(-5{,}32)+(-1{,}4)=-(5{,}32+1{,}4)=-6{,}72$
3. $\frac{1}{4}+\left(-\frac{3}{8}\right)=\left(+\frac{1}{4}\right)+\left(-\frac{3}{8}\right)=-\left(\frac{3}{8}-\frac{2}{8}\right)=-\frac{1}{8}$
4. $-1{,}2+1{,}8=(-1{,}2)+(+1{,}8)=+(1{,}8-1{,}2)=+0{,}6$
5. $3{,}45-(-4{,}5)=(+3{,}45)-(-4{,}5)=(+3{,}45)+(+4{,}5)=+7{,}95$
6. $6{,}2-(+2{,}4)=(+6{,}2)-(+2{,}4)=(+6{,}2)+(-2{,}4)=+(6{,}2-2{,}4)=3{,}8$

Multiplikation und Division

- Zwei rationale Zahlen multipliziert/dividiert man, indem man ihre **Beträge multipliziert/dividiert** und die Vorzeichenregel beachtet:
  Bei **gleichen Vorzeichen** erhält das Produkt/der Quotient das Vorzeichen +, bei **unterschiedlichen Vorzeichen** setzt man im Ergebnis ein –.
- **Doppelbrüche** sind eine Möglichkeit, eine Division von rationalen Zahlen aufzuschreiben, die Vorzeichenregel gilt auch hier.

Beispiele

1. $\frac{4}{7}\cdot\frac{3}{2}=\left(+\frac{4}{7}\right)\cdot\left(+\frac{3}{2}\right)=+\frac{6}{7}$

2. $-5{,}1\cdot 2{,}2=(-5{,}1)\cdot(+2{,}2)=-11{,}22$

3. $-\frac{4}{3}:(-6)=\left(-\frac{4}{3}\right):(-6)=\left(-\frac{4}{3}\right)\cdot\left(-\frac{1}{6}\right)=+\frac{2}{9}$

4. $5{,}1:(-0{,}17)=(+5{,}1):(-0{,}17)=-30$

5. $\frac{-\frac{3}{4}}{-\frac{5}{6}}=\left(-\frac{3}{4}\right):\left(-\frac{5}{6}\right)=\left(-\frac{3}{4}\right)\cdot\left(-\frac{6}{5}\right)=+\frac{9}{10}$

6. $\frac{\frac{5}{7}}{-2}=\frac{5}{7}:(-2)=\frac{5}{7}\cdot\left(-\frac{1}{2}\right)=-\frac{5}{14}$

7. $\frac{9}{\frac{3}{2}}=9:\frac{3}{2}=9\cdot\frac{2}{3}=+6$

Beim Rechnen mit rationalen Zahlen gelten ebenfalls die Rechengesetze wie bei den ganzen Zahlen. Dadurch können eventuelle Rechenvorteile genutzt werden.

- **Reihenfolge bei Berechnungen:**
  Klammern werden zuerst berechnet. **Potenzen** kommen vor den **Punktrechenarten** und diese kommen vor den **Strichrechenarten**. Innerhalb von Punkt- bzw. Strichrechenarten wird **von links nach rechts** gerechnet.
- **Kommutativgesetz:**
  $a+b=b+a$ Spezialfall: $a-b=-b+a$
  $a\cdot b=b\cdot a$
- **Assoziativgesetz:**
  $(a+b)+c=a+(b+c)$
  $(a\cdot b)\cdot c=a\cdot(b\cdot c)$
- **Distributivgesetz:**
  $a\cdot(b+c)=a\cdot b+a\cdot c$ $(a+b)\cdot c=a\cdot c+b\cdot c$
  $a\cdot(b-c)=a\cdot b-a\cdot c$ $(a-b)\cdot c=a\cdot c-b\cdot c$
  $(a+b):c=a:c+b:c$
  $(a-b):c=a:c-b:c$

Beispiele

1. $4{,}5+7{,}2=\mathbf{7{,}2}+\mathbf{4{,}5}=11{,}7$

2. $\left(\frac{9}{4}\right)\cdot\left(-\frac{7}{6}\right)=\left(-\frac{7}{6}\right)\cdot\left(\frac{9}{4}\right)=-\frac{21}{8}$

3. $\frac{5}{7}-3{,}5+\frac{2}{7}-4{,}5=\frac{5}{7}+\frac{2}{7}-3{,}5-4{,}5=\left(\frac{5}{7}+\frac{2}{7}\right)-3{,}5-4{,}5=1-8=-7$

4. $(3{,}2+1{,}6):0{,}8=3{,}2:0{,}8+1{,}6:0{,}8=4+2=6$

5. $\left(\frac{4}{5}-\left(\frac{1}{2}\right)^3\right)\cdot 20=\left(\frac{4}{5}-\frac{1}{8}\right)\cdot 20=\frac{4}{5}\cdot 20-\frac{1}{8}\cdot 20=16-\frac{5}{2}=16-2\frac{1}{2}=13\frac{1}{2}$

6. Dividiere die Summe aus $-\frac{3}{4}$, $\frac{5}{6}$ und $-\frac{3}{2}$ durch die Differenz von 3,2 und –1,8.

Lösung:

$\left(-\frac{3}{4}+\frac{5}{6}-\frac{3}{2}\right):(3{,}2-(-1{,}8))$ — Ordne die Glieder. Achte auf die Rechenzeichen.

$=\left(\frac{5}{6}-\frac{3}{4}-\frac{3}{2}\right):(3{,}2-(-1{,}8))$ — Bringe die Nenner auf den Hauptnenner.

$=\left(\frac{10}{12}-\frac{9}{12}-\frac{18}{12}\right):\left(\frac{32}{10}-\left(-\frac{18}{10}\right)\right)$ — Eine rationale Zahl wird subtrahiert, indem die Gegenzahl addiert wird.

$=\left(\frac{10}{12}-\frac{9}{12}-\frac{18}{12}\right):\left(\frac{32}{10}+\frac{18}{10}\right)$ — Berechne die Subtraktion bzw. Addition in den Klammern.

$=-\frac{17}{12}:\frac{50}{10}$ — Führe die Division aus, indem du mit dem Kehrbruch multiplizierst.

$=-\frac{17}{12}\cdot\frac{10}{50}$ — Kürze.

$=-\frac{17}{12}\cdot\frac{1}{5}$

$=-\frac{17}{60}$

148 Berechne die folgenden Terme. Beachte dabei die Vorzeichenregel der Strichrechnung.

a) $5{,}78-9{,}34$

b) $\frac{12}{35}+\frac{2}{3}-\frac{5}{7}-\frac{5}{6}$

c) $-2-\left(-\frac{7}{8}+\frac{4}{5}\right)$

d) $\frac{5}{7}-1+\frac{9}{7}$

e) $35\ \%+8{,}02-\frac{9}{8}$

f) $\frac{6}{35}-0{,}5+25\ \%$

149 Berechne die folgenden Terme. Beachte dabei die Vorzeichenregel der Punktrechnung.

a) $\frac{-7}{5}:\frac{8}{-15}$

b) $\frac{-15}{-4}\cdot\frac{8}{-25}$

c) $\frac{-\frac{5}{8}}{25}$

d) $\frac{-7}{-\frac{4}{3}}$

e) $\frac{\frac{-2}{3}}{\frac{5}{-6}}$

f) $0{,}25\cdot(-2{,}5)$

g) $-7{,}8:(-0{,}25)$

h) $\frac{3}{4}:(-0{,}2)$

150 Berechne das Ergebnis und stelle es als gemischte Zahl dar.

a) Subtrahiere vom Quotienten von $\frac{7}{15}$ und $-\frac{21}{4}$ das Produkt der Faktoren $\frac{5}{3}$, $\frac{8}{3}$ und $-\frac{15}{4}$.

b) Multipliziere die Summe aus $\frac{5}{7}$, $\frac{3}{2}$ und $2\frac{1}{14}$ mit dem Quotienten von $2\frac{1}{2}$ und $\frac{3}{4}$.

151 Zeichne einen Gliederungsbaum für folgenden Term.

$$\left(\frac{4}{3}\right)^2 : \frac{4}{7} + \frac{5}{6} \cdot \left(\frac{3}{8} - \frac{5}{6}\right)$$

152 Beachte die Rechengesetze und rechne geschickt.

a) $\frac{8}{31} - \frac{5}{32} - \frac{8}{31}$

b) $5\frac{3}{4} - \left(4{,}35 - \frac{23}{25}\right) : (-0{,}05)$

c) $-0{,}4 \cdot \left(-\frac{5}{2^3} + 2^{-1} \cdot 56\,\%\right) - 3\frac{1}{2}$

d) $-12 : \left(3 - \frac{5}{4} : 3\right)$

✱ 153 Löse folgende Aufgaben.

a) Welche Zahl muss man von 4,5 subtrahieren, damit man das Ergebnis $-\frac{3}{4}$ erhält?

b) Welche Zahl muss man zu 5,2 addieren, damit die Summe der beiden Zahlen $-1\frac{2}{5}$ ist?

c) Durch welche Zahl muss man 3 dividieren, damit sich der Quotient $-\frac{5}{6}$ ergibt?

d) Mit welcher Zahl wird –5,6 multipliziert, wenn das Produkt $\frac{3}{5}$ ist?

✱ 154 Welche Zahl wird vom Tintenklecks bedeckt?

a) $-\frac{2}{3} \cdot (1{,}5 + \square) = -\frac{2}{3}$

b) $\left(\frac{1}{4} - \frac{4}{9}\right) \cdot \left(\frac{2}{3} - \square\right) = 0$

c) $5{,}2 - \frac{4}{5} : \left(\square + \frac{7}{8}\right) = 4{,}2$

d) $2{,}5 + \square \cdot \left(\frac{2}{3} + \frac{3}{4}\right) = 3{,}5$

3 Vermischte Aufgaben

155 Führe folgende Rechnungen im Kopf aus.

a) 25 % von $\frac{8}{15}$

b) $\frac{2}{3}$ von 6 h

c) $\frac{5}{8}$ von 8,8 kg

d) $\frac{4}{7}$ von 35 Minuten

156 Berechne schriftlich.

a) $\left(-\frac{5}{12}\right)\cdot\left(\frac{4}{-7}\right)$

b) $\dfrac{\frac{5}{-2}}{\frac{-35}{6}}$

c) $\frac{7}{3}:21\,\%$

d) $-15-25\cdot\left(\frac{3}{-5}\right)$

e) $\left(-\frac{5}{3}\right)^2-\frac{5^2}{3}$

f) $\left(-\frac{6}{25}\right):\left[\left(\frac{2}{5}\right)^2+\frac{3}{5}\right]$

157 Was ist größer bzw. mehr?

a) $\frac{2}{3}$ von –36 oder $-\frac{4}{5}$ von 35?

b) 35 % von 81 € oder $\frac{5}{9}$ von 51 €?

c) Das Dreifache von $\frac{7}{-5}$ oder das Doppelte von $\frac{-22}{9}$?

158 Beantworte die Fragen.

a) Liegt $\frac{5}{7}$ zwischen $\frac{1}{4}$ und 68 %?

b) Ist der um $\frac{2}{5}$ vermehrte Kehrbruch von $\frac{9}{4}$ größer als 0,89?

c) Welcher der Doppelbrüche hat den größten Wert?

$\dfrac{\frac{-6}{7}}{15}$, $\dfrac{5}{\frac{-2}{3}}$, $\dfrac{-\frac{8}{5}}{\frac{2}{7}}$

159 **Wanted** – steckbrieflich gesucht.
Welche Verdächtigen kannst du finden? Wie viele sind es jeweils?

a)

WANTED

echter Bruch

MERKMALE

Er liegt zwischen 0 und $\frac{1}{2}$.

Sein Zähler und Nenner sind ausschließlich einstellige Zahlen.

Der Bruch kann nicht weiter gekürzt werden.

b)

WANTED

Stammbruch

MERKMALE

Er lässt sich als Quadrat eines Bruches darstellen.

Sein Nenner ist zweistellig.

c)

WANTED

positive gemischte Zahl

MERKMALE

Der Nenner und der ganze Anteil sind jeweils zweistellig.

Alle vorkommenden Ziffern sind gleich.

Der Bruch kann nicht weiter gekürzt werden.

d)

WANTED

negativer Bruch

MERKMALE

Sein Zähler und Nenner sind einstellig.

Sein Zähler ist halb so groß wie sein Nenner.

Die Summe aus dem Betrag seiner Zählerziffer und dem Betrag seiner Nennerziffer ist 12.

✱ **160** „Wenn ich ein Drittel meiner Schulden und zwei Fünftel meiner Schulden bezahlt habe, dann muss ich noch immer 12 € zurückzahlen!“, meint Cornelia.
Wie hoch waren ihre Schulden anfangs?

Flächenberechnungen

1 Flächeninhalte von Quadrat und Rechteck

Martin möchte sein Zimmer komplett neu gestalten. Da er begeisterter Fußballfan ist, hätte er gerne den Boden seines Zimmers in den Farben seines Lieblingsvereins. Dazu möchte er abwechselnd rote und weiße Filzquadrate auslegen. Bevor er sich auf den Weg in den Baumarkt macht, überlegt Martin, wie viele solcher Quadrate er dafür braucht.

- Der Flächeninhalt eines **Quadrats** mit der Seitenlänge s beträgt $\mathbf{A = s^2}$.
- Der Flächeninhalt eines **Rechtecks** mit den Seitenlängen a und b beträgt $\mathbf{A = a \cdot b}$.

Beispiele

1. Die **Seitenlänge** des Quadrats beträgt $s = \mathbf{2\ cm}$.
   Für den Flächeninhalt des Quadrats gilt daher:
   $A = \mathbf{2\ cm \cdot 2\ cm} = 2 \cdot 2\ cm^2 = 4\ cm^2$

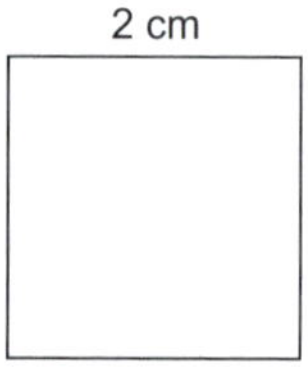

2. Die **Seiten** des Rechtecks sind **1,5 cm** und **3 cm** lang.
   Für den Flächeninhalt des Rechtecks gilt daher:
   $A = \mathbf{1{,}5\ cm \cdot 3\ cm} = 1{,}5 \cdot 3\ cm^2 = 4{,}5\ cm^2$

3. Martins Zimmer ist 3,5 m lang und 2,75 m breit. Jedes Quadrat hat einen Flächeninhalt von 4 dm^2.
   Wie viele rote und weiße Filzquadrate braucht Martin, wenn er Filzquadrate, die nicht ganz in sein Zimmer passen, höchstens halbieren möchte?
   Lösung:
   Zuerst muss berechnet werden, wie groß die **Seitenlänge eines Filzquadrats** ist. Es gilt:
   $A = s^2$
   Welche Zahl s ergibt das gesuchte s^2?
   $\mathbf{s^2 = 4\ dm^2}$
   $s = 2\ dm$ $\qquad 2 \cdot 2 = 4$

Dann muss ermittelt werden, **wie viele Quadrate** in eine Reihe gelegt werden müssen, um die **Breite des Zimmers** genau auszulegen. Hierfür wird die Breite des Zimmers durch die Breite eines einzelnen Quadrats dividiert.

$2,75 \text{ m} = 275 \text{ cm}$
$2 \text{ dm} = 20 \text{ cm}$

Wandle die Einheiten passend um.

$\mathbf{275 : 20} = 13,75$

Für eine Reihe braucht Martin also 14 Quadrate, wobei beim letzten ein Rest übrig bleibt.

Anschließend wird berechnet, **wie viele solcher Reihen** er braucht, damit der Boden ganz mit Filzquadraten bedeckt ist. Dazu wird die Länge des Raumes durch die Länge eines Quadrats dividiert.

$3,5 \text{ m} = 350 \text{ cm}$ und $2 \text{ dm} = 20 \text{ cm}$

Auch hier musst du die Einheiten umwandeln.

$\mathbf{350 : 20} = 17,5$

Martin braucht also **17 ganze Reihen**. Für die **letzte Reihe halbiert** er jedes Quadrat, sodass er hier nur **7 Quadrate** braucht.

Die Anzahl der **insgesamt benötigten Quadrate** erhält man, indem man die Anzahl, die man für eine Reihe braucht, mit der Anzahl der Reihen multipliziert und die sieben Quadrate der letzten Reihe addiert.

$14 \cdot 17 + 7 = 238 + 7 = 245$

Er braucht insgesamt 245 Quadrate.
Das sind 123 weiße und 123 rote Quadrate (da er keine halben Quadrate kaufen kann).

Jeweils die Hälfte ist weiß bzw. rot.

161 Berechne den Flächeninhalt der folgenden Quadrate mit der Seitenlänge s.

a) $s = 0,5 \text{ m}$
b) $s = 5,4 \text{ cm}$
c) $s = 3\frac{1}{2} \text{ dm}$
d) $s = \frac{4}{3} \text{ m}$

162 Wie lang ist die Seitenlänge eines Quadrats, das den folgenden Flächeninhalt besitzt?

a) 144 cm^2
b) 81 mm^2
c) 49 m^2
d) 121 dm^2

163 Berechne den Flächeninhalt der Rechtecke mit folgenden Seitenlängen.

a) $a = 4 \text{ cm}, b = 7 \text{ cm}$
b) $\ell = 2,5 \text{ m}, b = 3 \text{ m}$
c) $a = 17 \text{ cm}, b = 2 \text{ dm}$
d) $\ell = 25 \text{ mm}, b = 1,2 \text{ cm}$

164 Man weiß, dass ein Raum 12 m^2 groß ist.
Wie lang und wie breit könnte er sein, wenn man auch weiß, dass sowohl die Länge als auch die Breite ganzzahlig in Metern sind?

165 Ein Quadrat hat die Seitenlänge von 6 cm.
Gib dazu zwei Möglichkeiten für die Abmessungen eines Rechtecks an, dessen Flächeninhalt gleich groß ist.

166 Seraps Zimmer ist 4,2 m lang und 3,6 m breit. Sie möchte es abwechselnd mit Filzquadraten in rosa und hellgrau auslegen, wobei jedes Filzquadrat 9 dm^2 Flächeninhalt hat.
Wie viele Filzquadrate braucht sie von jeder Farbe?

167 Herr Huber hat Kaninchen und möchte mit 24 m Zaun ein rechteckiges Gehege für sie in seinem Garten eingrenzen.

a) Gib drei mögliche Abmessungen für Länge und Breite an, die er wählen kann.

b) Entscheide, welche deiner drei Möglichkeiten Herr Huber wählen wird, wenn er seinen Kaninchen möglichst viel Auslauffläche bieten möchte.
Begründe deine Antwort.

2 Flächeninhalt des Parallelogramms

Emma und Mia machen in Hamburg Urlaub. Auf einer Hafenrundfahrt sehen sie Dockland, ein Bürogebäude, das in den Hamburger Hafen hineinragt. Die Seitenflächen haben die Form eines Parallelogramms und bestehen komplett aus Glas. „Was glaubst du, wie viele Quadratmeter Fensterglas müssen hier für diese Seite, die du siehst, geputzt werden?“, fragt Mia.

Um den Flächeninhalt eines Parallelogramms zu berechnen, stellt man folgende Überlegungen an:

Man legt ein Lot durch D auf die Seite a und zeichnet es genau zwischen den Seiten a und c ein: Es ist die Höhe h_a auf die Seite a.

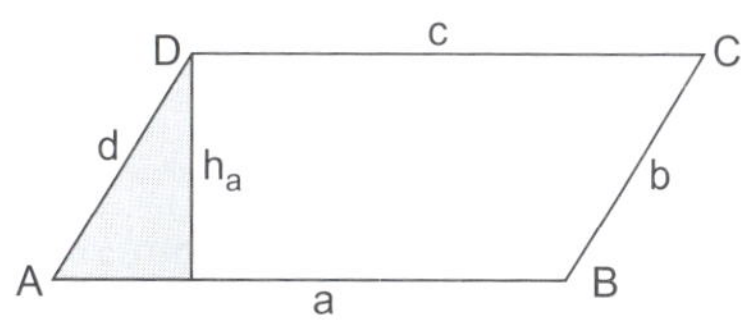

Man kann aus einem Parallelogramm leicht ein flächengleiches Rechteck machen.

Dazu muss man das grau gefärbte Dreieck links wegschneiden und rechts anfügen.

Das entstehende Rechteck ist farbig gekennzeichnet und hat den Flächeninhalt $A_{Rechteck} = a \cdot h_a$.

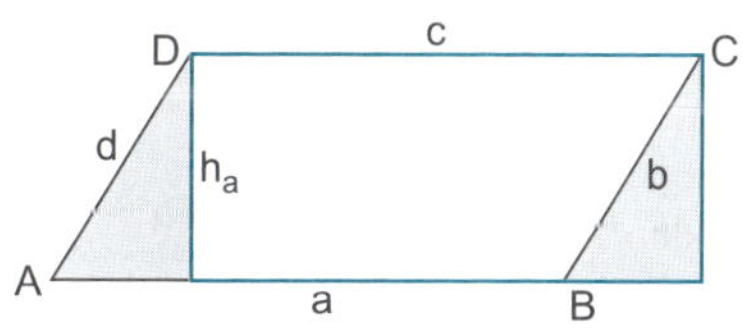

Für den Flächeninhalt des Parallelogramms gilt daher $A_{Parallelogramm} = a \cdot h_a$.

Durch ähnliche Betrachtungen erhält man auch $A_{Parallelogramm} = b \cdot h_b$.

> Allgemein gilt für den Flächeninhalt eines Parallelogramms:
> **$A_{Parallelogramm}$ = Grundseite · Höhe**

Beispiel

Im Prospekt stehen folgende Angaben: Dockland ist ein 25 m hohes Gebäude, das die die Form eines Parallelogramms hat. Am Boden ist es 92 m lang. Wie groß ist eine der beiden Seitenflächen?

Lösung:

$\mathbf{A = a \cdot h_a}$

Wenn du eine Fläche berechnen möchtest, schreibe erst die allgemeine Formel auf.

Einsetzen der Maße ergibt:

$A = \mathbf{92\ m \cdot 25\ m} = 2\,300\ m^2$

Die großen Seiten von Dockland, die die Form eines Parallelogramms haben, bestehen also aus einer 2 300 m^2 großen Glasfläche.

168 Berechne den Flächeninhalt der folgenden Parallelogramme.

a) $a = 6$ cm, $h_a = 5{,}7$ cm
b) $b = 3{,}2$ dm, $h_b = 1{,}5$ cm
c) $a = 1{,}6$ m, $h_a = 8$ dm
d) $b = 4{,}2$ cm, $h_b = 28$ mm

169 Zeichne die Punkte $A(-2\,|\,-2)$, $B(3\,|\,-2)$, $C(1\,|\,2)$ und $D(-4\,|\,2)$ in ein Koordinatensystem.
Verbinde sie zu einem Parallelogramm und berechne dessen Flächeninhalt nach der Formel $A = a \cdot h_a$.

170 Zeichne zwei Parallelogramme mit $a = 5$ cm und $b = 7$ cm. Der Innenwinkel am Eckpunkt A beträgt bei dem einen Parallelogramm $\alpha = 40°$ und bei dem anderen $\alpha = 85°$.
Schätze, welches Parallelogramm den größeren Flächeninhalt hat. Zeichne in beide Parallelogramme die Höhe h_a durch D ein und miss sie jeweils ab. Berechne die beiden Flächeninhalte und vergleiche.

171 Wahr oder falsch?
Sind die Behauptungen wahr oder falsch? Begründe deine Antwort.

	wahr	falsch
a) Zu einem Rechteck kann man immer genau zwei verschiedene flächengleiche Parallelogramme zeichnen, deren Grundseite genauso lang wie die Länge des Rechtecks ist.	☐	☐
b) Zu einem Quadrat kann man immer mindestens ein flächengleiches Parallelogramm zeichnen.	☐	☐
c) Es gibt ein Parallelogramm mit den Seitenlängen $a = 3$ cm und $b = 5$ cm, das den Flächeninhalt 10 cm^2 hat.	☐	☐
d) Es gibt ein Parallelogramm mit den Seitenlängen $a = 4$ cm und $b = 3$ cm, das den Flächeninhalt 2 cm^2 hat.	☐	☐
* e) Gegeben sind drei Punkte, die nicht auf einer Geraden liegen. Dann gibt es genau ein Parallelogramm, für das diese drei Punkte Eckpunkte sind.	☐	☐

3 Flächeninhalte von Dreieck und Trapez

Im Hamburger Hafen sehen Mia und Emma auch die Regina Maris, einen beeindruckenden Dreimaster. Die Reiseleitung erzählt ihnen, dass die Regina Maris 600 m^2 Segelfläche vor den Wind bringt. Erstaunt stellen sie fest, dass das Schiff dreieckige Segel hat, aber auch solche, die trapezförmig sind.

Um den Flächeninhalt eines Dreiecks zu berechnen, genügt eine einfache Überlegung:
Jedes Dreieck ist ein halbes Parallelogramm, wie man an den Zeichnungen gut erkennen kann. Sein Flächeninhalt ist also halb so groß wie der des Parallelogramms.

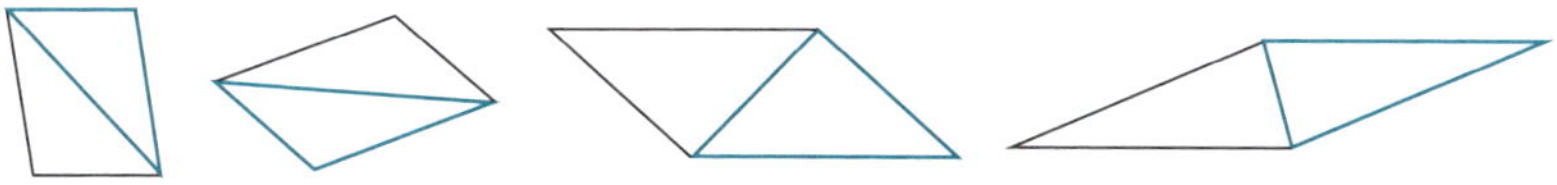

Für den Flächeninhalt eines Dreiecks gilt:

$$A_{\text{Dreieck}} = \frac{1}{2} \cdot \text{Grundseite} \cdot \text{Höhe}$$

Man kann jede Seite mit ihrer dazugehörigen Höhe kombinieren. So erhält man drei Flächenformeln und kann immer diejenige anwenden, die man möchte.

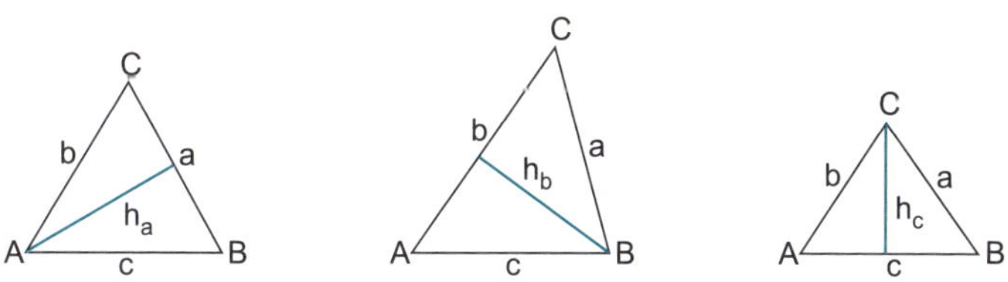

$A_{\text{Dreieck}} = \frac{1}{2} \cdot a \cdot h_a$ $\quad$ $A_{\text{Dreieck}} = \frac{1}{2} \cdot b \cdot h_b$ $\quad$ $A_{\text{Dreieck}} = \frac{1}{2} \cdot c \cdot h_c$

Auch das Trapez ist ein halbes Parallelogramm, was die folgende Überlegung zeigt:

Man fügt das Trapez auf den Kopf gestellt an sich selbst an, wodurch ein Parallelogramm entsteht. Die Höhe des Parallelogramms ist h. Dieses Parallelogramm hat die zugehörige Grundseitenlänge a + c.

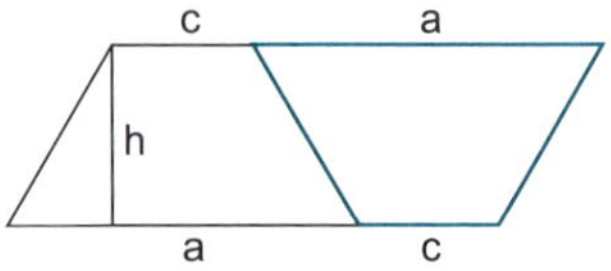

> Für den Flächeninhalt eines Trapezes mit den parallelen Seiten a und c gilt:
>
> $$\mathbf{A_{Trapez} = \frac{(a+c) \cdot h}{2}}$$

Beispiele

1. Zeichne ein Dreieck mit den Eckpunkten A(–4 | –2), B(3 | –1) und C(1 | 3) und die Höhe h_c ins Koordinatensystem. Miss die wichtigen Längen ab und berechne den Flächeninhalt des Dreiecks.

   Lösung:

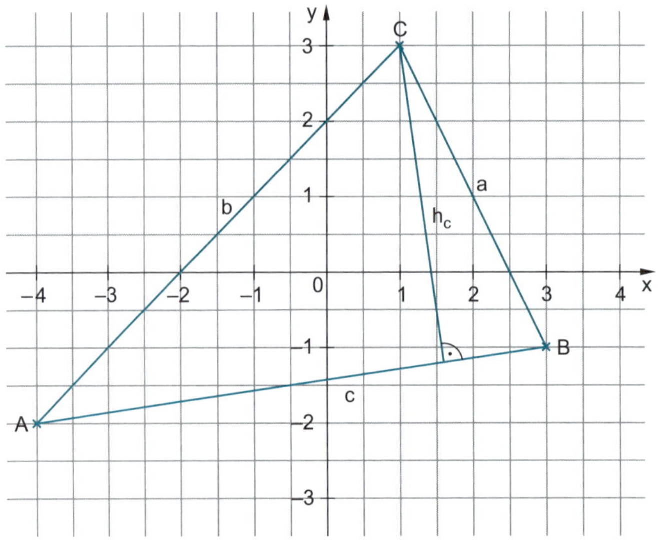

$$A = \frac{1}{2} \cdot c \cdot h_c = \frac{1}{2} \cdot 7{,}1\ \text{cm} \cdot 4{,}2\ \text{cm} = \frac{1}{2} \cdot 29{,}82\ \text{cm}^2 = 14{,}91\ \text{cm}^2$$

2. Zeichne ein Trapez mit den Eckpunkten A(–4 | –3), B(2 | –3), C(1 | 2) und D(–2 | 2) ins Koordinatensystem. Miss die wichtigen Längen ab und berechne den Flächeninhalt des Trapezes.

Lösung:

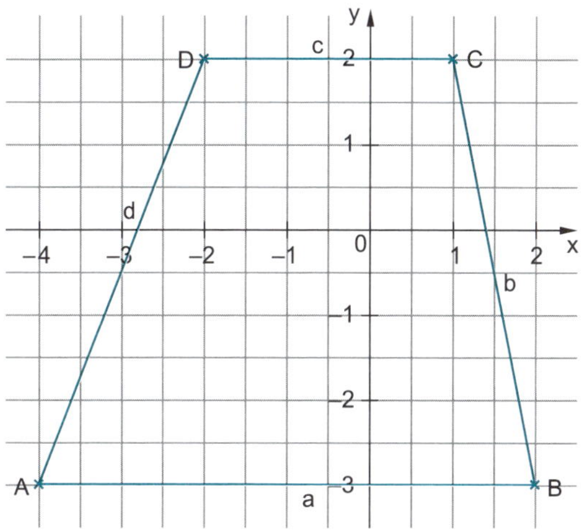

Abmessen der Längen ergibt:
a = 6 cm, c = 3 cm, h = 5 cm

Durch Einsetzen in die Formel erhält man den Flächeninhalt:

$$A = \frac{(\mathbf{6\,cm} + \mathbf{3\,cm}) \cdot \mathbf{5\,cm}}{2} = \frac{9\text{ cm} \cdot 5\text{ cm}}{2} = \frac{45}{2}\text{ cm}^2 = 22{,}5\text{ cm}^2$$

172 Schreibe die Formel, die du brauchst, auf und berechne den Flächeninhalt des Dreiecks aus den jeweiligen Abmessungen.

a) $a = 5$ cm, $h_a = 3$ cm

b) $c = 5{,}2$ dm, $h_c = 2{,}7$ dm

c) $b = 28$ mm, $h_b = 2{,}4$ cm

173 Zeichne das Dreieck ABC in ein Koordinatensystem (1 LE ≙ 1 cm), miss die gefragten Längen ab und berechne den Flächeninhalt des Dreiecks.

a) A(–2|–4), B(2|–4) und C(1|3), gesucht sind die Längen der Seite c und der Höhe h_c.

b) A(–1|–2), B(3|–3) und C(3|2), gesucht sind die Längen der Seite a und der Höhe h_a.

c) A(–2|1), B(3|2) und C(–2|4), gesucht sind die Längen der Seite b und der Höhe h_b.

174 Berechne jeweils den Flächeninhalt eines Trapezes mit den folgenden Abmessungen.

a) $a = 45$ mm, $c = 2{,}3$ cm, $h = 4$ cm

b) $a = 56$ dm, $c = 3{,}8$ m, $h = 480$ cm

175 Emma und Mia kennen Segelschiffe auch vom Ammersee. Dort hat das Boot ihrer Freunde ein trapezförmiges Segel mit den Maßen $a = 3{,}5$ m, $c = 2{,}5$ m und $h = 3$ m.
Wie groß ist die Segelfläche dieses Bootes?

176 Von einem Dreieck kennt man die Längen der Seiten $a = 5$ cm, $b = 3$ cm, den Umfang $U = 12$ cm und den Flächeninhalt $A = 6\ \text{cm}^2$.
Berechne die Seite c und die drei Höhen.

177 Von einem Trapez kennt man den Flächeninhalt $A = 14\ \text{cm}^2$, a ist 5,8 cm lang, c nur 2,2 cm.
Wie lang muss die Höhe von diesem Trapez sein?

178 Gegeben sind die Punkte $A(-1\,|\,-3)$ und $B(1\,|\,-1{,}5)$ in einem Koordinatensystem ($1\ \text{LE} \mathrel{\hat{=}} 1$ cm).

a) Zeichne das Quadrat ABCD und gib die Koordinaten von C und D an.

b) Zeichne ein zum Quadrat ABCD flächengleiches Parallelogramm mit den Seitenlängen 2,5 cm und 4 cm.

c) Zeichne ein zum Quadrat ABCD flächengleiches Dreieck mit der Seitenlänge 2,5 cm. Erläutere dein Vorgehen.

4 Schrägbilder und Netze

Jule zeichnet ein Haus, als ihr ihre jüngere Schwester Finja über die Schulter schaut. „So toll möchte ich auch zeichnen können!“, meint Finja. Jule freut sich über die Bewunderung, mit der ihre Schwester sie anschaut. Da macht es auch gleich noch einmal so viel Spaß, das Haus schön anzumalen.

Schrägbild

- Wenn man ein Schrägbild zeichnet, werden Länge und Höhe in ihrer wahren Länge waagrecht und senkrecht gezeichnet.
- Die Breite wird schräg nach hinten, sehr häufig in einem Winkel von 45°, und etwas kürzer eingezeichnet. Dadurch entsteht der räumliche Eindruck.
- Zusätzlich werden nicht sichtbare Seiten gestrichelt eingezeichnet.
- Wenn kein anderes Verkürzungsverhältnis angegeben ist, können die Karos im Heft zu Hilfe genommen werden: für jeden Zentimeter der Länge b geht man quer durch ein Kästchen.

Netz

- Wenn man das Netz eines Körpers zeichnen soll, denkt man sich diesen entlang der Kanten so aufgeschnitten, dass man alle seine Seiten in die Zeichenebene klappen kann.
- Man zeichnet für das Netz alle Seiten in wahrer Länge.

Beispiele

1. Zeichne das Schrägbild und das Netz eines Quaders mit $\ell = 2$ cm, $b = 1$ cm und $h = 1{,}5$ cm.

   Lösung:
   Schrägbild:
   Die **Länge** und die **Höhe** werden in **wahrer Länge** eingezeichnet.
   Die **Breite** wird um 45° nach hinten geneigt eingezeichnet und hat die Länge **einer Diagonalen der Karos**.

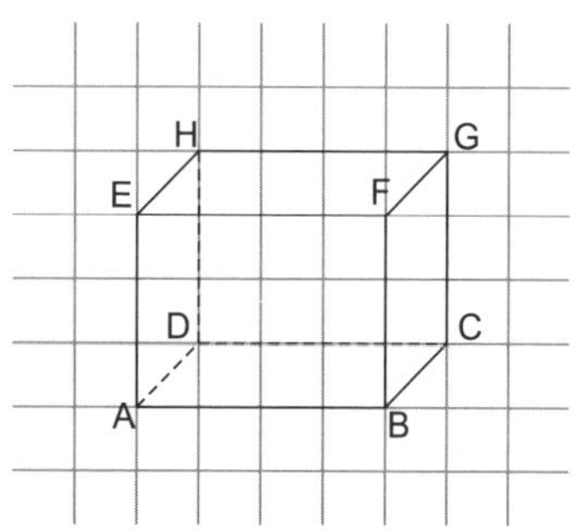

Netz:
Der Körper kann entlang seiner Kanten aufgeklappt werden:

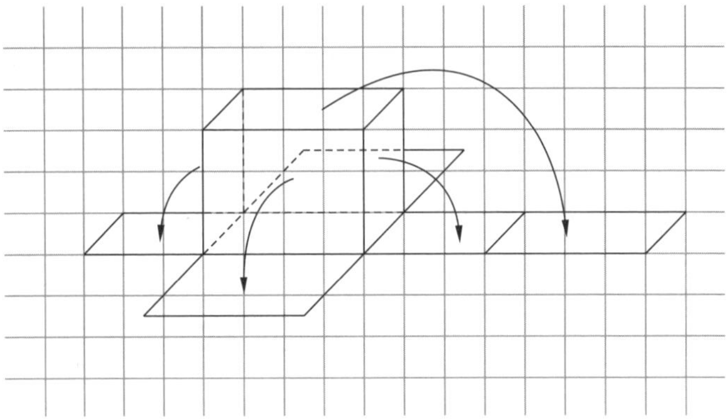

Damit erhält man das Netz des Quaders:

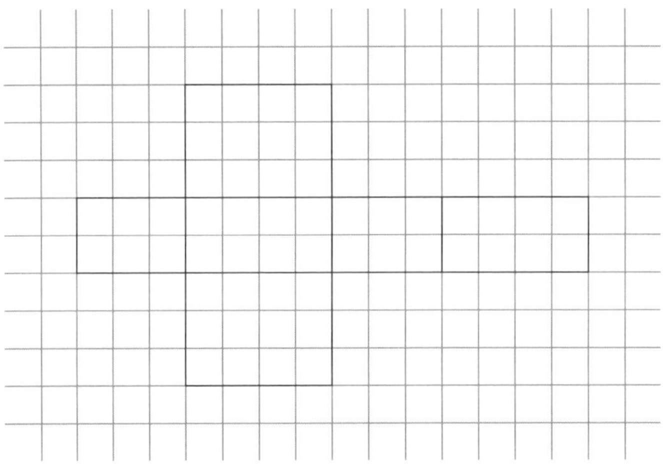

2. Hier siehst du ein Prisma von vorne und von der Seite.
Zeichne sein Schrägbild und sein Netz.

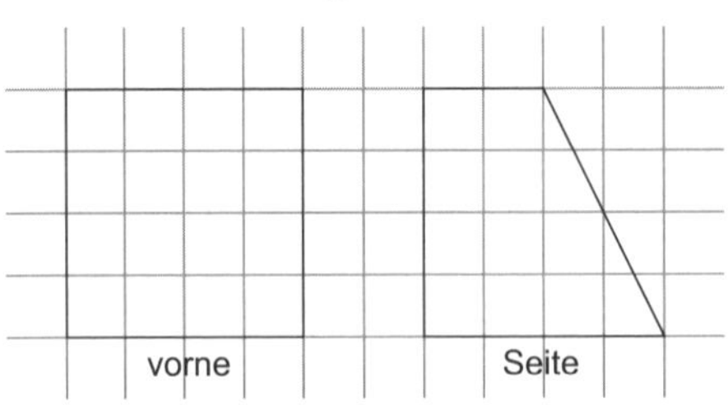

Lösung:
Das Schrägbild wird gezeichnet, indem man die **Vorderansicht übernimmt** und die **Seitenansicht schräg und verkürzt** zeichnet.

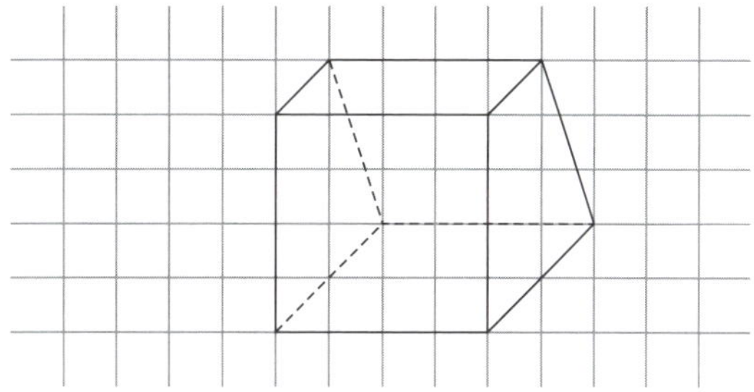

Für das Netz stellt man sich alle Seiten in die Zeichenebene geklappt vor, alle Längen werden in **wahrer Größe** gezeichnet.
Die **Länge der schrägen Kante** der Rückseite muss **abgemessen** werden.

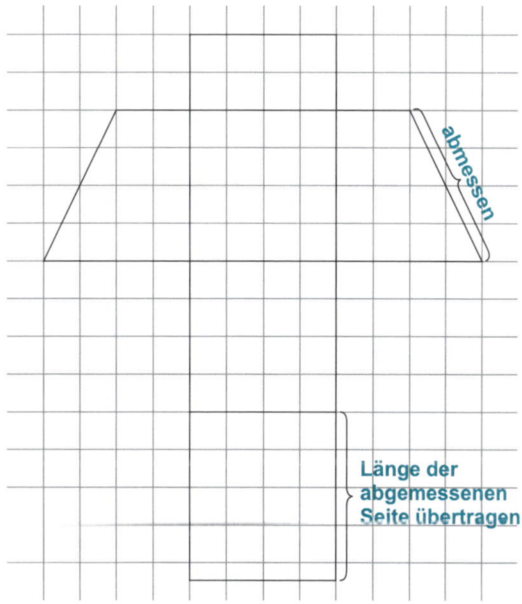

179 Zeichne folgende Schrägbilder.

a) Ein Würfel hat eine Kantenlänge von $s = 3$ cm.

b) Ein Quader hat die Länge $a = 4$ cm, die Breite $b = 3$ cm und die Höhe $h = 2{,}5$ cm.

c) Eine Pyramide hat eine quadratische Grundfläche mit $s = 3$ cm und die Höhe von $h = 4$ cm.

180 Zeichne von folgenden Figuren, die man hier von vorne und von der Seite sieht, ein Schrägbild.

a)

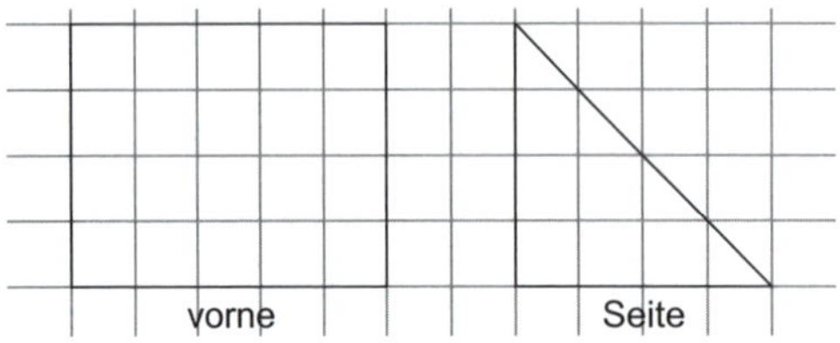

b)

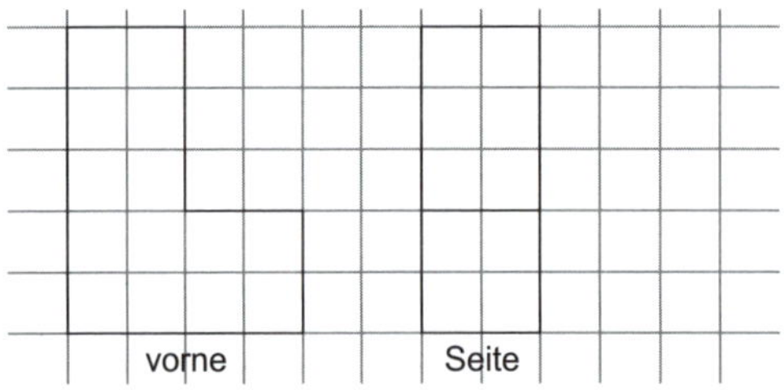

c)

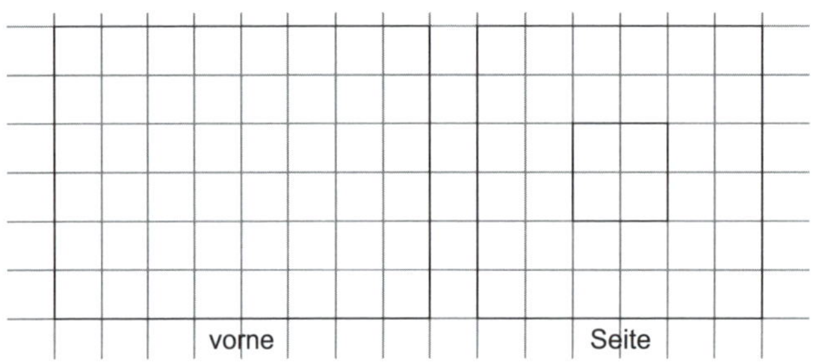

181 Zeichne folgende Netze.

a) Würfel mit Kantenlänge s = 1,5 cm

b) Quader mit Länge a = 3 cm, Breite b = 3,5 cm und Höhe h = 2,5 cm

182 Man sieht hier das Netz von Körpern. Zeichne ihr Schrägbild.

a)

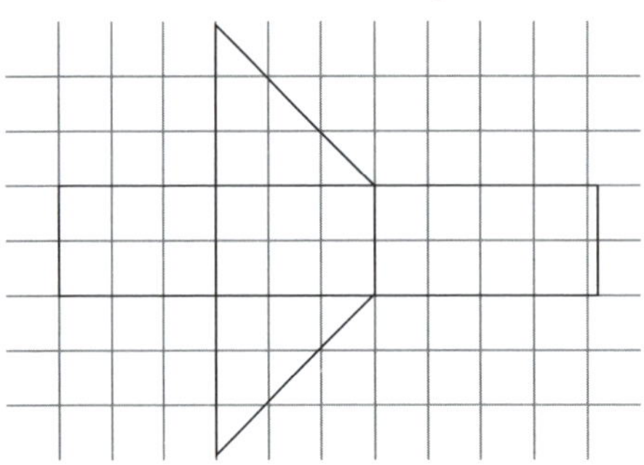

b)

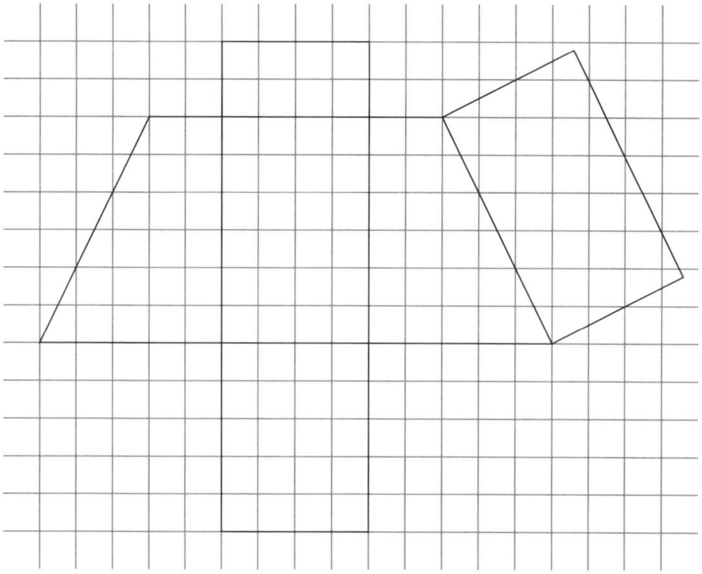

183 Folgendes Prisma sieht man hier von vorne und von der Seite.
Zeichne sein Schrägbild und sein Netz.

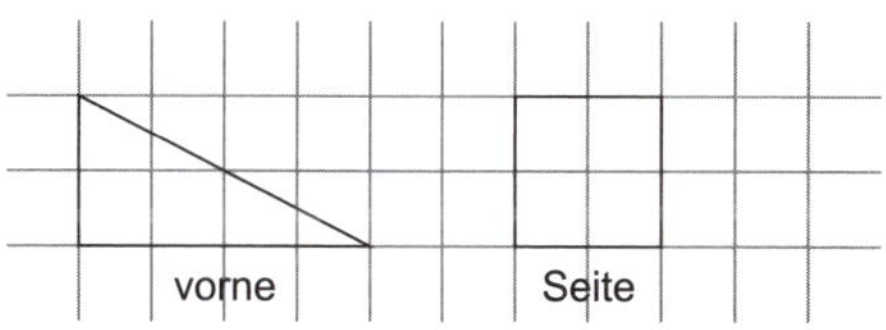

184 a) Zeichne zwei unterschiedliche Netze eines Würfels mit der Kantenlänge $a-1$ cm.

b) Zeichne zwei unterschiedliche Netze eines Quaders mit den Kantenlängen $a=2$ cm, $b=3$ cm und $c=1$ cm.

c) Kannst du mehr unterschiedliche Netze des Würfels oder des Quaders aus den Teilaufgaben a und b zeichnen oder haben beide Körper gleich viele unterschiedliche Netze? Entscheide und begründe.

d) Zeichne ein unmögliches Würfelnetz und erläutere, wieso es unmöglich ist.

5 Ausgewählte Oberflächeninhalte

Anna und Sladjana wollen ihrer Freundin Edita zum Geburtstag ein ganz besonderes Geschenk machen. Sie haben zwei Karaoke-Mikrofone und Karaoke-Software für Editas Spielekonsole gekauft. Das muss natürlich auch eine ganz besondere Verpackung haben. Deshalb haben die beiden einen Schuhkarton gefunden, in den alles hineinpasst. Nun muss dessen ganze Oberfläche noch über und über mit ausgeschnittenen Bildern von Stars beklebt werden… Puhhh, ganz schön viel Arbeit!

- Um einen **Oberflächeninhalt** zu berechnen, geht man am besten vom **Netz** eines Körpers aus. Man berechnet den Flächeninhalt jeder einzelnen **Teilfläche** und **addiert** diese Flächeninhalte.
- Manche Oberflächeninhalte kommen so oft vor, dass man für sie feststehende Formeln hat. Besonders häufig braucht man die Oberflächeninhalte von Würfel und Quader.
  $\mathbf{O_{Würfel} = 6 \cdot s^2}$
  $\mathbf{O_{Quader} = 2 \cdot (\ell \cdot b + \ell \cdot h + b \cdot h)}$

Beispiele

1. Berechne den Oberflächeninhalt eines Würfels mit $s = 2$ cm.

   Lösung:

   $O_{Würfel} = 6 \cdot s^2 = 6 \cdot (\mathbf{2\ cm})^2 = 6 \cdot 4\ cm^2 = 24\ cm^2$

   Setze $s = 2$ cm in die Formel für den Würfel ein.

2. Berechne den Oberflächeninhalt des Schuhkartons, den Anna und Sladjana bekleben möchten. Seine Maße sind $\ell = 32$ cm, $b = 20$ cm und $h = 12$ cm.

   Lösung:

   $$\begin{aligned} O_{Quader} &= 2 \cdot (\ell \cdot b + \ell \cdot h + b \cdot h) \\ &= 2 \cdot (\mathbf{32\ cm \cdot 20\ cm + 32\ cm \cdot 12\ cm} \\ &\quad \mathbf{+ 20\ cm \cdot 12\ cm}) \\ &= 2 \cdot (640\ cm^2 + 384\ cm^2 + 240\ cm^2) \\ &= 2 \cdot 1\,264\ cm^2 \\ &= 2\,528\ cm^2 \\ &= 25,28\ dm^2 \\ &= 0,2528\ m^2 \end{aligned}$$

   Setze $\ell = 32$ cm, $b = 20$ cm und $h = 12$ cm in die Formel für den Quader ein.

3. Berechne die Oberfläche dieses Prismas.

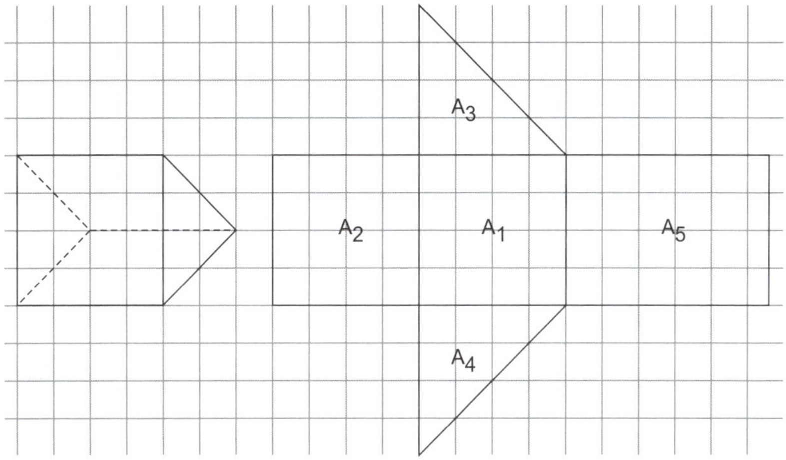

Lösung:

Zuerst werden die Inhalte der einzelnen **Teilflächen** berechnet. Dabei werden die Maße aus der Zeichnung entnommen.

$\mathbf{A_1 = A_2} = 2\text{ cm} \cdot 2\text{ cm} = 4\text{ cm}^2$

$\mathbf{A_3 = A_4} = \frac{1}{2} \cdot 2\text{ cm} \cdot 2\text{ cm} = 2\text{ cm}^2$

$\mathbf{A_5} = 2\text{ cm} \cdot 2{,}8\text{ cm} = 5{,}6\text{ cm}^2$

A_1 und A_2 bzw. A_3 und A_4 sind deckungsgleiche Flächen.

Den **Oberflächeninhalt** erhält man durch Addition der einzelnen Flächeninhalte:

$$\begin{aligned} O &= \mathbf{A_1 + A_2 + A_3 + A_4 + A_5} \\ &= 4\text{ cm}^2 + 4\text{ cm}^2 + 2\text{ cm}^2 + 2\text{ cm}^2 + 5{,}6\text{ cm}^2 \\ &= 17{,}6\text{ cm}^2 \end{aligned}$$

185 Berechne den Oberflächeninhalt der folgenden Würfel.

a) s = 50 mm
b) s = 12 dm
c) s = 3,4 m
d) s = 4,5 cm

186 Wie lang sind die Kanten der folgenden Würfel?

a) $O = 96\text{ cm}^2$
b) $O = 294\text{ dm}^2$
c) $O = 600\text{ mm}^2$
d) $O = 150\text{ cm}^2$

187 Berechne den Oberflächeninhalt der folgenden Quader.

a) $\ell = 2{,}5$ cm, $b = 15$ mm, $h = 3$ cm

b) $a = 4{,}5$ dm, $b = 27$ cm, $c = 3$ dm

188 Berechne den Oberflächeninhalt der folgenden Würfel, deren Schrägbilder du hier siehst.

a)

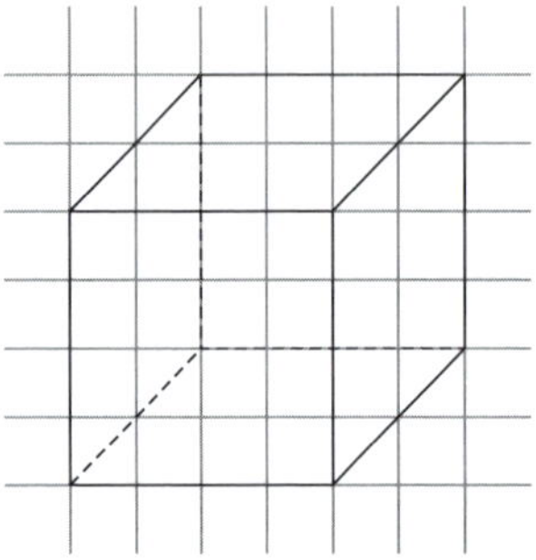

b)

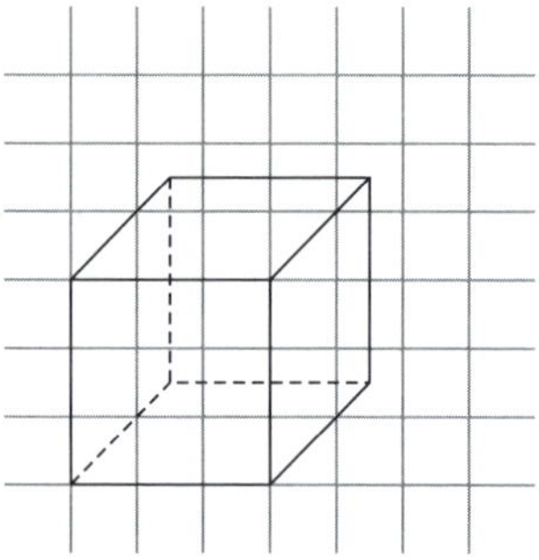

189 Zeichne das Netz der folgenden Körper und berechne anschließend jeweils den Oberflächeninhalt.

a)

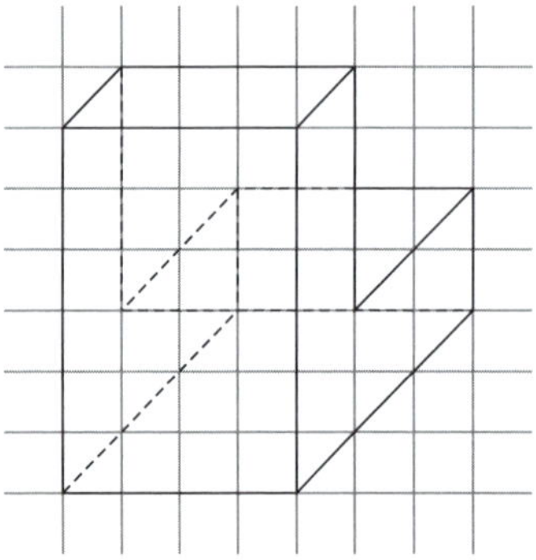

b)

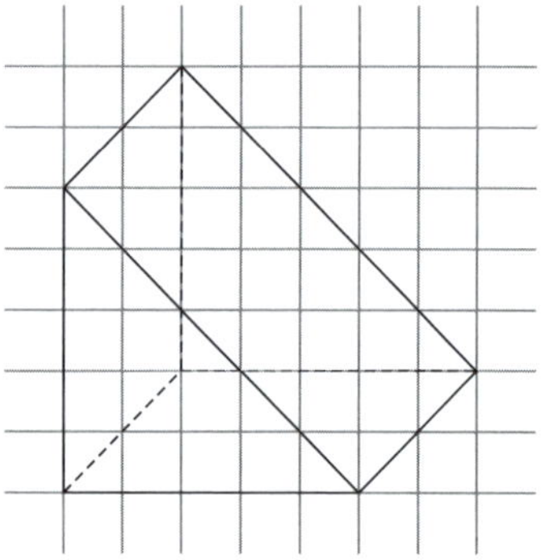

190 Kai behauptet: „Wenn man bei einem Würfel die Länge um 1 cm verlängert, die Breite gleich lässt und die Höhe um 1 cm verkürzt, dann bleibt der Oberflächeninhalt gleich groß!"
Hat Kai recht? Entscheide und begründe.

6 Vermischte Aufgaben

191 Berechne den Flächeninhalt folgender Figuren.

a) 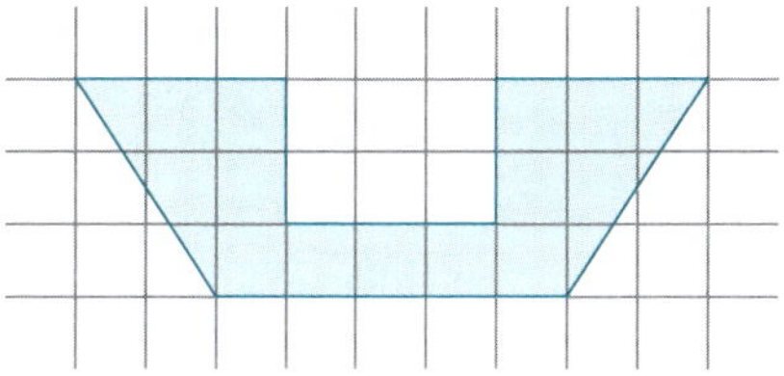

b) 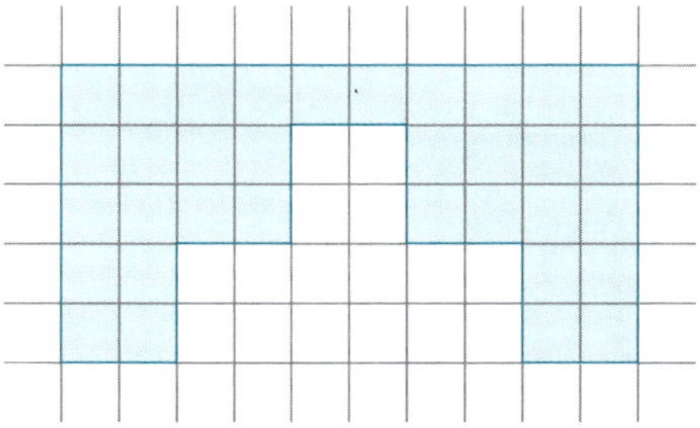

c) 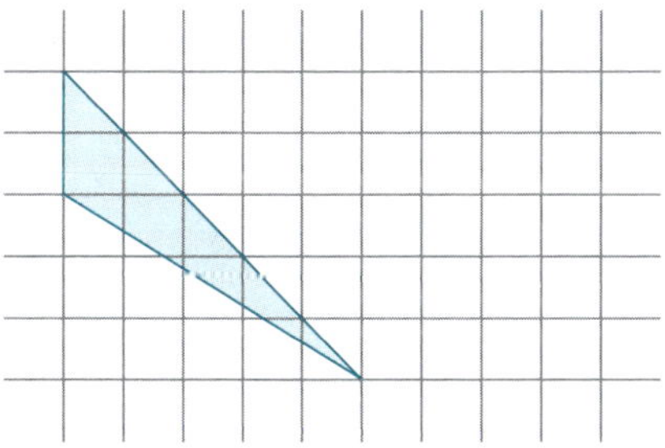

192 Welche der abgebildeten Figuren kann das Netz eines Körpers sein?

a) 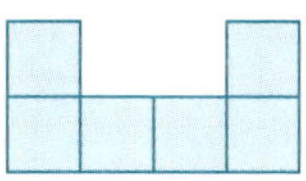

b) 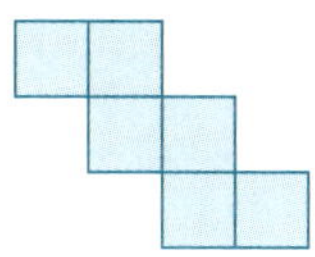

c) 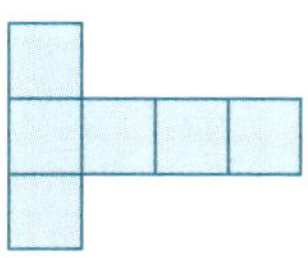

d) 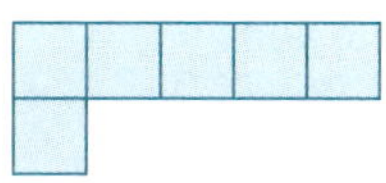

193 Zeichne die folgenden Figuren jeweils in ein eigenes Koordinatensystem und berechne anschließend ihren Flächeninhalt:

a) A(–3 | –4), B(2 | –3), C(5 | 2), D(–5 | 0)

b) A(1 | 1), B(4 | –2), C(5 | 3), D(2 | 6)

194 Zeichne ein Schrägbild der folgenden Körper. Berechne anschließend ihren Oberflächeninhalt.

a) Ein Würfel mit s = 1 cm steht genau in der Mitte von einem Würfel mit s = 3 cm auf der Deckfläche.

b) Aus einem Quader mit a = 4 cm, b = 2 cm und c = 3 cm ist an der linken vorderen Ecke ein Würfel mit s = 1 cm herausgeschnitten.

195 Silvio möchte die Wände und die Decke seines Zimmers streichen. Der Raum hat eine Länge von 3,4 m, eine Breite von 4,2 m und eine Höhe von 2,7 m. Das Fenster hat eine Breite von 1,5 m und eine Höhe von 1,2 m, die Türe hat eine Breite von 95 cm und eine Höhe von 2,1 m.

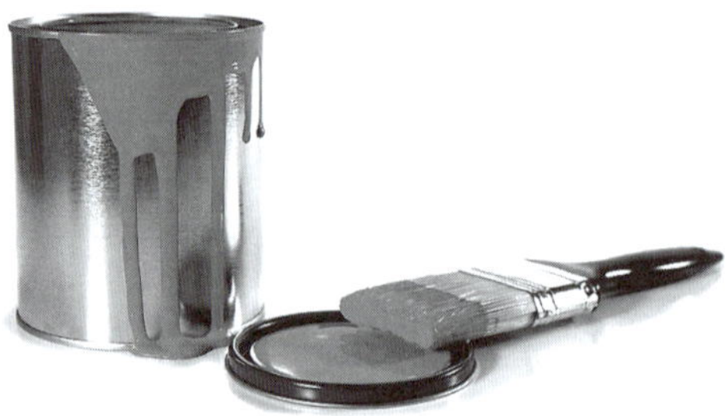

Für wie viele Quadratmeter muss Silvio Farbe kaufen?

* **196** Berechne den Oberflächeninhalt des Körpers, ohne ein Netz zu zeichnen.

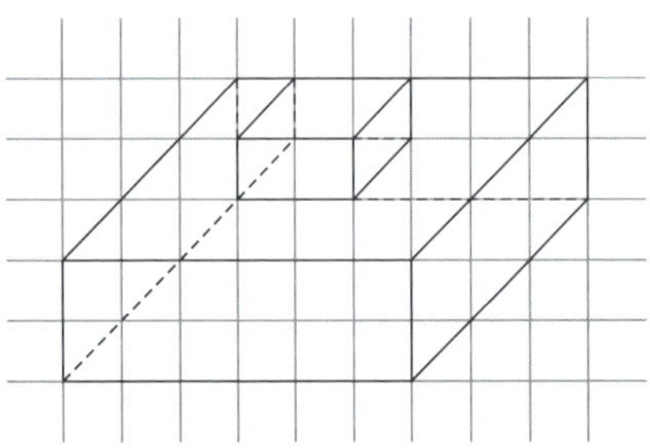

* **197** Ein Quader hat den Oberflächeninhalt von $O = 126\ \text{cm}^2$, man kennt seine Länge von 6 cm und die Breite von 3 cm.
Wie hoch ist dieser Quader?

Volumenberechnungen

1 Volumeneinheiten

Emil und Max fahren ins Zeltlager. Sie überlegen, was sie dort brauchen: Fußball, Fußballschuhe, Badehose, Luftmatratze, aufblasbares Gummiboot … Wo passt das nur alles hinein?

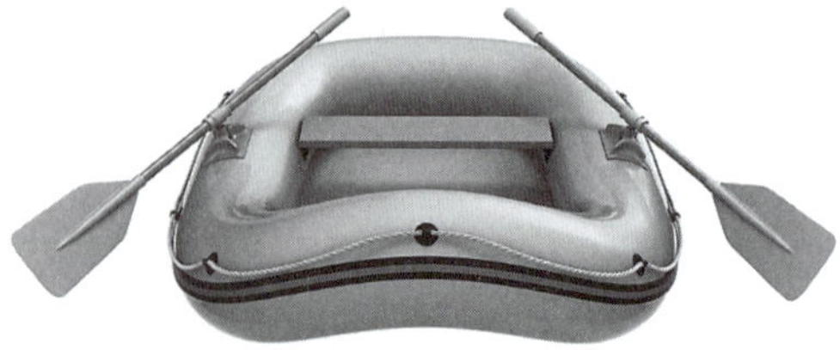

Wenn man davon spricht, wo etwas hineinpasst, braucht man eine mathematische Einheit. Der **Rauminhalt** (Fachbegriff: das **Volumen**) gibt an, wie viel in einen beliebigen Körper passt.

Dafür stellt man sich kleine Würfel vor, die eine vorgegebene Kantenlänge haben. Man erhält so die **Einheiten** für das Volumen.

In der nebenstehenden, nicht maßstäblichen Abbildung stellt der kleine Würfel einen Kubikmillimeter dar, man schreibt: $1\ mm^3$
Der große Würfel stellt einen Kubikzentimeter dar, man schreibt: $1\ cm^3$

Auf diese Weise definiert man auch $1\ dm^3$ oder $1\ m^3$. Sehr selten wird $1\ km^3$ verwendet.

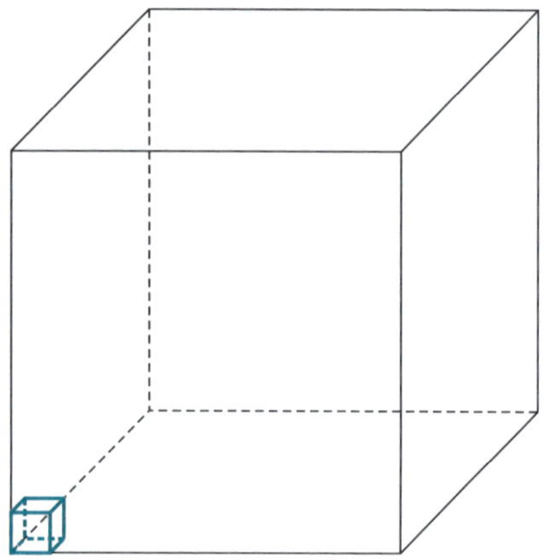

Bei Volumeneinheiten ist die Umrechnungszahl **1 000**.

$1\ m^3 = 1\,000\ dm^3$
$1\ dm^3 = 1\,000\ cm^3$
$1\ cm^3 = 1\,000\ mm^3$

Körper sind **drei**dimensional (Länge, Breite, Höhe), so kann man sich gut merken, dass die Umrechnungszahl **drei** Nullen hat.

Zwischen diesen Einheiten und der Einheit „Liter“ gibt es einen Zusammenhang:
$1\ dm^3 = 1\ \ell$
Auch für Liter gibt es Umrechnungszahlen:
$1\ h\ell$ (= **Hektoliter**) = $100\ \ell$ (Liter)
$1\ \ell$ (Liter) = $1\,000\ m\ell$ (**Milliliter**)

Beispiele

1. Bestimme das Volumen des nebenstehenden Körpers. (Maßstab 1 : 2)

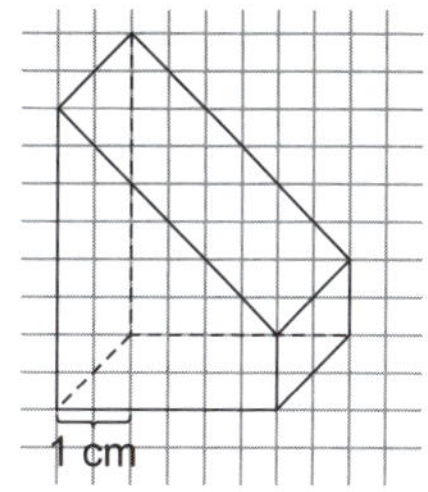

Lösung:
Man überlegt jeweils, wie viele Würfel mit dem Volumen von 1 cm^3 in diesen Körper passen.

In die untere Reihe können **sechs ganze Würfel** gelegt werden.

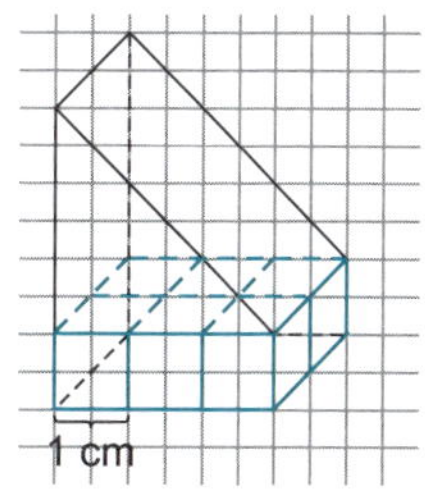

Der schräge Teil ist genau die **Hälfte eines Quaders**. Dieser besteht aus **drei Lagen** mit **jeweils sechs Würfeln**. Der Quader hat also 18 Würfel. In den schrägen Teil passen daher
$18 : 2 = \mathbf{9}$ **Würfel**.
Insgesamt kann der Körper mit $6 + 9 = 15$ solchen Würfeln gefüllt werden. Das Volumen beträgt also 15 cm^3.

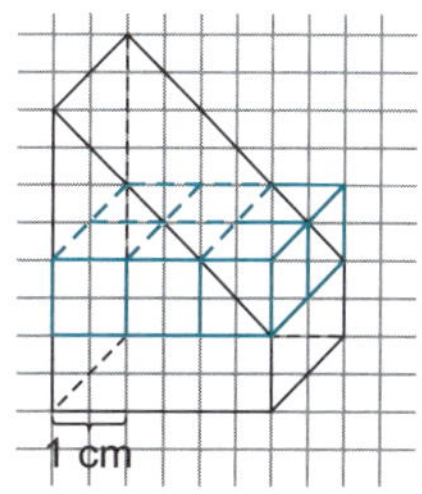

2. Tim, Simon und Severin helfen bei der Instandsetzung eines Spielplatzes. Dazu muss der Sand in der Sandkiste erneuert werden. Der alte Sand wurde schon weggebracht. Nun geht es darum, den neuen Sand, der in einem Haufen abgeladen wurde, zur Sandkiste zu bringen. Simon und Severin nehmen dazu die Schubkarre, in die man 80 dm^3 füllen kann, Tim hat zwei Eimer, in die jeweils 17 Liter passen. Zusammen wollen sie die Sandkiste mit 2,25 m^3 Sand füllen.
Wie viel Sand können sie auf einmal transportieren? Wie oft müssen sie den Weg zurücklegen, bis die Sandkiste voll ist?

Lösung:
Zuerst werden alle Angaben in die gleiche Einheit umgewandelt, am besten in **Kubikdezimeter**:
80 dm^3 sind schon in der richtigen Einheit angegeben.
17 Liter $= 17\ dm^3$
$2{,}25\ m^3 = 2{,}25 \cdot \mathbf{1\,000}\ dm^3 = 2\,250\ dm^3$

Dann wird berechnet, **wie viel Sand** sie auf einmal transportieren:
$\mathbf{80\ dm^3 + 2 \cdot 17\ dm^3} = 80\ dm^3 + 34\ dm^3 = 114\ dm^3$

Um zu wissen, **wie oft** sie gehen, muss man dividieren:
$2\,250 : \mathbf{114} \approx 19{,}74$
Sie müssen also zwanzigmal gehen, um die Sandkiste zu befüllen.

198 Rechne in die nächstkleinere Einheit um.

a) $5{,}34\ \text{m}^3$ b) $0{,}4\ \text{cm}^3$ c) $12{,}345\ \text{dm}^3$

d) $\frac{3}{4}\ \text{m}^3$ e) $\frac{2}{50}\ \text{cm}^3$ f) $5\frac{1}{200}\ \text{dm}^3$

199 Schreibe in der nächstgrößeren Einheit als Dezimalzahl und als Bruch.

a) $25\ \text{cm}^3$ b) $125\ \text{dm}^3$ c) $4\ \text{mm}^3$

d) $2\,300\ \text{cm}^3$ e) $175\ \text{dm}^3$ f) $95\ \text{mm}^3$

200 Welche Volumenangabe passt am besten zu welcher Abbildung? Ordne zu.

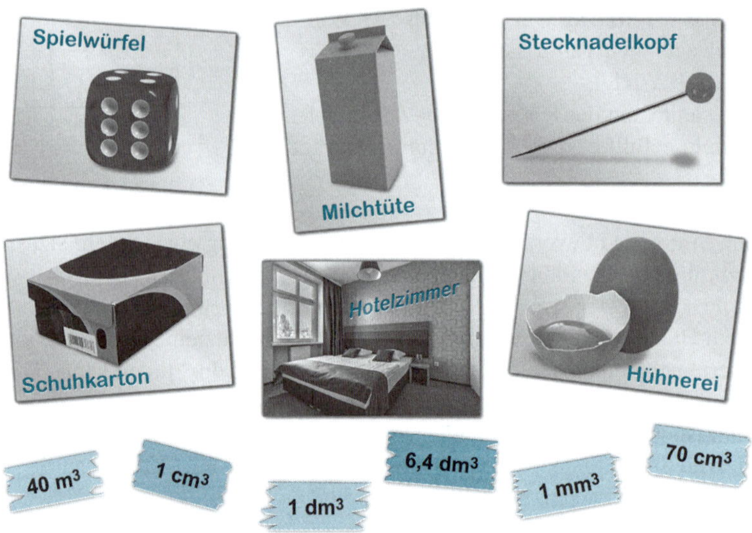

201 Berechne und gib das Ergebnis in cm^3 an.

a) $3{,}4\ \ell + 345\ \text{mm}^3 - 2{,}5\ \text{cm}^3$ b) $\frac{1}{2}\ \text{cm}^3 + 35\frac{4}{5}\ \text{dm}^3 - \frac{3}{10\,000}\ \text{m}^3$

c) $0{,}32\ \text{h}\ell + 578\frac{1}{2}\ \text{cm}^3 - 0{,}004\ \text{m}^3$ d) $4 \cdot \left(\frac{3}{5}\ \text{dm}^3 + 456\ \text{m}\ell - 2\ \text{cm}^3\right)$

202 Bestimme das Volumen der folgenden Körper.

a)

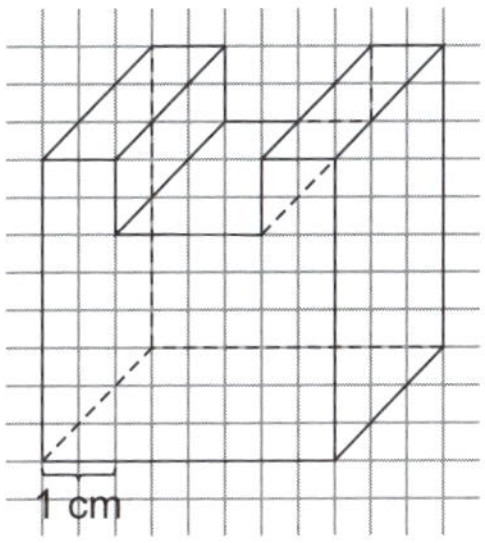

b)

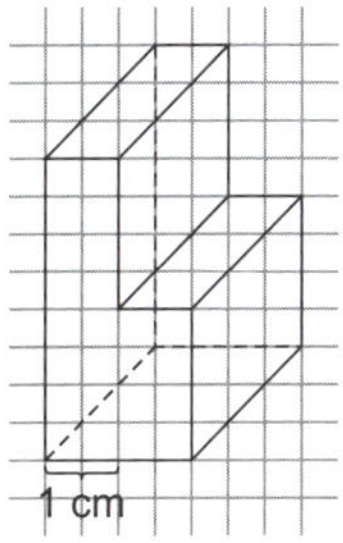

c)

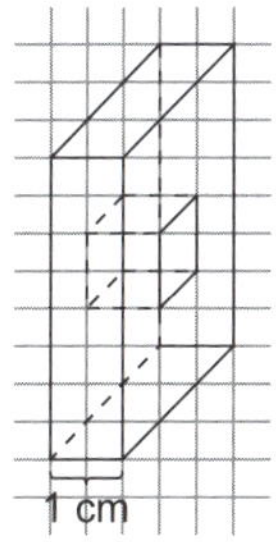

203 Nach einer Geburtstagsparty stehen 4 offene Flaschen mit Apfelsaft in der Küche. Alle Flaschen fassen genau 1 ℓ. Die erste Flasche ist zu einem Viertel gefüllt, in der zweiten sind noch 20 cm^3 Saft, die dritte ist zu einem Fünftel gefüllt und die vierte Flasche enthält noch 0,3 ℓ Saft.
Würde der Saft in eine Flasche passen?

204 Daniel möchte die bunten Holzwürfel seines kleinen Bruders Quirin in einen Pappkarton packen, weil sie in ihre neue Wohnung ziehen. Jeder Würfel hat eine Kantenlänge von 5 cm.
Wie viele Würfel kann er in die folgenden Kartons legen?

1. Karton

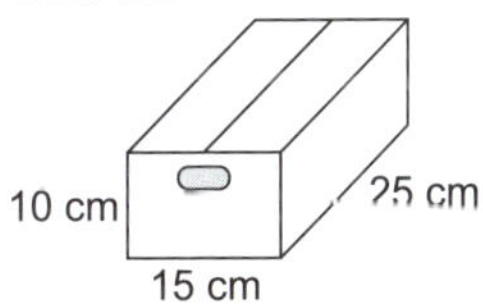

2. Karton

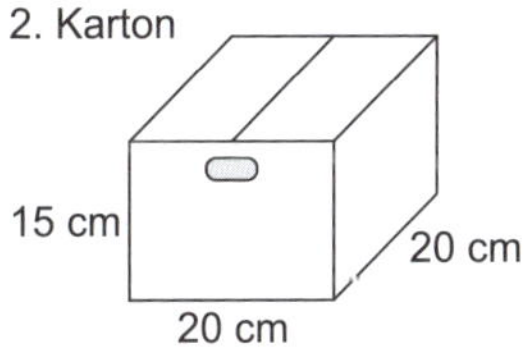

3. Karton

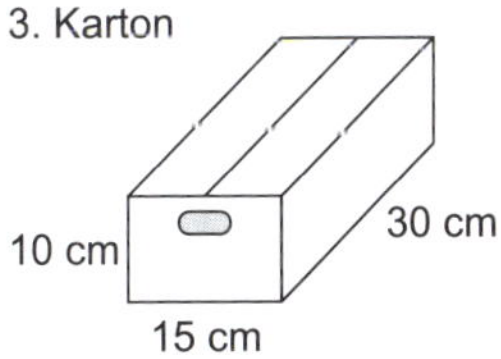

4. Karton

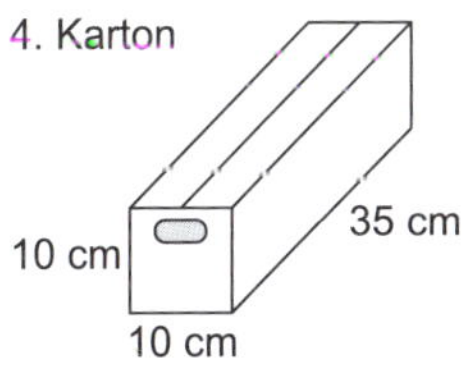

205 Ein Aquarium hat die Länge 45 cm, die Breite 2,5 dm und die Höhe 300 mm. Es soll bis 2 cm unter den Rand mit Wasser gefüllt werden.

a) Mit welcher Längeneinheit solltest du hier rechnen, wenn du berechnen sollst, wie viele Liter Wasser man ins Aquarium füllen muss?
Begründe deine Antwort.

b) Berechne, wie viele Liter Wasser man braucht, um das Aquarium bis 2 cm unter den Rand zu füllen.

2 Volumen des Quaders und des Würfels

Charlotte hat im Zoogeschäft ein modernes Aquarium in Form eines Würfels entdeckt, das ideal in ihr Zimmer passen würde. Bisher hat sie ein quaderförmiges Aquarium und sie fragt sich nun, ob ihre Fische in dem neuen Aquarium genauso viel Platz hätten.

> Für das Volumen eines Quaders mit der Länge ℓ, der Breite b und der Höhe h gilt:
> $V_{Quader} = \ell \cdot b \cdot h$
> Für das Volumen eines Würfels mit der Seitenlänge s gilt:
> $V_{Würfel} = s \cdot s \cdot s = s^3$

Beispiele

1. Berechne das Volumen des Quaders, der 4 cm lang, 2 cm breit und 3 cm hoch ist.

   Lösung:
   Mit $\ell = 4$ cm, b = 2 cm und h = 3 cm gilt:
   $V = 4\text{ cm} \cdot 2\text{ cm} \cdot 3\text{ cm} = 24\text{ cm}^3$

   Dies kann folgendermaßen veranschaulicht werden:
   Das Volumen eines Quaders kann berechnet werden, indem man ihn in Gedanken mit Einheitswürfeln (zum Beispiel mit 1-cm^3-Würfeln ausfüllt): Um eine **Reihe** zu befüllen, braucht man **4 Würfel**. Für eine **Platte** braucht man **2 Reihen**, also $2 \cdot 4$ Würfel. Der Quader besteht aus **3 Platten**, also aus $3 \cdot 2 \cdot 4 = 24$ Würfeln.

   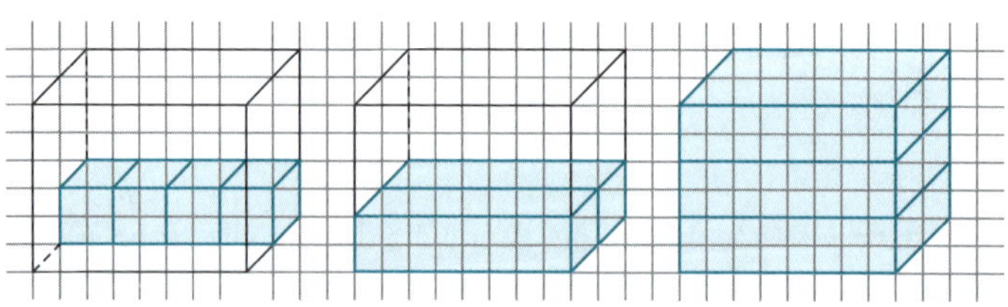

2. Charlottes bisheriges Aquarium ist 50 cm lang, 30 cm breit und 40 cm hoch. Das Aquarium, das die Form eines Würfels hat, hat eine Kantenlänge von 35 cm.
   Welches Aquarium hat das größere Volumen?

Lösung:

$V_{Quader} = \mathbf{50\ cm \cdot 30\ cm \cdot 40\ cm} = 60\,000\ cm^3$

$V_{Würfel} = \mathbf{35\ cm \cdot 35\ cm \cdot 35\ cm = (35\ cm)^3} = 42\,875\ cm^3$

Das quaderförmige Aquarium hat ein größeres Volumen und bietet daher mehr Platz für Charlottes Fische.

206 Berechne den Rauminhalt der Quader bzw. Würfel mit folgenden Seitenlängen.

a) $\ell = 4{,}5\ cm,\ b = 2{,}3\ cm,\ h = 5\ cm$ b) $a = 6\ dm$

c) $a = 4\ cm,\ b = 0{,}7\ dm,\ c = 30\ mm$ d) $s = 5{,}5\ cm$

207 Berechne das Volumen der Quader bzw. Würfel mit folgenden Seitenlängen. Runde auf zwei Nachkommastellen.

a) $a = 3\frac{2}{5}\ cm,\ b = \frac{47}{4}\ cm,\ c = 5{,}2\ cm$ [in cm^3] b) $s = \frac{25}{4}\ dm$ [in dm^3]

c) $\ell = \frac{42}{5}\ mm,\ b = \frac{5}{4}\ cm,\ h = \frac{1}{20}\ dm$ [in mm^3] d) $a = \frac{27}{50}\ m$ [in dm^3]

208 Martha hat einen Spielzeugwürfel mit der Kantenlänge 2 cm.

a) Wie würde sich das Volumen dieses Würfels verändern, falls die Seiten doppelt so lang wären?

b) Wie würde es sich verändern, wenn die Seiten dreimal so lang wären?

209 Gold hat ein Gewicht von 19,3 g pro cm^3, Silber wiegt pro cm^3 nur 10,5 g. Um wie viel ist ein Goldbarren schwerer als ein Silberbarren? Beide haben dieselben Abmessungen: $a = 9$ cm, $b = 4$ cm und $c = 1{,}8$ cm.

210 Ein Würfel hat die Kantenlänge $a = 4$ cm.

a) Gib zwei verschiedene Quader an, deren Kantenlängen in cm ganzzahlig sind und die dasselbe Volumen wie der Würfel haben. Erläutere dein Vorgehen.

b) Kannst du auch einen volumengleichen Quader mit ganzzahligen Kantenlängen in cm finden, dessen Höhe 7 cm lang ist? Falls ja, gib die Längen an, falls nein, erläutere, wieso das nicht möglich ist.

✱ **211** Ein Karton hat das Volumen 128 cm^3. Er hat eine quadratische Grundfläche und seine Höhe ist doppelt so lang wie eine Seite der Grundfläche. Wie lang, wie hoch und wie breit ist er?

3 Volumen zusammengesetzter Körper

Maximilian und Alexandra sind mit ihren Eltern in New York. Die Wolkenkratzer finden sie total beeindruckend – am besten gefällt den beiden das Flatiron Building, das 86 m hoch ist und dessen Grundriss fast ein rechtwinkliges Dreieck ist. So ein Gebäude haben die beiden noch nie gesehen! Sie finden es auch lustig, dass es wegen seiner Form „Flatiron", also Bügeleisen, genannt wird.

> Oft kann man einen Körper durch **Zerlegen** oder **Ergänzen** zu einem Quader machen und damit das Volumen des Quaders sowie das Volumen des Körpers selbst berechnen.

Beispiele

1. Berechne das Volumen der Körper.

a)

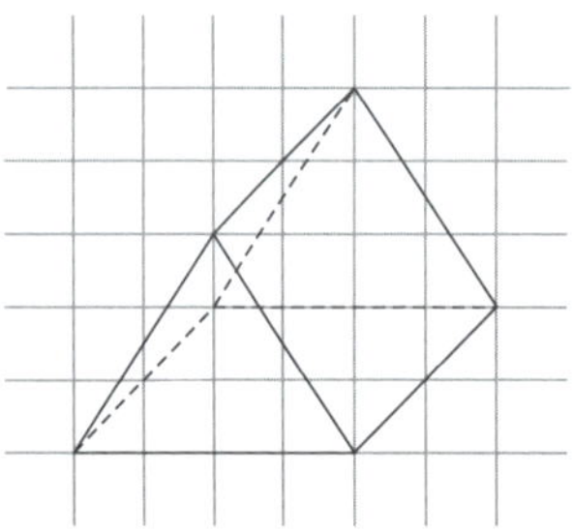

b)

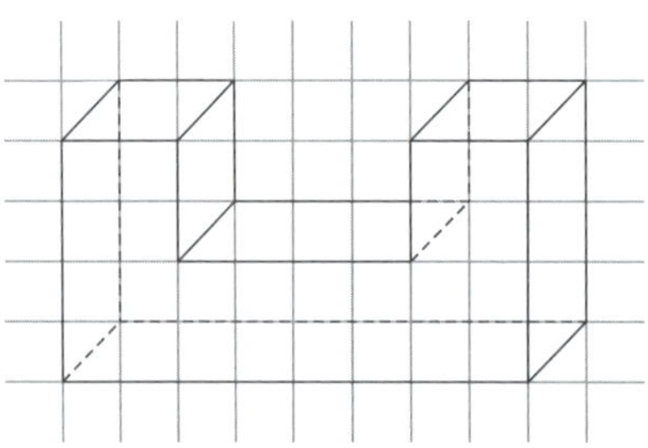

Lösung:

a) Das Prisma wird senkrecht in der Mitte **halbiert**. Der linke Teil kann dann so auf die schräge Seite rechts **versetzt** werden, dass ein Quader entsteht.

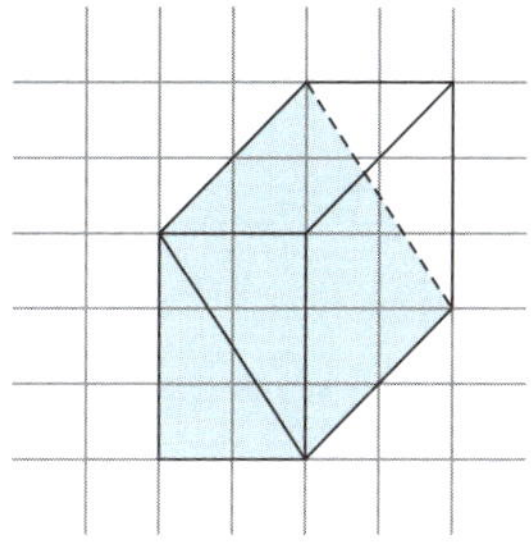

$V_{Quader} = 1\text{ cm} \cdot 2\text{ cm} \cdot 1{,}5\text{ cm}$
$= 3\text{ cm}^3$

Das Prisma hat **dasselbe Volumen** wie der Quader:

$V_{Prisma} = 3\text{ cm}^3$

b) Das Prisma wird wie nebenstehend zu einem Quader **ergänzt**.

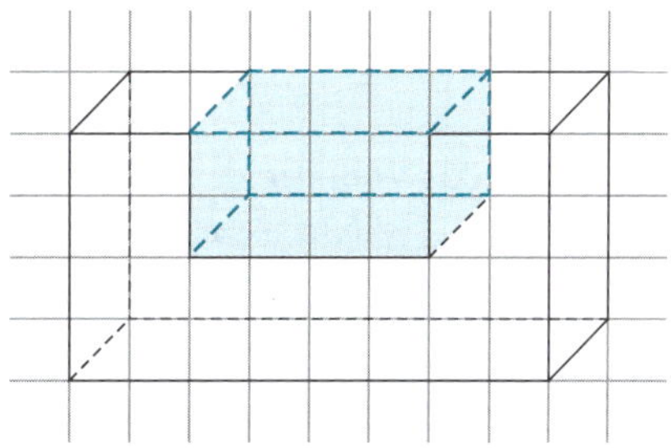

$V_{\text{großer Quader}}$
$= 4\text{ cm} \cdot 1\text{ cm} \cdot 2\text{ cm}$
$= 8\text{ cm}^3$

$V_{\text{kleiner Quader}}$
$= 2\text{ cm} \cdot 1\text{ cm} \cdot 1\text{ cm}$
$= 2\text{ cm}^3$

Das Volumen des Prismas wird berechnet, indem das Volumen des kleinen Quaders von dem des großen Quaders **abgezogen** wird:

$V_{Prisma} = V_{\text{großer Quader}} - V_{\text{kleiner Quader}} = 8\text{ cm}^3 - 2\text{ cm}^3 = 6\text{ cm}^3$

2. Alexandra möchte wissen, wie groß der Rauminhalt dieses Gebäudes ungefähr ist. Der Grundriss ist fast ein rechtwinkliges Dreieck, wobei die Seiten, die den rechten Winkel einschließen, 56 m und 28 m lang sind. Die Höhe des Gebäudes beträgt 86 m.

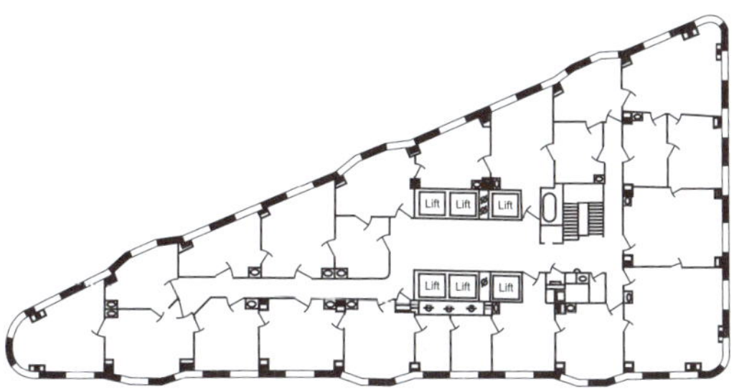

Lösung:
Um das Volumen des Flatiron Building zu berechnen, wird zunächst ein Schrägbild davon gezeichnet und anschließend zu einem Quader ergänzt.

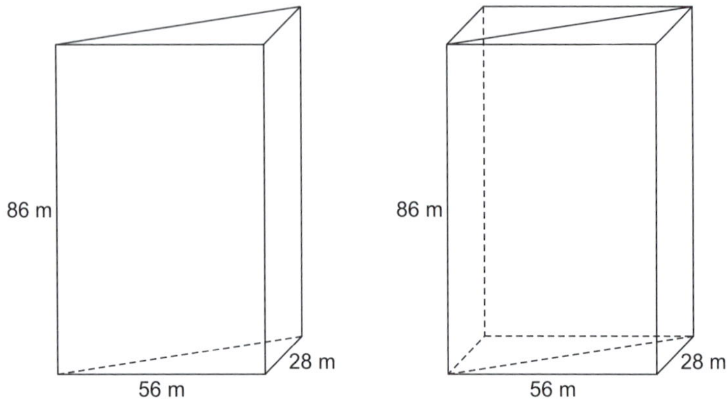

Für das Volumen des Quaders gilt:
$V_{Quader} = 56\text{ m} \cdot 28\text{ m} \cdot 86\text{ m} = 134\,848\text{ m}^3$
Das Flatiron Building hat nur das **halbe** Volumen des Quaders:
$V_{Flatiron} = 134\,848\text{ m}^3 : 2 = 67\,424\text{ m}^3$
Das Flatiron Building hat ungefähr ein Volumen von $67\,424\text{ m}^3$.

212 Berechne die Volumina der folgenden Körper.

a)

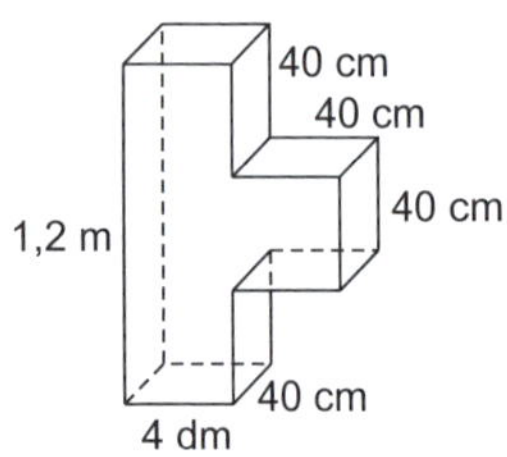

b)

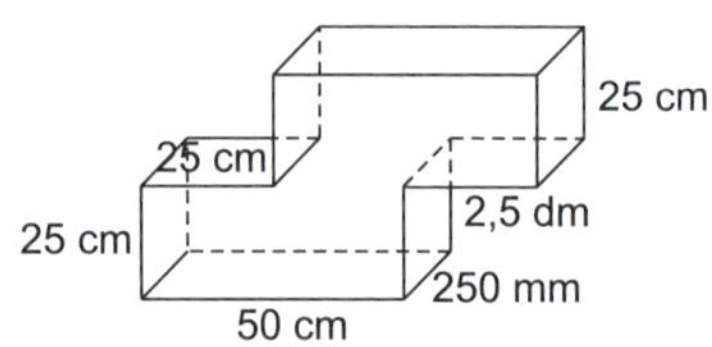

c)

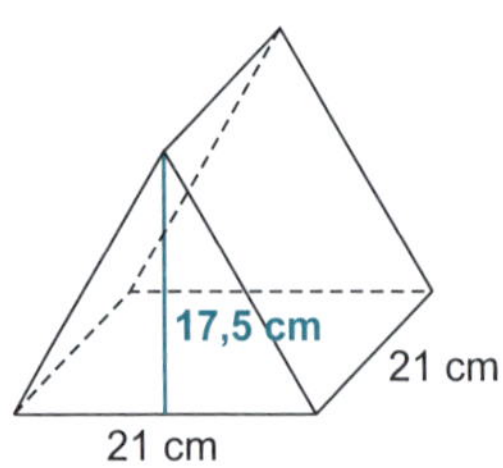

d)

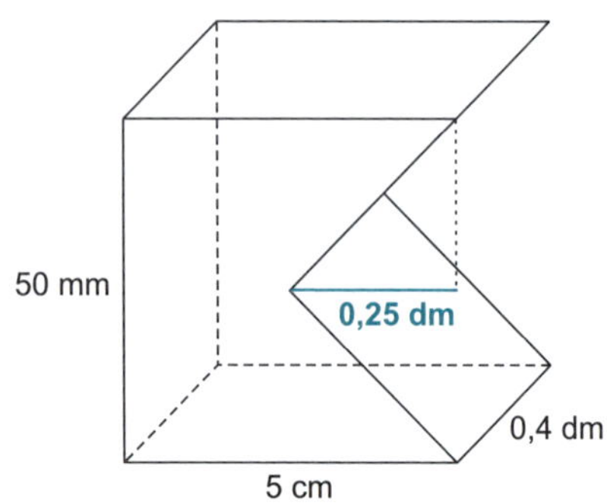

e)

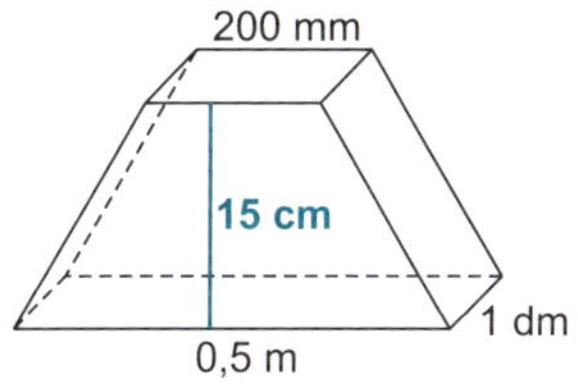

f)

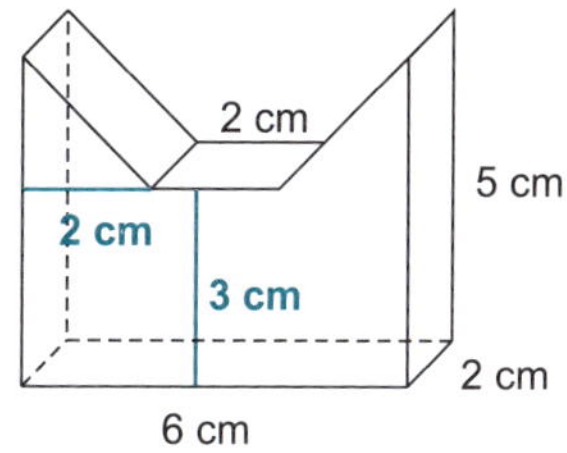

g)

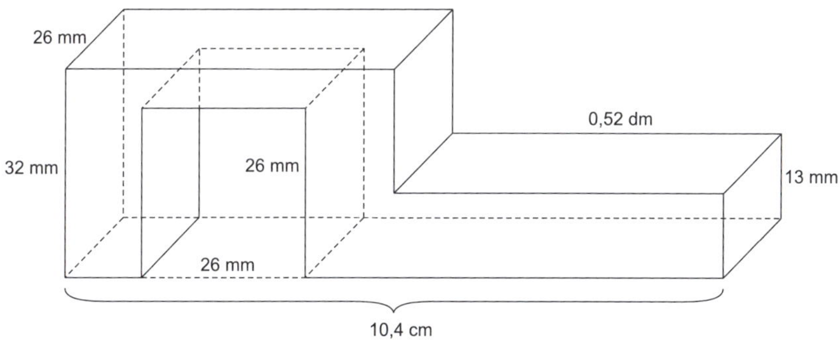

213 Du siehst hier die Netze verschiedener Prismen. Berechne ihre Volumina.

a)

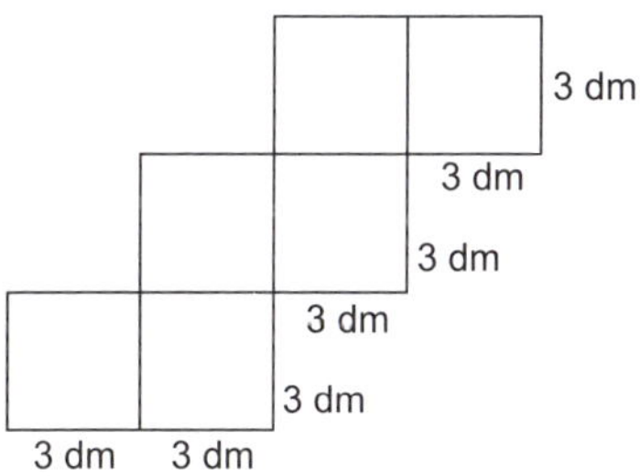

b)

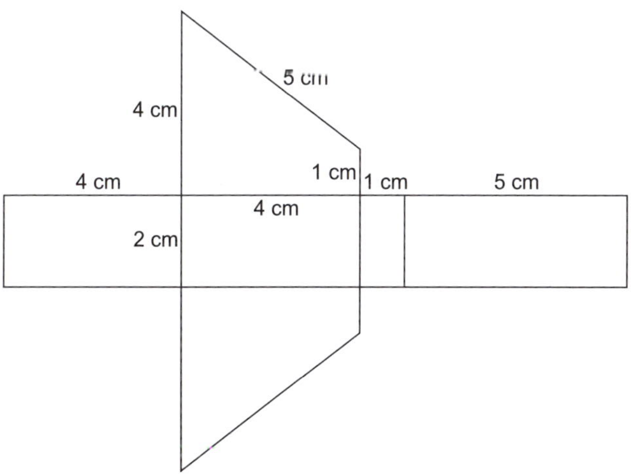

c)

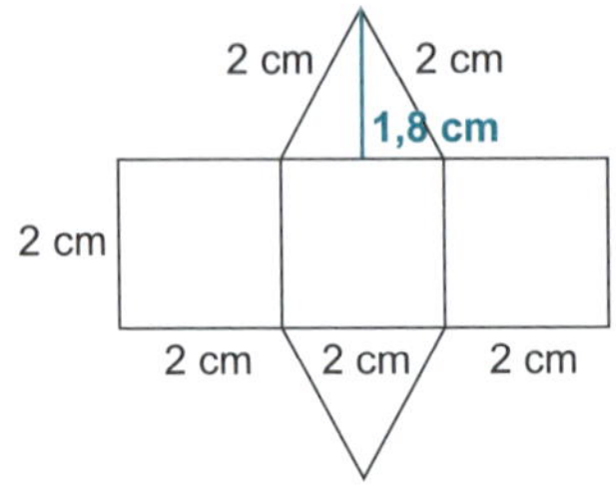

d)

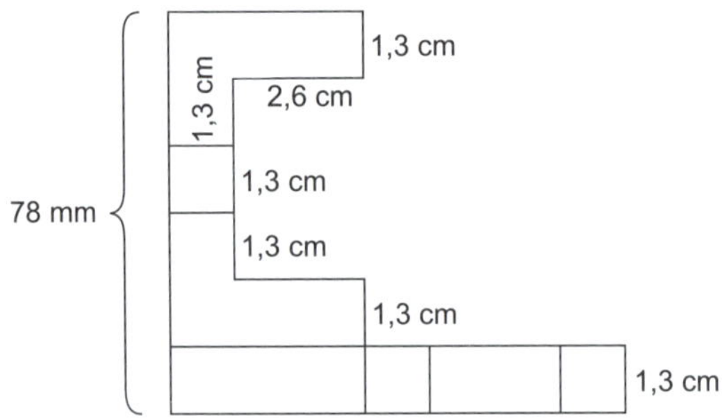

214 Zeichne das Schrägbild von zwei zusammengesetzten Körpern, die beide das Volumen 6 cm^3 haben. Erläutere anschließend dein Vorgehen.

215 Ein Schwimmbecken ist 10 m breit. Es hat einen Schwimmer- und einen Nichtschwimmerbereich.
Berechne, wie viele Hektoliter Wasser man braucht, um das Schwimmbecken zu füllen. Hier siehst du den Längsschnitt des Schwimmbeckens:

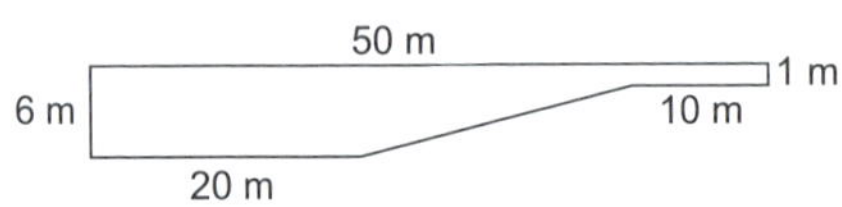

✻ 216 Um einen Bach gerade durch ein Dorf zu leiten, soll ein Kanal mit der Länge von 3 km ausgehoben werden. Hier kannst du einen Querschnitt des Kanals sehen:

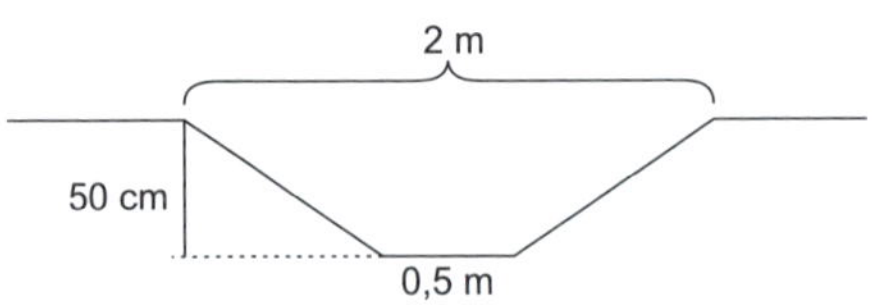

Ein Lkw-Kipplaster kann 15 Tonnen Erde transportieren.
Wie viele Fahrten muss jeder der 10 Lkw-Kipplaster zurücklegen, wenn 1 m^3 Erde ca. 1,5 Tonnen wiegt.

4 Vermischte Aufgaben

217 Ein Quader ist doppelt so lang wie breit und halb so hoch wie breit. Alle Kanten zusammen haben eine Länge von 56 cm.
Wie lang, breit und hoch ist der Quader? Wie groß ist sein Volumen?

218 Gibt es Würfel, für die die Zahl der Volumeneinheiten gleich der Zahl der Oberflächeneinheiten ist?
Wie lang kann ihre Kante dann sein?

219 Berechne das Volumen und den Oberflächeninhalt der folgenden Werkstücke.

a)

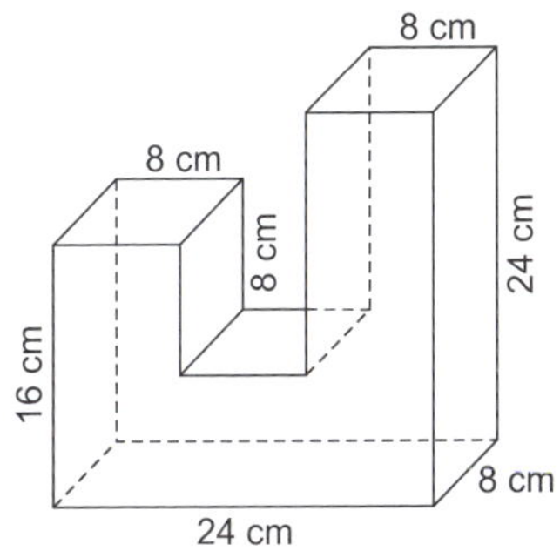

b)

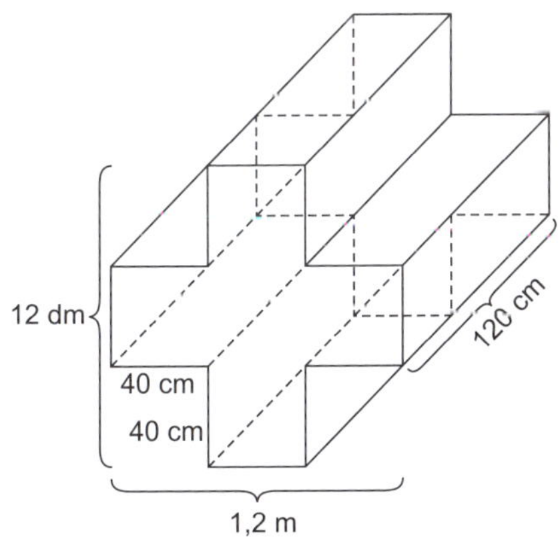

220 Zeichne ein Schrägbild, das zu den folgenden Netzen passt, und berechne anschließend das Volumen der entstehenden Körper und ihren Oberflächeninhalt. Wie viel wiegen diese Werkstücke, wenn sie aus Eichenholz hergestellt sind? Eiche hat ein spezifisches Gewicht von $0{,}65\,\frac{\text{g}}{\text{cm}^3}$, 1 cm^3 Eiche wiegt also 0,65 g.

a)

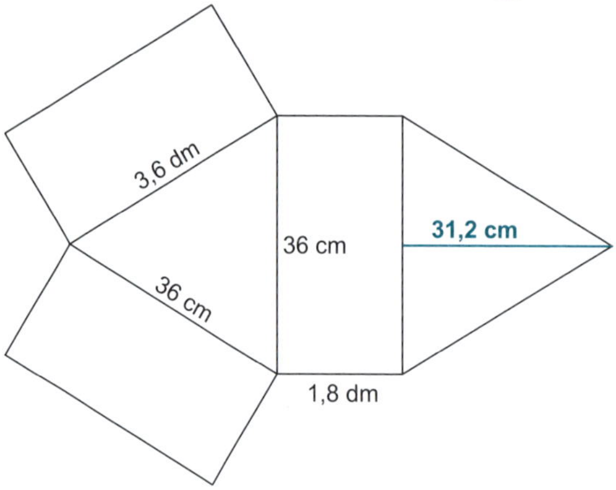

b)

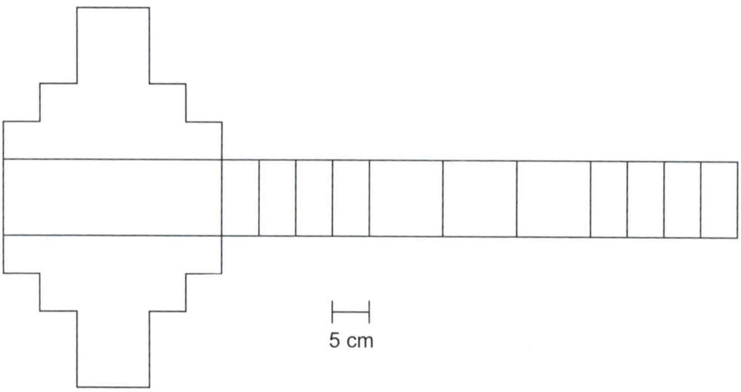

c)

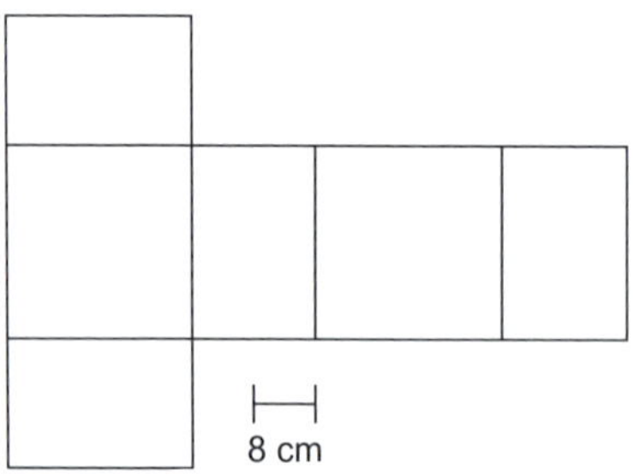

Prozentrechnung, Daten und Diagramme

1 Grundwert, Prozentwert, Prozentsatz

Melina möchte sich ein Mountainbike kaufen, für das sie schon viel gespart hat. Sie hat 450 € und fährt mit ihrer Freundin Alexandra zum Bikeshop, um ihr Wunschrad anzuschauen. Es kostet 549,90 €. Als sie vor der Auslage stehen, entdecken sie ein Schild auf dem Rad. Darauf steht: 18 % Rabatt.

> Eine Zahl mit %-Zeichen nennt man auch **Prozentsatz**. Sie gibt immer den Anteil eines Ganzen an. Das Ganze, um das es geht, nennt man **Grundwert**. Den Teil des Grundwertes, über den man spricht, nennt man **Prozentwert**.

Beispiele

1. 30 % von 70 € sind 21 €.

   30 %: Prozentsatz; 70 €: Grundwert; 21 €: Prozentwert

2. 25 Kinder gehen in die 6b. Davon sind 40 % Mädchen, das sind 10 Schülerinnen.

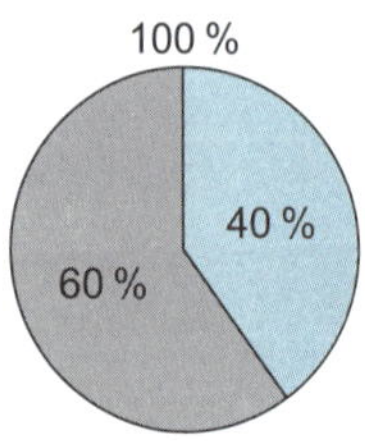

40 %: Prozentsatz

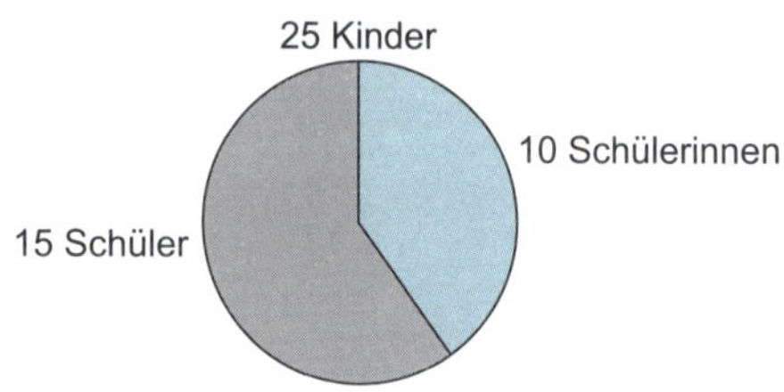

25 Kinder: Grundwert
10 Mädchen: Prozentwert

3. Ein T-Shirt, das 29,98 € kostet, wird um 15 % verbilligt. Das sind 4,50 €. Benenne den Grundwert, den Prozentwert und den zugehörigen Prozentsatz.

   Lösung:

   Der **alte Preis** ist der Grundwert, also 29,98 €.

   Der Grundwert ist immer der Wert, von dem du ausgehst, also das, was am Anfang vorhanden ist.

Es wird über den Rabatt, also die **Verbilligung**, gesprochen. Der Prozentwert ist also 4,50 €.

Der Prozentwert hat immer dieselbe Einheit wie der Grundwert (also Menschen, €, m, kg, etc.). Er ergibt sich durch eine Eigenschaft (z. B. Mädchen) oder ein Ereignis (z. B. Verbilligung) aus dem Grundwert.

Da der Prozentwert ausdrückt, um wie viel das T-Shirt billiger wurde, ist der Prozentsatz ist 15 %.

Der Prozentsatz gibt immer den Anteil des Prozentwerts am Grundwert an.

4. Ein T-Shirt, das 29,98 € kostet, wird um 15 % verbilligt. Jetzt kostet es 25,48 €. Benenne den Grundwert, den Prozentwert und den zugehörigen Prozentsatz.

   Lösung:
   Der **alte Preis** ist der Grundwert, also 29,98 €.
   Der Prozentwert ist der neue Preis (alter Preis abzüglich der Verbilligung), also 25,48 €.

   Hier wird im Gegensatz zum vorherigen Beispiel über den neuen Preis und nicht über die Verbilligung gesprochen.

   Da der Prozentwert ausdrückt, was **nach Abzug des Rabatts** übrig bleibt, ist der Prozentsatz:
   100 % – 15 % = 85 %

221 Benenne jeweils den Grundwert, den Prozentwert und den Prozentsatz.

a) Eine Reise auf die Malediven für 7 Tage kostet pro Person 1 300 €. Man kann mit dem Frühbucher-Bonus 12 % sparen, das sind 156 €.

b) Im Bertold-Brecht-Gymnasium wird erhoben, wie die Kinder in der Unterstufe zur Schule kommen. 126 Kinder geben an, dass sie mit dem Rad fahren. Das sind 28 % der 450 Kinder, die die Unterstufe besuchen.

c) Nach einer Gehaltserhöhung von 2,5 % verdient Herr Plessing 2 562,50 €. Davor hat er 2 500 € verdient.

d) Nach einem Rabatt von 15 % muss Sevgi für den Chemiebaukasten 72,25 € statt 85 € bezahlen.

e) In einer Packung von 80 Bonbons gibt es 35 % mit Erdbeergeschmack. 52 Bonbons schmecken nicht nach Erdbeere.

222 Erfinde eine kurze Geschichte zu folgenden Angaben:

a) Grundwert: 32 Kinder, Prozentsatz: 37,5 %, Prozentwert: 12 Mädchen

b) Grundwert: 140 Gummibärchen, Prozentwert: 49 rote Gummibärchen, Prozentsatz: 35 %

2 Berechnen des Prozentwertes

Linda und Sophie spielen beim DJK Waldram Fußball, wo sie im Moment zweimal wöchentlich 90 Minuten lang trainieren. Ihr Trainer motiviert die Mädchen: „Wenn wir um 20 % mehr trainieren, dann können wir den FC Freiham schlagen!“

Die Zusammenhänge zwischen Prozentwert (PW), Grundwert (GW) und Prozentsatz (PS) lassen sich im **Dreieck der Prozentrechnung** veranschaulichen.

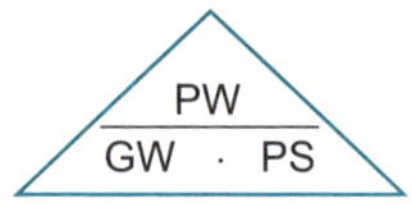

> Um den **Prozentwert** auszurechnen, wird dieser im Dreieck der Prozentrechnung abgedeckt. Dadurch bleibt die Formel übrig, die zur Berechnung des Prozentwertes benötigt wird:
> **PW = GW · PS**
>
> 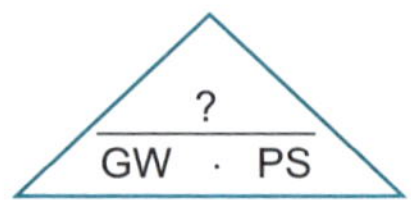
>

Beispiele

1. Wie lange trainieren die Mädchen des DJK Waldram wöchentlich, wenn sie ihr Training wirklich um 20 % steigern?

   Lösung:

   Der **Grundwert** ist die Dauer des Trainings im Moment:
   GW = 2 · 90 = 180 Minuten

   Als ersten Schritt überlegst du, welche Werte gegeben sind und welcher Wert gesucht ist.

   Der **Prozentsatz** gehört zur Dauer des Trainings, nachdem es **um 20 % erhöht** wurde:
   PS = **100 % + 20 %** = 120 % = 1,2

   Gesucht ist der **Prozentwert**, also die Zeitdauer des verlängerten Trainings:
   PW = GW · PS = **180 min · 1,2** = 216 min

   Dann liest du die Formel aus dem Dreieck ab und setzt die Beträge ein.

   Die Mädchen trainieren nun 216 Minuten wöchentlich.

2. Mira vom FC Freiham trainiert wöchentlich insgesamt 160 Minuten. Sie hört, dass Linda und Sophie ihre Trainingsdauer um 20 % erhöhen. Daraufhin steigert Mira ihr Wochenpensum um 5 Prozentpunkte mehr als Linda und Sophie.
   Wie lange trainiert Mira dann wöchentlich?

Lösung:
Der **Grundwert** ist die Dauer des Trainings im Moment:
GW = 160 Minuten

Der **Prozentsatz** ist um **5 Prozentpunkte größer** als der von Linda und Sophie:
PS = **120 % + 5 %** = 125 % = 1,25

Damit ergibt sich der **Prozentwert**:
$PW = GW \cdot PS = 160 \text{ min} \cdot 1{,}25 = 200 \text{ min}$

Mira trainiert nun 200 Minuten wöchentlich.

223 Petra und Paula freuen sich auf den Ausritt am Samstag. Bisher sind sie immer 5 km ausgeritten, aber dieses Mal werden sie um 40 % weiter reiten.
Welche Strecke werden sie dann reiten?

224 Patrick möchte fitter werden. Im Moment kann er am Stück 28 Klimmzüge machen.
Wie viele muss er zusätzlich machen, wenn er seine Leistung um 25 % steigern möchte?

225 Maria geht gerne ins Westbad. Ihre Eltern bezahlen für ihre Jahreskarte 260 €. Nun hat sie gehört, dass die Preise in einer Aktion um 12 % gesenkt werden. Schnell sagt sie es Eva, die noch keine Jahreskarte hat.
Um wie viel weniger müssten Evas Eltern zahlen, wenn sie die Aktion nutzen?

226 Herr Peransky verdient im Moment 3 500 € brutto. Er erhält eine Lohnerhöhung von 2,5 %.
Wie viel macht diese Erhöhung aus?

227 In einer Bonbonpackung befinden sich 64 Bonbons. 12,5 % davon sind grün.
Wie viele sind das?

228 In einer Klasse von 24 Kindern mögen 37,5 % am liebsten Kakao zum Frühstück.
Wie viele Kinder haben ein anderes Lieblingsgetränk?

229 Vor zwei Jahren kostete eine Netzfahrkarte für Erwachsene 58 €. Danach wurde ihr Preis erst um 2 % und nach einigen Monaten noch einmal um 2,5 % erhöht. Wie teuer ist die Fahrkarte heute?

230 Im Schuljahr 2016/17 besuchten 350 Kinder die sechste Klasse im Max-Planck-Gymnasium, im Schuljahr 2017/18 waren es 320 Sechstklässler. Davon haben sich 75 % für den naturwissenschaftlich-technologischen Zweig entschieden. Das sind um 5 Prozentpunkte mehr als im Jahr davor.
Wie viele Sechstklässler haben sich jeweils für den naturwissenschaftlich-technologischen Zweig entschieden?

231 Jan und Hussein spielen beide sehr gut Basketball. Jan sagt: „Ich habe 45 % der Körbe im Spiel letzten Samstag geworfen.“ Hussein sagt: „Ich habe vor drei Wochen 50 % der Körbe geworfen.“ Das hört Manuel und behauptet: „Hussein hat mehr Körbe geworfen als Jan.“
Hat er recht?
Begründe deine Antwort.

232 Mario hat von seiner Oma 300 € bekommen, die er auf einem Sparbuch anlegt. Wie viel kann Mario nach drei Jahren abheben, wenn der Zinssatz 0,5 % beträgt?

3 Berechnen des Prozentsatzes

Sebastian und Quirin unterhalten sich über die besten Fußballmannschaften. Natürlich denken sie dabei an Real Madrid, die Mannschaft, die bis 2018 dreizehnmal die Champions League und den Europapokal der Landesmeister gewonnen hat. Sebastian meint: „Der FC Bayern ist aber auch erstklassig – er hat schon fünfmal gewonnen! Borussia Dortmund hat in diesem Wettbewerb nur 20 % der Titel des FC Bayern zu verzeichnen."

Um den **Prozentsatz** auszurechnen, wird dieser im Dreieck der Prozentrechnung abgedeckt. Dadurch bleibt die Formel übrig, die zur Berechnung des Prozentsatzes benötigt wird:

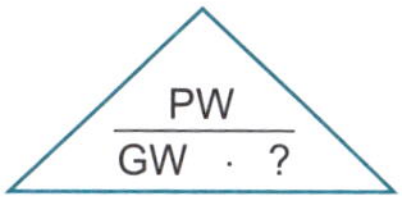

$$\mathbf{PS = \frac{PW}{GW}}$$

Beispiel

Sebastian ist ein Fan von Bayern München und trumpft auf: „Robert Lewandowski war 2017/18 im Alter von 29 Torschützenkönig der Bundesliga mit 29 Toren." Quirin ist ebenfalls Bayern-Fan und ergänzt: „Gerd Müller war auch Spieler von Bayern München. Er führt die ewige Torschützenliste der Bundesliga mit 365 Toren an."
Welchen Prozentsatz der Tore, die Müller in seiner gesamten Bundesligakarriere geschossen hat, hat Lewandowski in der Saison 2017/18 geschossen?

Lösung:

Der **Grundwert** ist die Anzahl der Tore von Gerd Müller:
GW = 365 Tore

Als ersten Schritt überlegst du, welche Werte gegeben sind und welcher Wert gesucht ist.

Der **Prozentwert** ist die Anzahl der Tore von Lewandowski in der Saison 2017/18:
PW = 29 Tore

Gesucht ist der **Prozentsatz**, also der Anteil, den 29 Tore an 365 Toren ausmachen.

$$PS = \frac{PW}{GW} = \frac{29}{365} \approx 0{,}079 = 7{,}9\ \%$$

Dann liest du die Formel aus dem Dreieck ab und setzt die Beträge ein.

In der Saison 2017/18 hat Lewandowski 7,9 % der Tore geschossen, die Gerd Müller in seiner gesamten Bundesligakarriere geschossen hat.

233 In einer Packung mit 75 Bonbons schmecken 21 nach Zitrone. Welchem Prozentsatz entspricht dies?

234 Von 60 Keksen hat Henry schon 48 aufgegessen. Welchem Prozentsatz entspricht das?

235 Frau Hainreiter hat ursprünglich 3 750 € verdient. Nun verdient sie 3 881,25 €.
Um wie viel Prozent wurde ihr Gehalt erhöht?

236 Amelie hat eine CD statt für 9,90 € für 8,91 € gekauft.
Wie viel Prozent betrug der Rabatt?

237 Joshua spielt Tennis. Er trainiert im Winter dreimal wöchentlich eine Stunde in der Halle. Im Frühling spielt er, um sich auf die Saison vorzubereiten, unter der Woche täglich 45 Minuten und am Samstag und Sonntag jeweils zwei Stunden.
Wie hoch ist die prozentuale Steigerung seiner Trainingszeit?

238 Paula hat von ihrer Oma 200 € bekommen, die sie ein Jahr auf einem Sparbuch anlegt. Sie kann nach Ablauf des Jahres 201 € abheben.
Welchen Zinssatz hatte das Sparbuch?

239 In der Bundesligasaison 2016/17 endeten 74 Spiele unentschieden. Insgesamt gibt es jedes Jahr 306 Spiele.

a) Welcher Prozentsatz der Bundesligaspiele endete 2016/17 unentschieden?
b) In der Bundesligasaison 2017/18 waren es um ca. 3 Prozentpunkte mehr. Wie viele Spiele endeten in dieser Saison unentschieden?

4 Berechnen des Grundwertes

Philipp und Moritz sehen im Schaufenster eines Sportgeschäftes ein Angebot für ein tolles Skateboard, das Moritz unbedingt haben möchte. Philipp meint: „Wetten, dass das Skateboard vorher 99,90 € gekostet hat?! Es sind ja immer solche Preise.“ Hat Philipp recht?

Für die Berechnung des **Grundwertes** gibt es 2 Möglichkeiten:

1. Der Grundwert wird im Dreieck der Prozentrechnung abgedeckt. Dadurch bleibt die Formel übrig, die zur Berechnung des Grundwertes benötigt wird:

   $$\mathbf{GW = \frac{PW}{PS}}$$

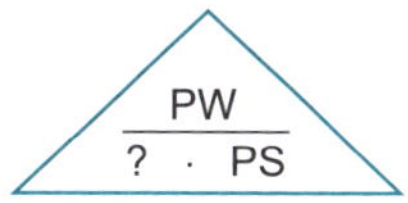

2. Der Grundwert wird mithilfe des **Dreisatzes** bestimmt.

Beispiele

1. Berechne den Grundwert des Skateboards, um Philipps Behauptung zu überprüfen.

   Lösung:

   Der **Prozentwert** ist der neue Preis:
   PW = 79,92 €

   Als ersten Schritt überlegst du, welche Werte gegeben sind und welcher Wert gesucht ist.

   Der **Prozentsatz** ist der Anteil, den der neue Preis vom alten Preis ausmacht:
   $PS = \mathbf{100\ \% - 20\ \%} = 80\ \% = 0{,}8$

   Gesucht ist der **Grundwert**, also der ursprüngliche Preis.

   $$GW = \frac{PW}{PS} = \frac{\mathbf{79{,}92\ €}}{\mathbf{0{,}8}} = 99{,}90\ €$$

   Dann liest du die Formel aus dem Dreieck ab und setzt die Beträge ein.

   Philipp hat recht. Das Skateboard hat vorher 99,90 € gekostet.

2. In einer Box bewahrt Jakub Legosteine auf, in einer anderen Spielfiguren.

   a) Er hat 27 „Vierer-Steine“, das sind 9 % aller Legosteine in der Box. Wie viele Legosteine befinden sich in der Box?

   b) Jakubs Lieblingsfarbe ist Blau. Er hat 14 blaue T-Shirts. Das sind 70 % seiner T-Shirts. Wie viele besitzt er insgesamt?

   c) In der Box mit den Spielfiguren gibt es auch Cowboys und Indianer. Zusammen sind das 27 Figuren. Das sind 50 % aller Figuren, die er hat. Wie viele Figuren hat er insgesamt?

Lösung:

a)

$$
\begin{array}{r c l}
:9 \; \curvearrowright & 9\,\% \;\hat{=}\; 27 \text{ Steine} & \curvearrowleft \; :9 \\
\cdot 100 \; \curvearrowright & 1\,\% \;\hat{=}\; 3 \text{ Steine} & \curvearrowleft \; \cdot 100 \\
 & 100\,\% \;\hat{=}\; 300 \text{ Steine} &
\end{array}
$$

Es sind **300 Steine** in der Box.

Man berechnet zuerst, welcher Wert einem Prozent entspricht. Danach berechnet man, welcher Wert 100 % entspricht. Man nennt diesen Rechenvorgang Schlussrechnung oder Dreisatz.

b)

$$
\begin{array}{r c l}
:7 \; \curvearrowright & 70\,\% \;\hat{=}\; 14 \text{ T-Shirts} & \curvearrowleft \; :7 \\
\cdot 10 \; \curvearrowright & 10\,\% \;\hat{=}\; 2 \text{ T-Shirts} & \curvearrowleft \; \cdot 10 \\
 & 100\,\% \;\hat{=}\; 20 \text{ T-Shirts} &
\end{array}
$$

Er besitzt **20 T-Shirts**.

Wenn es leicht geht, kann man im ersten Schritt des Dreisatzes auch auf einen anderen Teiler von 100 % schließen, hier zum Beispiel auf 10 %.

c)

$$
\begin{array}{r c l}
\cdot 2 \; \curvearrowright & 50\,\% \;\hat{=}\; 27 \text{ Figuren} & \curvearrowleft \; \cdot 2 \\
 & 100\,\% \;\hat{=}\; 54 \text{ Figuren} &
\end{array}
$$

Es sind **54 Figuren** in der Box.

Man könnte dieses Beispiel auch mit einem Dreisatz lösen. Aber es ist hier leichter, direkt auf 100 % zu schließen.

240 In der 6c gibt es 6 Kinder, die ein Musikinstrument spielen, das sind 24 % der Schülerinnen und Schüler der Klasse.
Wie viele Kinder besuchen die 6c? Löse mit dem Dreisatz.

241 Nach einer Gehaltserhöhung von 4 % verdient Frau Hanussen 5 564 € brutto.
Wie viel hat sie vor der Gehaltserhöhung verdient?

242 Jana hat ihre Trainingsstrecke um 12 % verlängert. Sie joggt nun 7,28 km weit.
Wie lang war ihre ursprüngliche Trainingsstrecke?

243 Edith hat 46 Bücher, das sind um 15 % mehr Bücher, als Lisa besitzt. Wie viele Bücher hat Lisa?

244 Ben und Jago spielen bei den Nymphenburger Magics Basketball. Ben meint nach dem Spiel: „Dieses Mal hab ich um 25 % mehr Körbe geworfen als letztes Mal." Jago erwidert: „Deine 25 Körbe in diesem Spiel waren eine wirklich gute Leistung!"
Wie viele Körbe hat Ben im vorherigen Spiel geworfen?

245 Herr Huber muss für 25 000 € Kredit Zinsen in der Höhe von 2,5 % bezahlen, Frau El Labadi bezahlt für 28 000 € Kredit Zinsen in der Höhe von 2,2 %.
Wer muss mehr Zinsen bezahlen?

5 Relative Häufigkeit

In der Klasse 6a und der Klasse 6b wird jeweils eine Umfrage über die Lieblingssportarten der Kinder gemacht. So haben sie abgestimmt:

	Fußball	Tennis	Reiten	Parkour	Snowboarden
6a	10	4	6	4	8
6b	8	3	3	4	7

Man unterscheidet zwischen **absoluter Häufigkeit** (wie viele?) und **relativer Häufigkeit** (welcher Anteil an der Gesamtzahl?).

Die absolute Häufigkeit wird in Stück, Personen, kg etc. angegeben, die **relative Häufigkeit** in **Prozent** (%) oder als **Bruch**.

Beispiele

1. Jannis sagt: „2 meiner 5 Kaninchen sind weiß."
   Gib die absolute und die relative Häufigkeit der weißen Kaninchen an. Benutze für die relative Häufigkeit die Darstellung in Prozent und als Bruch.

   Lösung:

absolute Häufigkeit	relative Häufigkeit als Bruch	relative Häufigkeit in %
2	$\frac{2}{5}$	40 %

2. In welcher Klasse ist die relative Häufigkeit der begeisterten Fußballer höher?

   Lösung:
   Um die relative Häufigkeit zu berechnen, muss der Anteil vom Ganzen bestimmt werden. Dafür braucht man die **Gesamtanzahl**:
   6a: $10+4+6+4+8=32$
   6b: $8+3+3+4+7=25$
   Dann werden die jeweiligen Angaben durch die Gesamtanzahl geteilt. Dadurch erhält man die **relative Häufigkeit**:
   $\frac{\mathbf{10}}{\mathbf{32}}=10:32=0{,}3125=31{,}25\,\%$ und $\frac{\mathbf{8}}{\mathbf{25}}=\frac{32}{100}=32\,\%$
   In der 6b ist die relative Häufigkeit höher.

246 Berechne die relative Häufigkeit der Schülerinnen und Schüler in den einzelnen Klassenstufen. Übertrage die Tabelle in dein Heft und ergänze die Zahlen.

Stufe	absolute Häufigkeit	relative Häufigkeit in %	relative Häufigkeit als Bruch
Unterstufe	292		
Mittelstufe	260		
Oberstufe	248		

247 In der 6a und der 6b wurde ein Test in Mathematik geschrieben.

Die Noten in der 6a waren so verteilt:

Note	1	2	3	4	5	6
absolute Häufigkeit	2	6	4	3	4	1

Die Noten in der 6b waren so verteilt:

Note	1	2	3	4	5	6
absolute Häufigkeit	3	4	6	4	4	3

Gib die relative Häufigkeit der Noten für die 6a in Prozent und für die 6b in Brüchen an.

248 Lukas und Max würfeln. Sie führen Strichlisten.

	1	2	3	4	5	6
Lukas	卌 III	卌 I	卌 卌 I	卌 II	卌 卌	卌 III
Max	卌 I	卌 III	卌 II	III	卌 IIII	卌 II

a) Gib die relativen Häufigkeiten, mit denen Lukas die jeweiligen Augenzahlen wirft, in Prozent und die relativen Häufigkeiten, mit denen Max die jeweiligen Augenzahlen wirft, in Bruchform an.

b) Wer von beiden hat den höheren Prozentsatz an Würfen mit der Augenzahl 3?

6 Interpretation von Diagrammen

Im Deutschunterricht bespricht die 6a gerade die Internetnutzung von Jugendlichen. Dazu hat ihr Lehrer **zwei Kreisdiagramme** mitgebracht.

Nutzung des Internets: Umfrage zu Nutzungsgewohnheiten

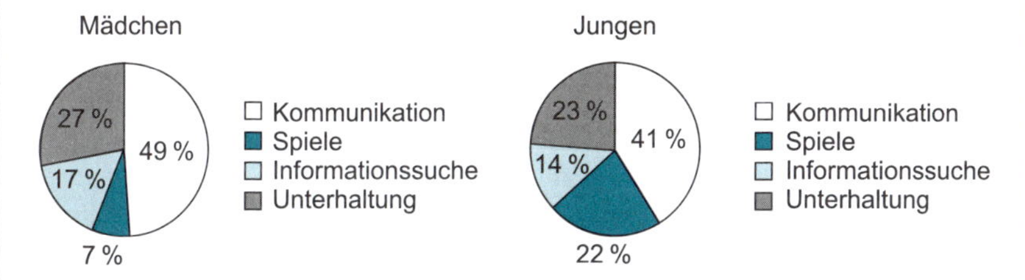

Was kann man aus so einem Diagramm ablesen?

> Die **Interpretation von Diagrammen** erfordert genaues Überlegen. Bevor man eine Frage beantwortet, muss man genau hinschauen. Darauf sollte besonders geachtet werden:
>
> - Titel — Was wird untersucht?
> - Zahlen — Handelt es sich um absolute Zahlen (z. B. 2 Stunden, 900 €, 7 Pkw) oder relative Zahlen, also Prozentzahlen?
> - Informationen — Welche Aussagen sind in den Daten enthalten?
> - Fragestellung — (Wie) kann die Frage mit dem Diagramm beantwortet werden?

Beispiel

In der 6a und der 6b erheben die Kinder, wie sie zur Schule fahren. Sie vergleichen anschließend ihre Daten mithilfe eines **Säulendiagramms**.

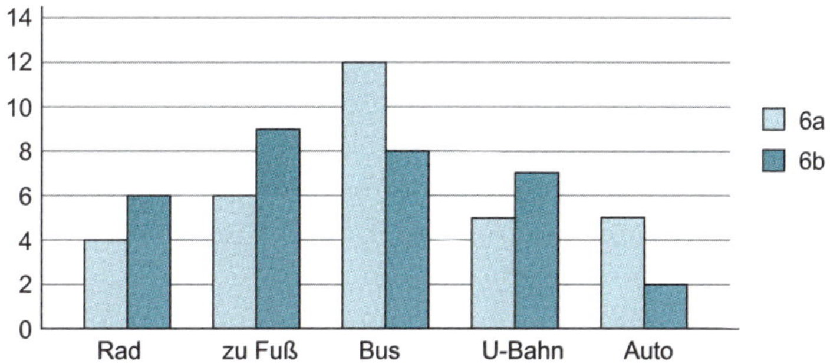

a) Kreuze an, ob folgende Aussagen zutreffen, falsch sind oder aus dem Diagramm nicht beantwortbar sind. Begründe deine Antwort.

	wahr	falsch	nicht beantwortbar
(1) Die 6a ist eine größere Klasse als die 6b.	☐	☐	☐
(2) In der 6b kommen doppelt so viele Kinder mit dem Bus wie in der 6a mit dem Rad.	☐	☐	☐
(3) Es fahren mehr Mädchen mit dem Bus als mit der U-Bahn.	☐	☐	☐
(4) Das am häufigsten genutzte Verkehrsmittel der beiden Klassen zusammen ist der Bus.	☐	☐	☐

b) Um wie viel Prozent mehr Kinder aus der 6a fahren mit dem Bus als mit dem Rad?

c) Berechne die Prozentsätze für die verschiedenen Werte der 6b und zeichne ein Streifendiagramm für die 6b.

Lösung:

a) (1) Die Anzahl der Kinder in beiden Klassen wird zusammengezählt und dann verglichen:
6a: $4+6+12+5+5=\mathbf{32}$
6b: $6+9+8+7+2=\mathbf{32}$
Beide Klassen sind gleich groß, also ist die Aussage falsch.

(2) 6b mit Bus: **8 Kinder**
6a mit Rad: **4 Kinder**
$\mathbf{8=4\cdot 2}$, also ist die Aussage wahr.

Vergleiche die beiden angesprochenen Zahlen.

(3) Hier wird **nie zwischen Mädchen und Jungen unterschieden**, also ist die Aussage aus dem Diagramm nicht beantwortbar.

(4) Rad: $4+6=\mathbf{10}$
zu Fuß: $6+9=\mathbf{15}$
Bus: $12+8=\mathbf{20}$
U-Bahn: $5+7=\mathbf{12}$
Auto: $5+2=\mathbf{7}$
Insgesamt 20 Kinder fahren mit dem Bus. Damit ist der Bus das am häufigsten genutzte Verkehrsmittel. Es handelt sich also um eine wahre Aussage.

Zähle jeweils die Anzahlen zusammen und vergleiche dann.

b) Gegeben: GW = **4 Kinder**
PW = **12 Kinder − 4 Kinder**
= 8 Kinder
Gesucht: PS

Führe eine Prozentrechnung durch, wobei der Prozentsatz gesucht ist. Lies die benötigten Werte aus dem Diagramm ab.

$$PS = \frac{PW}{GW} = \frac{8}{4} = 2 = 200\ \%$$

200 % mehr Kinder fahren mit dem Bus als mit dem Rad zur Schule.

c) Rad:

Rechne alle Prozentsätze aus. Hier wird auf ganze Prozent gerundet.

$$PS = \frac{6}{32} = 0{,}1875 = 18{,}75\ \% \approx 19\ \%$$

Zu Fuß:

$$PS = \frac{9}{32} = 0{,}28125 = 28{,}125\ \% \approx 28\ \%$$

Bus:

$$PS = \frac{8}{32} = 0{,}25 = 25\ \%$$

U-Bahn:

$$PS = \frac{7}{32} = 0{,}21875 = 21{,}875\ \% \approx 22\ \%$$

Auto:

$$PS = \frac{2}{32} = 0{,}0625 = 6{,}25\ \% \approx 6\ \%$$

Das **Streifendiagramm** für die 6b wird am einfachsten mit dem folgenden Maßstab gezeichnet:
100 % entsprechen 10 cm = 100 mm, also entspricht **ein Prozent einem Millimeter**.

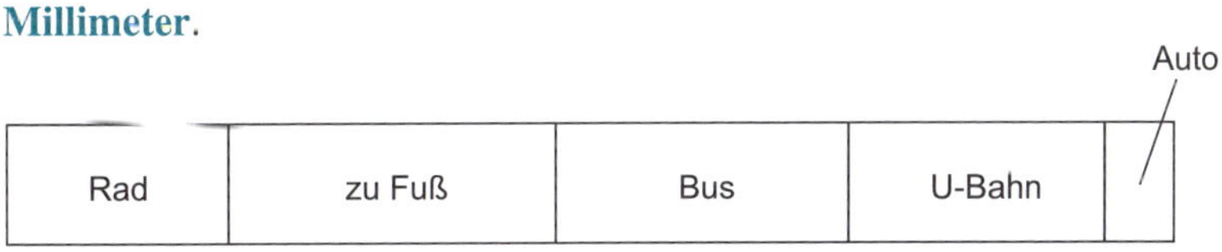

249 Im folgenden Diagramm sieht man die Anzahl der Teilnehmer, die Deutschland zu den jeweiligen Olympischen Spielen entsandt hat.

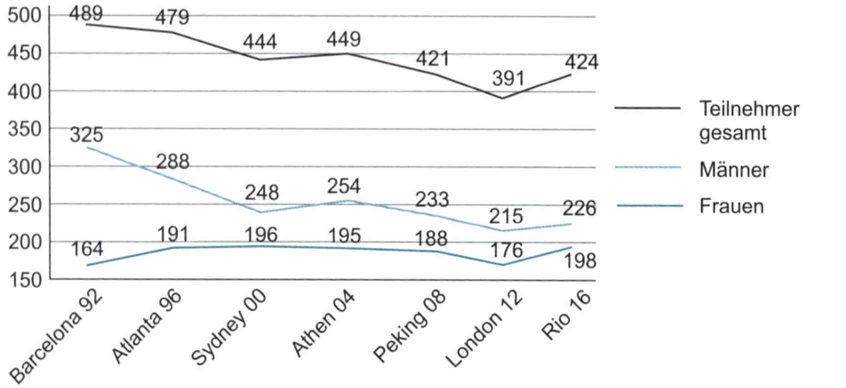

Quelle: Statistisches Bundesamt, Statistisches Jahrbuch 2017

a) Kreuze an, ob die folgenden Aussagen wahr oder falsch sind oder ob sie aus dem Diagramm nicht beantwortbar sind. Begründe deine Antwort.

	wahr	falsch	nicht beantwortbar
(1) Deutschland hat von Mal zu Mal weniger Athleten zu den Spielen entsandt.	☐	☐	☐
(2) Im Jahr 1992 waren mindestens 2 von 3 deutschen Athleten männlich.	☐	☐	☐
(3) Prozentual gesehen haben 08 mehr Frauen Deutschland vertreten als 04.	☐	☐	☐
(4) In London gab es so wenige Teilnehmer, weil die Fußballer, Handballer und Basketballer gefehlt haben.	☐	☐	☐

b) Wann fuhren am wenigsten Frauen, wann am wenigsten Männer für Deutschland zu den Olympischen Spielen?

c) Stelle diese Daten als Säulendiagramm dar, wobei du die Frauen und die Männer berücksichtigst.

d) Um wie viele Prozent mehr männliche als weibliche deutsche Athleten gab es 2012 in London?

250 In folgendem Diagramm sieht man die Anzahl der Familien in Tausend in Deutschland, in denen die jeweils angegebene Kinderanzahl aufwächst.

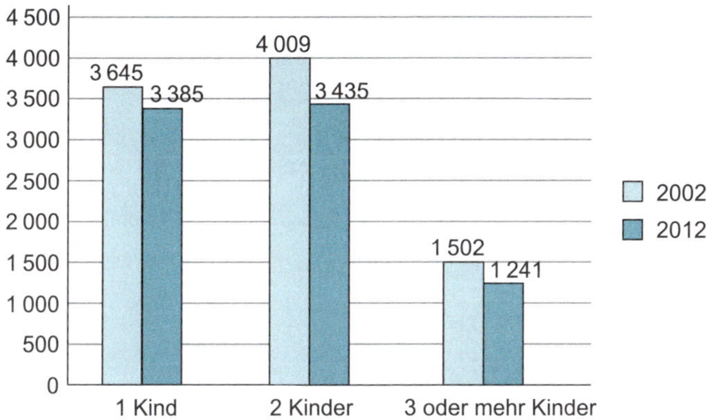

Quelle: Statistisches Bundesamt, Statistisches Jahrbuch 2013

a) Kreuze an, ob die folgenden Aussagen wahr oder falsch sind oder ob sie aus dem Diagramm nicht beantwortbar sind. Begründe deine Antwort.

	wahr	falsch	nicht beantwortbar
(1) 2002 lebten in Deutschland 1 502 Familien mit 3 oder mehr Kindern.	☐	☐	☐
(2) Die Anzahl der Familien mit Kindern in Deutschland ist von 2002 auf 2012 um ca. 12 % gesunken.	☐	☐	☐
(3) Menschen bekommen immer später Kinder, weil sie sich länger in der Ausbildung befinden.	☐	☐	☐
(4) Der Prozentsatz der Familien mit einem Kind an allen Familien mit Kindern ist von 2002 bis 2012 gestiegen.	☐	☐	☐

b) Stelle die Verteilung der Kinderanzahl für das Jahr 2012 als Streifendiagramm dar.

c) Ist die Anzahl der Familien mit 3 und mehr Kindern von 2002 auf 2012 stärker zurückgegangen als die Anzahl der Familien mit Kindern insgesamt?

d) Wie viele Familien mit 2 Kindern gab es 2012 in Deutschland?

251 Aus folgendem Diagramm kann man ablesen, wie hoch der Prozentsatz der jeweiligen Studienberechtigten bzw. der Studienanfänger an einem Geburtsjahrgang ist. Es wird also dargestellt, wie viel Prozent aller Gleichaltrigen studieren dürften und wie viele es tatsächlich tun.

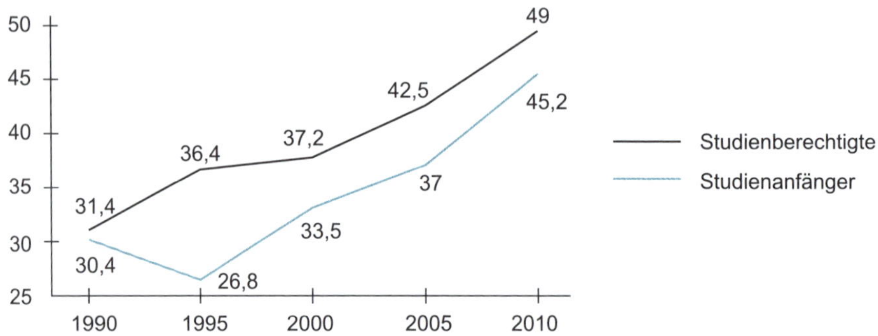

Quelle: http://de.wikipedia.org/wiki/Abiturientenquote_und_Studienanf%C3%A4ngerquote

a) Kreuze an, ob die folgenden Aussagen wahr oder falsch sind oder ob sie aus dem Diagramm nicht beantwortbar sind. Begründe deine Antwort.

	wahr	falsch	nicht beantwortbar
(1) In Deutschland gibt es seit der Wiedervereinigung immer mehr Studienberechtigte.	☐	☐	☐
(2) Am wenigsten zugenommen hat der Prozentsatz der Studienberechtigten zwischen 1995 und 2000.	☐	☐	☐
(3) Es haben immer mehr als drei Viertel aller Studienberechtigten auch studiert.	☐	☐	☐
(4) Etwa 7 von 10 Studienberechtigten haben das Abitur am Gymnasium erworben, der Rest kommt aus berufsbildenden Schulen.	☐	☐	☐

b) Zeichne für die Studienanfängerquote (also für den Anteil derer aus einem Geburtsjahrgang, die ein Studium beginnen) ein Säulendiagramm.

c) In welchem Jahr lagen die Prozentwerte für Studienberechtigte und Studienanfänger am nächsten zusammen?

d) Ein Bildungspolitiker sagt 2010: „Praktisch jeder Zweite unserer Jugendlichen erwirbt eine Studienberechtigung." Hat er recht? Was könnte ein Bildungspolitiker 1990 entsprechend sagen?

252 Im Sophie-Scholl-Gymnasium wurde ein sportlicher Mehrkampf zwischen allen sechsten Klassen durchgeführt. Dabei erreichten die einzelnen Klassen folgende Plätze in der Wertung:

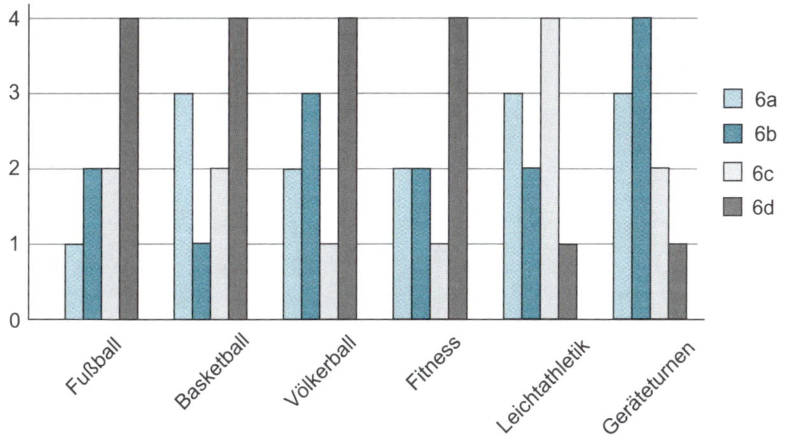

a) Kreuze an, ob die folgenden Aussagen wahr oder falsch sind oder ob sie aus dem Diagramm nicht beantwortbar sind. Begründe deine Antwort.

	wahr	falsch	nicht beantwortbar
(1) Die 6a hat die meisten dritten Plätze.	☐	☐	☐
(2) Es gibt zwei Klassen, die nie den letzten Platz belegt haben.	☐	☐	☐
(3) Die 6c hat genauso oft ein Turnier gewonnen wie die 6d.	☐	☐	☐
(4) Die besten Sportler gehen in die 6a.	☐	☐	☐

b) Für einen ersten Platz gibt es 10 Punkte, für einen zweiten Platz 5 und für einen dritten Platz 3.
Wer ist dann Sieger nach Punkten?

c) Wer ist innerhalb der Ballsportarten Sieger nach Punkten?

7 Manipulation durch Diagramme

Im Ignaz-Günther-Gymnasium findet gerade die Fußballmeisterschaft der Unterstufe statt. Auf dem Monitor in der Aula wird die aktuelle Torschützenliste präsentiert. Luca sagt zu Kemal: „Schau mal, du hast doppelt so viele Tore geschossen wie Anton aus der 7c!"

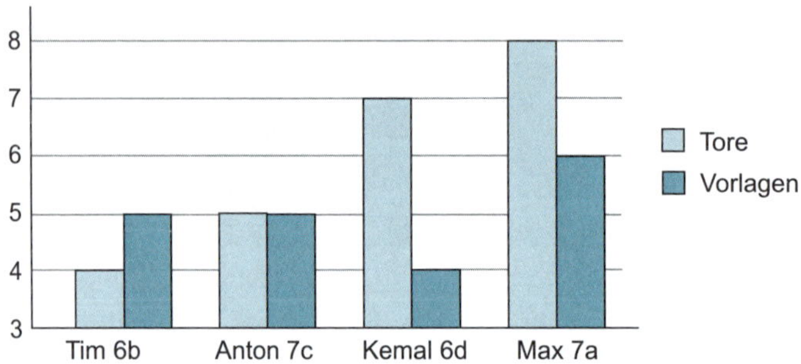

Daten können unabsichtlich **irreführend dargestellt** oder absichtlich **manipuliert** werden. Dafür gibt es zwei einfache Möglichkeiten:

- Wenn die waagrechte (horizontale) Achse die senkrechte (vertikale) Achse nicht bei 0 schneidet, verzerren sich die Größenverhältnisse.
- Wenn nicht Balken, sondern Figuren verwendet werden, um Größenverhältnisse darzustellen, dann wirkt eine Figur, die doppelt so hoch ist (und dadurch auch doppelt so breit), nicht doppelt so groß wie die ursprüngliche, sondern viermal so groß. Dadurch werden Größenverhältnisse ebenfalls verzerrt.

Wird statt einer zweidimensionalen Figur eine dreidimensionale Darstellung verwendet, so kann eine noch größere Verzerrung bewirkt werden.

Beispiele

1. Erläutere, wieso Luca glaubt, dass Kemal doppelt so viele Tore geschossen hat wie Anton.

   Lösung:

   Zuerst wird überprüft, wo die **horizontale Achse** die vertikale Achse schneidet: Hier schneidet die horizontale Achse die vertikale bei **3**, also nicht bei 0.

   Um zu erläutern, wie es zu einer irreführenden (oder manipulativen) Darstellung von Daten gekommen ist, überprüfst du immer beide Möglichkeiten.

Dann wird überprüft, ob die Figuren (in diesem Fall die Balken) den Eindruck verzerren:
Die **Breite** ist **gleich** geblieben, nur die Länge hat sich verändert. Also liegt hier keine zusätzliche Verzerrung der zweiten Art vor.

Miss die Länge und die Breite der beiden Balken ab.

Hier schneidet die horizontale Achse die vertikale Achse bei 3 und nicht bei 0, deshalb ist der sichtbare Teil des Balkens von Kemal doppelt so lang wie der sichtbare Teil des Balkens von Anton.

2. Max freut sich darüber, dass er doppelt so viele Tore geschossen hat wie sein Bruder Tim. Um seinen Bruder damit aufzuziehen, hat er die Anzahl der geschossenen Tore grafisch veranschaulicht.
   Wie beurteilst du seine Darstellung?

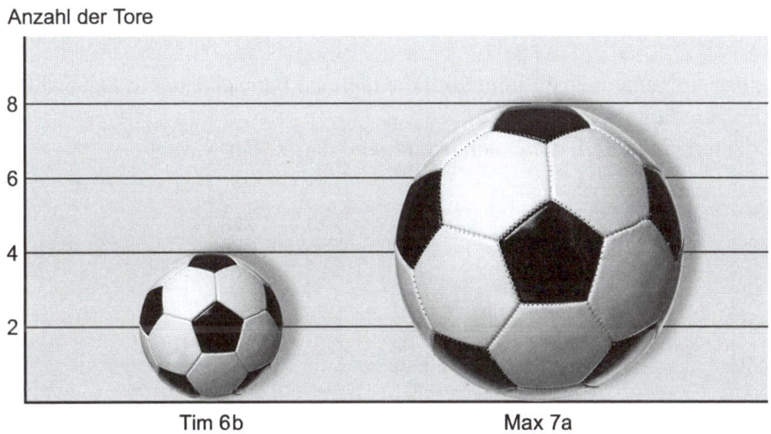

Lösung:
Die waagrechte Achse schneidet die senkrechte bei null. Also liegt keine Verzerrung der ersten Art vor.
Es wirkt so, als habe Max mehr als doppelt so viele Tore geschossen wie Tim. Das liegt daran, dass der Ball nicht nur in seiner **Höhe**, sondern auch in seiner **Breite vergrößert** wurde.

253 Das folgende Diagramm entstand aus einer Umfrage, welche Konsole die Kinder der 6. Klassen am Carl-Orff-Gymnasium bevorzugen.
Erläutere, inwiefern hier Daten manipuliert worden sind.

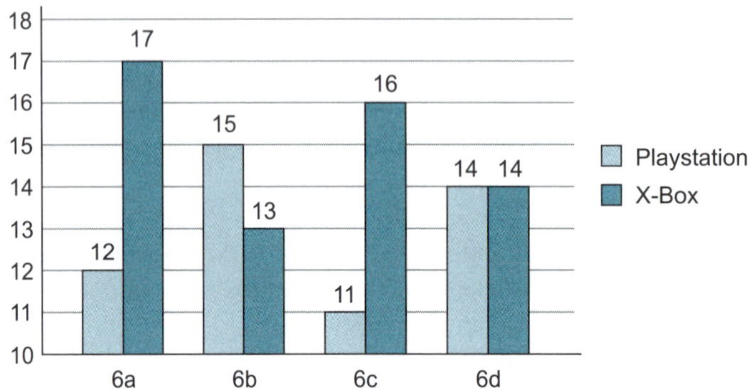

254 In dem folgenden Diagramm wird die tägliche Fernsehdauer in Deutschland in Minuten dargestellt.
Erläutere, inwiefern die Daten irreführend dargestellt wurden.

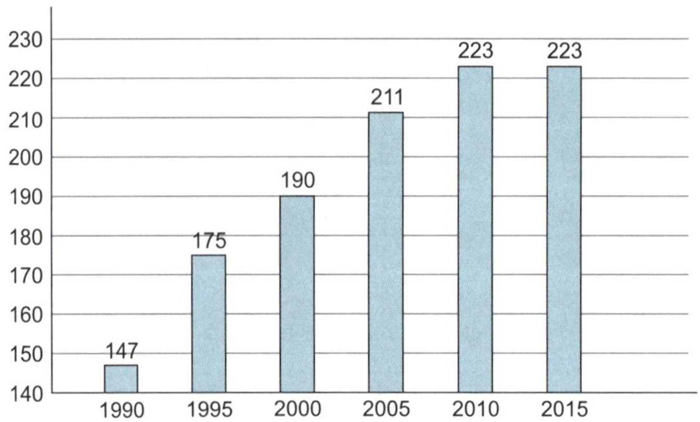

Quelle: Statistisches Bundesamt, Statistisches Jahrbuch 2013 und 2017

255 Das folgende Diagramm stellt dar, wie viele Kinder einer Klasse ein Haustier besitzen.
Erläutere, inwiefern die Daten irreführend dargestellt werden.

6a: 12 6b: 18 6c: 9

256 Valerie hat in ihrer und ihren Parallelklassen eine Umfrage durchgeführt, wie viel die Kinder im Schnitt für Geburtstagsgeschenke für ihre Eltern ausgeben. Das Ergebnis hat sie im folgenden Diagramm veranschaulicht.
Erläutere, inwiefern hier Daten manipuliert worden sind.

6a: 6,50 € 6b: 13,00 € 6c: 10,00 € 6d: 5,00 €

8 Arithmetisches Mittel

In der Klasse 6a und der Klasse 6b wurde ein Test in Mathematik geschrieben.

Die Noten in der 6a waren so verteilt:

Note	1	2	3	4	5	6
absolute Häufigkeit	2	6	4	3	4	1

Die Noten in der 6b waren so verteilt:

Note	1	2	3	4	5	6
absolute Häufigkeit	3	4	6	4	4	3

Marta aus der 6a behauptet, dass ihre Klasse im Schnitt besser war. Hat sie recht?

> Man berechnet das **arithmetische Mittel**, indem man alle Einzelwerte addiert und anschließend das Ergebnis durch die Gesamtanzahl der Werte teilt.
>
> Wenn ein Wert häufiger vorkommt, kann man, statt wiederholt zu addieren, den Wert auch mit seiner Anzahl multiplizieren.

Bei Schulnoten nennt man das arithmetische Mittel meist **Notenschnitt**.
Im alltäglichen Leben sagt man oft auch **Mittelwert** oder **Durchschnitt**.

Beispiel

Gib für die Klasse 6a und die Klasse 6b jeweils das arithmetische Mittel (also den Notenschnitt) an.

Lösung:

Gesamtanzahl der Kinder:

6a: $2+6+4+3+4+1=20$

6b: $3+4+6+4+4+3=24$

Um das arithmetische Mittel zu bestimmen, muss man die Anzahl der Kinder in der jeweiligen Klasse bestimmen.

Summe der Einzelnoten:

6a: $2\cdot 1+6\cdot 2+4\cdot 3+3\cdot 4+4\cdot 5+1\cdot 6$
$=2+12+12+12+20+6=64$

6b: $3\cdot 1+4\cdot 2+6\cdot 3+4\cdot 4+4\cdot 5+3\cdot 6$
$=3+8+18+16+20+18=83$

Außerdem addiert man jeweils die Einzelnoten in den beiden Klassen.

Notenschnitt:

6a: $\frac{64}{20}=\frac{32}{10}=\mathbf{3{,}2}$

6b: $83:24\approx\mathbf{3{,}46}$

Das arithmetische Mittel berechnet man dann, indem man die Summe der Einzelnoten durch die Anzahl der Kinder teilt.

257 Berechne den Notenschnitt (auf Hundertstel gerundet), den die folgenden Kinder jeweils haben.

a) Aaron hat in Natur und Technik folgende Noten: 2, 4, 3, 2, 1, 1

b) Bertha hat in Geschichte folgende Noten: 2, 3, 2, 3, 2, 2, 1

c) Christoph hat in Musik zweimal eine Eins, einmal eine Drei und fünfmal eine Zwei.

258 Verschiedene Durchschnitte:

a) Maja kauft vier große Äpfel. Sie wiegen 145 g, 166 g, 210 g und 193 g. Wie viel wiegen die Äpfel durchschnittlich?

b) Hannah ist 1,44 m groß, Jasmin ist um 3 cm größer und Kathrin misst 134 cm. Wie groß sind sie durchschnittlich? Berechne auf Zentimeter genau.

c) Tom, Ben und Jago wollen gemeinsam Burger essen. Tom sagt: „Ich habe 5 € und 70 ct!“ Ben hat 3,95 €. Jago sagt: „Im Schnitt haben wir 4,65 €, das reicht!“
Wie viel Geld hat Jago eingesteckt?

259 Per und seine Freunde vergleichen, wie viele Geschwister sie jeweils haben, und notieren das in einer Tabelle.

Per	Maja	Burak	Tobias	Selma
3	3	2	1	1

a) Berechne, wie viele Geschwister die Freunde durchschnittlich haben.

b) Entscheide, ob folgende Aussage wahr oder falsch ist:
Egal, wen der fünf Freunde man aus dem Datensatz entfernt, das arithmetische Mittel wird immer kleiner.

9 Vermischte Aufgaben

260 In einer Packung mit 75 Keksen sind 12 zerbrochen.
Welchem Prozentsatz entspricht das?

261 In einer Klasse spielen 12 Kinder am liebsten Basketball. Das sind 37,5 %.
Wie viele Kinder gehen in diese Klasse?

262 Nach einer Gehaltserhöhung von 2 % verdient Frau El Labadi 4 284 €.
Wie viel hat sie vor der Erhöhung verdient?

263 Anna und Ruth laufen immer gemeinsam. Sie wollen nun fitter werden, also verlängern sie ihre Trainingsstrecke um 15 %.
Wenn sie vorher 6,8 km gelaufen sind, wie weit laufen sie dann nachher?

264 In einer Bio-Nusskern-Mischung von 200 g sollen sich mindestens 30 % Cashew-Kerne befinden. Lara sucht diese Kerne, die sie besonders gerne mag, heraus und wiegt sie ab. Sie wiegen 55 g.
Sind genug Cashew-Kerne in der Mischung gewesen?

265 Ein Spiel wurde erst um 10 % ermäßigt, danach wurde der Preis noch einmal um 15 % herabgesetzt. Nun muss Daniel 19,89 € dafür bezahlen.
Wie viel hat das Spiel ursprünglich gekostet?

266 Eine Packung „Choco Delight" enthält 40 Schokokekse und kostet 6,40 €. Was wäre für eine Naschkatze das bessere Angebot? 25 % mehr Kekse zum gleichen Preis oder ein Rabatt von 25 % für die gleiche Anzahl an Keksen?
Erläutere deine Entscheidung.

267 Herr Schmidt ist der Filialleiter in Filiale II einer Supermarktkette. Er stellt die Umsätze von drei Filialen in einem Diagramm dar. Welchen Eindruck erweckt das Diagramm?

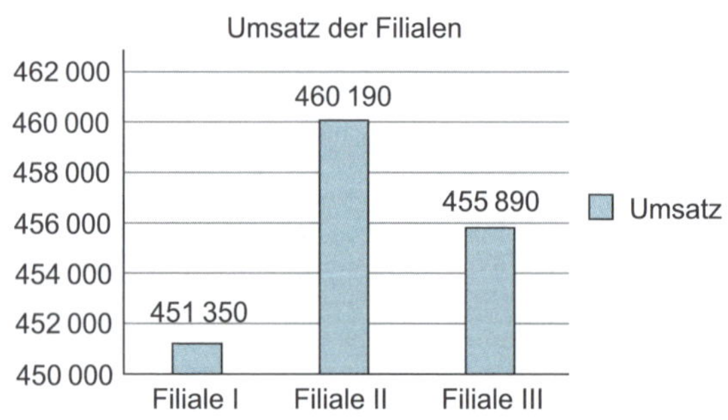

268 Folgendes Diagramm stellt die Anzahl der Schülerinnen und Schüler an Volksschulen (= Grund- und Hauptschulen) sowie Mittelschulen und höheren Schulen in Bayern dar.
Beantworte dazu die folgenden Fragen.

Schüler/-innen in Bayern seit 1851

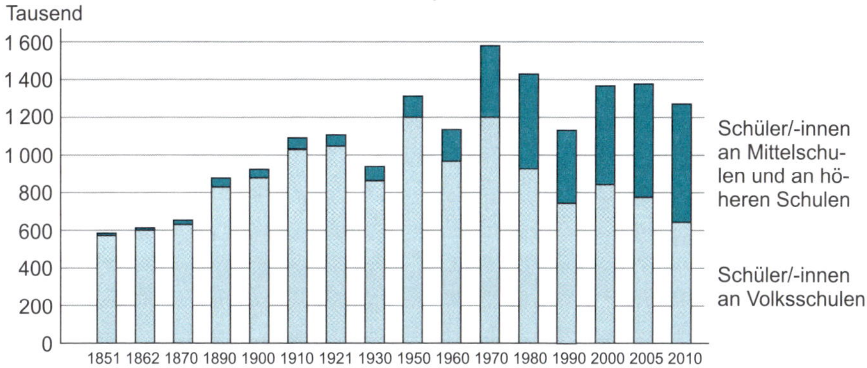

Quelle: https://www.statistik.bayern.de/ueberuns/zeitreihen/ vom 26. 08. 2013

a) Kreuze an, ob die folgenden Aussagen wahr oder falsch sind oder ob sie aus dem Diagramm nicht beantwortbar sind. Begründe deine Antwort.

	wahr	falsch	nicht beantwortbar
(1) Die Anzahl der Schülerinnen und Schüler an Mittelschulen und höheren Schulen hat sich von 1970 auf 2010 annähernd verdoppelt.	☐	☐	☐
(2) 1980 war die Anzahl an Schülerinnen und Schülern in Bayern am größten.	☐	☐	☐
(3) Es gehen immer mehr Mädchen in höhere Schulen.	☐	☐	☐

b) Ab welchem Jahr sank die Anzahl der Schülerinnen und Schüler an Volksschulen bis heute?

c) Welcher Prozentsatz der Schülerinnen und Schüler ging 1970 bzw. 2010 in Mittelschulen und höhere Schulen? Um wie viele Prozentpunkte hat sich der Prozentsatz verändert?

d) Wie könntest du die Daten der Jahre 1980 bis 2010 so manipulieren, dass der Anteil der Schülerinnen und Schüler an Mittelschulen und höheren Schulen größer wirkt, als er eigentlich ist?

Grundwissen der 5. und 6. Klasse

Abstand
Der Abstand ist die kürzeste Entfernung zweier Objekte.

Beispiele:
- Der Abstand der Punkte A und B ist die Länge $|\overline{AB}|$ der Strecke $\overline{AB}$.
- Der Abstand von Punkt A und Gerade g ist die Länge $|\overline{AF}|$ der Strecke $\overline{AF}$, wobei F der Lotfußpunkt des Lotes durch A auf g ist.

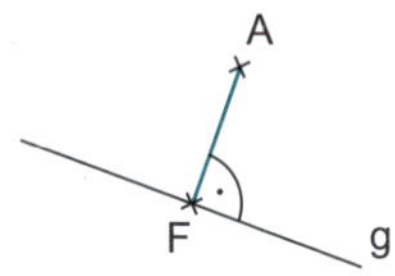

- Der Abstand der parallelen Geraden g und h ist die Länge der Strecke von einem beliebigen auf g liegenden Punkt A zum Lotfußpunkt des Lotes von A auf h.

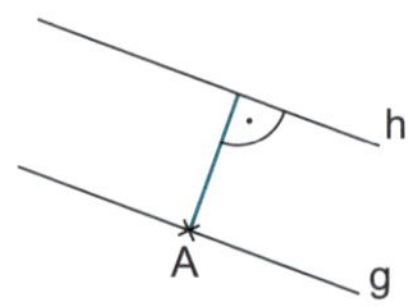

Achsensymmetrie
Zwei Punkte A und A' sind symmetrisch bezüglich der Symmetrieachse a, wenn die Verbindungsstrecke der Punkte senkrecht auf der Achse a steht und von ihr halbiert wird.

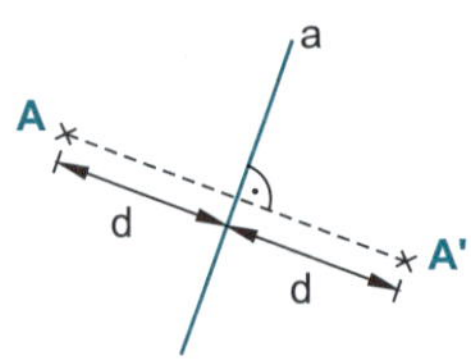

Addition
Der Term einer Addition heißt Summe.
1. Summand + 2. Summand = Summenwert

Addition/Subtraktion von Brüchen
Bringe die Brüche durch Erweitern auf einen gleichen Nenner (Hauptnenner bzw. kgV der ursprünglichen Nenner). Addiere/Subtrahiere die Zähler und behalte den gemeinsamen Nenner bei.

Addition/Subtraktion von Dezimalzahlen
Addiere/Subtrahiere die Dezimalen mit den gleichen Stellenwerten. Erweitere bei Bedarf eine Dezimalzahl durch Anhängen von Nullen.

Arithmetisches Mittel (Durchschnitt)
Das arithmetische Mittel wird berechnet als:

$$\frac{\text{Summe der einzelnen Werte}}{\text{Gesamtanzahl an Werten}}$$

Betrag
Als Betrag einer Zahl wird ihr Abstand zur Null auf der Zahlengeraden bezeichnet.
Beispiele: $|-3| = 3$ und $|3| = 3$

Brüche

Nenner: Anzahl der gleichen Teile, in die ein Ganzes aufgeteilt wurde
Zähler: Anzahl der gleichen Teile des Ganzen, die gemeint sind

$$\text{Bruch} = \frac{\text{Zähler}}{\text{Nenner}}$$

Dezimalzahlen (Dezimalbrüche)

Dezimalzahlen sind Zahlen in Kommaschreibweise.

Diagramm

Ein Diagramm dient der grafischen Veranschaulichung.

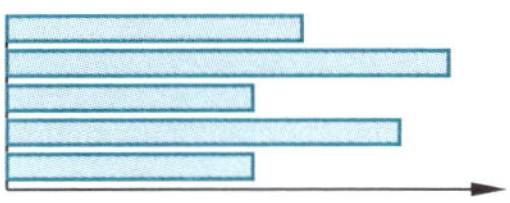

Balkendiagramm

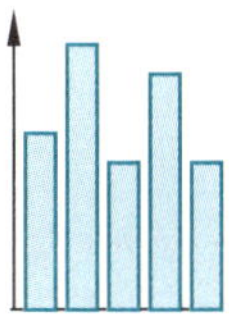

Säulendiagramm

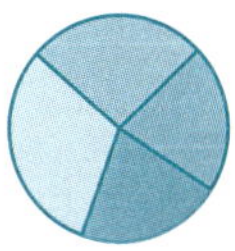

Kreisdiagramm

Streifendiagramm

Division

Der Term einer Division heißt Quotient.
Dividend : Divisor = Quotientenwert
Der Quotientenwert ist genau dann null, wenn der Dividend null ist.
Die Division durch null ist nicht möglich.

Division von Brüchen

Durch einen Bruch wird dividiert, indem man mit dem Kehrbruch multipliziert.

$$\frac{a}{b} : \frac{c}{d} = \frac{a}{b} \cdot \frac{d}{c}$$

Division von Dezimalzahlen

Man verschiebt das Komma bei Divisor und Dividend um die gleiche Stellenzahl, bis der Divisor eine ganze Zahl ist.
Beim Überschreiten des Kommas des Dividenden wird beim Ergebnis ein Komma gesetzt.

Element

Eine Zahl ist Element einer Zahlenmenge, wenn die Zahl in der Menge enthalten ist.

Schreibweise: $\in$, $\notin$

Erweitern

Der Wert eines Bruchs bleibt erhalten, falls Zähler und Nenner mit der gleichen Zahl multipliziert werden.

$$\frac{a}{b} = \frac{a \cdot n}{b \cdot n} \qquad a, b, n \in \mathbb{Z} \quad b \neq 0; n \neq 0$$

Flächeninhalt

Einheiten: $1\ km^2$, 1 ha (Hektar), 1 a (Ar), $1\ m^2$, $1\ dm^2$, $1\ cm^2$, $1\ mm^2$

Umrechnungstabelle:

$1\ km^2 = 100\ ha$
$1\ ha = 100\ a$
$1\ a = 100\ m^2$
$1\ m^2 = 100\ dm^2$
$1\ dm^2 = 100\ cm^2$
$1\ cm^2 = 100\ mm^2$

Formeln zur Flächenberechnung:

Dreieck	$A = \frac{1}{2} a \cdot h_a = \frac{1}{2} b \cdot h_b = \frac{1}{2} c \cdot h_c$
Parallelogramm	$A = a \cdot h_a = b \cdot h_b$
Quadrat	$A = a^2$
Rechteck	$A = a \cdot b$
Trapez	$A = \frac{1}{2}(a + c) \cdot h$ mit $a \parallel c$

Komplizierte Flächen lassen sich oft bestimmen, indem sie in Rechtecke zerlegt oder zu Rechtecken ergänzt werden. Häufig lassen sie sich auch zu berechenbaren Flächen umbauen.

Gerade

Die Verlängerung der Strecke $\overline{AB}$ über A und B hinaus ergibt die Gerade AB. Geraden werden häufig mit kleinen lateinischen Buchstaben bezeichnet: g, h, …

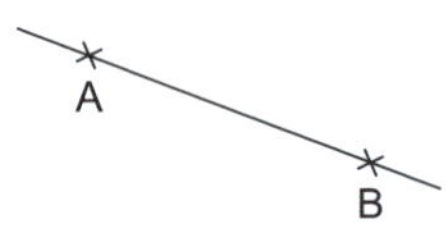

Halbgerade

Verlängert man die Strecke von A nach B über B hinaus, so entsteht die Halbgerade [AB. Halbgeraden werden oft mit kleinen lateinischen Buchstaben bezeichnet: g, h, …

Kegel

Die Grundfläche ist ein Kreis. Die gekrümmte Mantelfläche lässt sich zu einem Kreissektor „auseinanderrollen".

Kegelnetz:

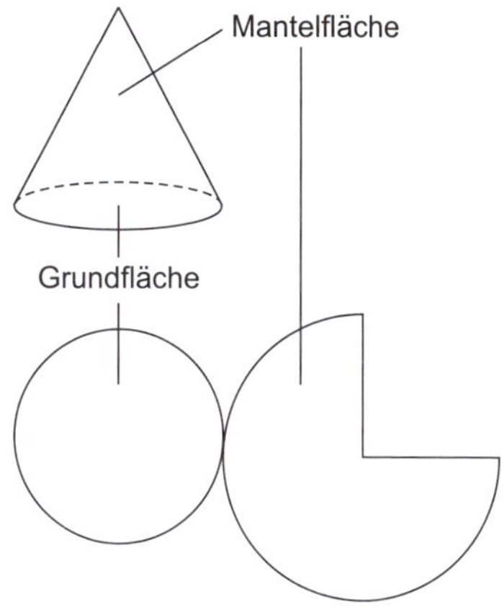

kgV (kleinstes gemeinsames Vielfaches)

Das kleinste gemeinsame Element aus den Vielfachenmengen von Zahlen wird kgV genannt.

Koordinaten

Die x- und y-Koordinaten geben die Lage eines Punktes im Koordinatensystem an.

Koordinatensystem

Zwei sich senkrecht bei den Nullpunkten kreuzende Zahlengeraden ergeben ein Koordinatensystem.
Der Nullpunkt wird als Ursprung des Koordinatensystems bezeichnet.
Das Koordinatensystem unterteilt die Zeichenebene in vier Quadranten.

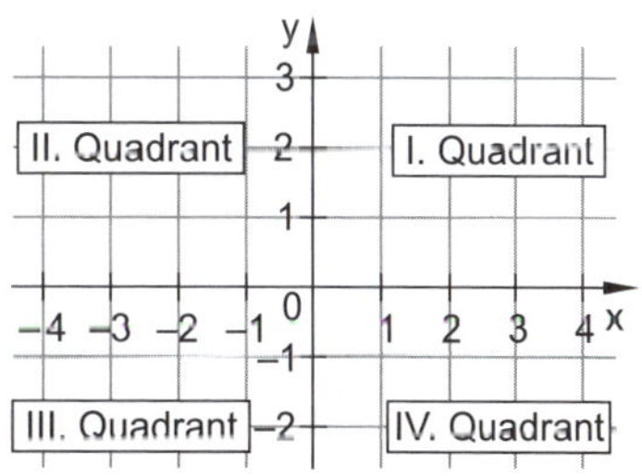

Kreis

Alle Punkte eines Kreises haben vom Mittelpunkt den gleichen Abstand. Dieser Abstand heißt Radius.
Kurzschreibweise: k(M; r) „Kreis um Mittelpunkt M mit Radius r"

Kugel

Alle Punkte auf der Oberfläche haben den gleichen Abstand zum Mittelpunkt.

Kürzen

Der Wert eines Bruchs ändert sich nicht, falls Zähler und Nenner durch die gleiche Zahl dividiert werden.

$\frac{a}{b} = \frac{a:n}{b:n}$ $\qquad a, b, n \in \mathbb{Z}$; $b \neq 0; n \neq 0$

Lot

Das Lot zu einer Geraden g ist eine Gerade, die senkrecht auf g steht. Der Schnittpunkt des Lotes mit der Geraden heißt Lotfußpunkt.

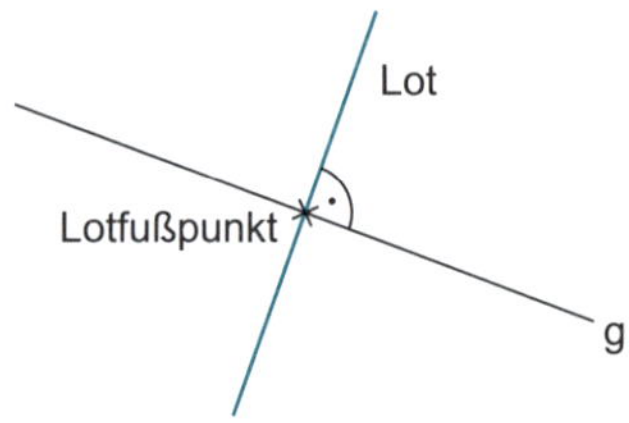

Maßstab

Maßstab 1 : 50 bedeutet, dass 1 cm in der Zeichnung 50 cm in Wirklichkeit entspricht.

Beispiele:

- 4 cm in der Zeichnung: $4\text{ cm} \cdot 50 = 200\text{ cm} = 2\text{ m}$ in Wirklichkeit
- 8 m in Wirklichkeit: $8\text{ m} : 50 = 800\text{ cm} : 50 = 16\text{ cm}$ in der Zeichnung

Multiplikation

Der Term einer Multiplikation heißt Produkt.

1. Faktor · 2. Faktor = Produktwert

Ein Produkt ist genau dann null, wenn mindestens ein Faktor null ist.

Multiplikation von Brüchen

Multipliziere Zähler mit Zähler und Nenner mit Nenner.

$$\frac{a}{b} \cdot \frac{c}{d} = \frac{a \cdot c}{b \cdot d}$$

Multiplikation von Dezimalzahlen

Multipliziere die Dezimalzahlen ohne Rücksicht auf das Komma.
Das Ergebnis hat gleich viele Dezimalstellen wie beide Faktoren zusammen.

Netz

Schneidet man einen Körper entlang einiger seiner Kanten so auf, dass er sich zu einer zusammenhängenden Fläche auseinanderfalten lässt, so wird diese Fläche als Netz des Körpers bezeichnet.

Oberfläche

Die Oberfläche eines Körpers besteht aus allen Flächen, die den Körper begrenzen.
Für die Oberfläche eines Quaders mit den Kantenlängen a, b und c gilt:
$O_{Quader} = 2 \cdot a \cdot b + 2 \cdot a \cdot c + 2 \cdot b \cdot c = 2 \cdot (a \cdot b + a \cdot c + b \cdot c)$
Sonderfall: $O_{Würfel} = 6 \cdot a^2$

Parallele Geraden oder Strecken

Zwei Geraden oder Strecken verlaufen parallel zueinander, wenn sie an jeder beliebigen Stelle den gleichen Abstand haben.

Parallelogramm

Ein Viereck, bei dem die jeweils gegenüberliegenden Seiten zueinander parallel sind, heißt Parallelogramm.

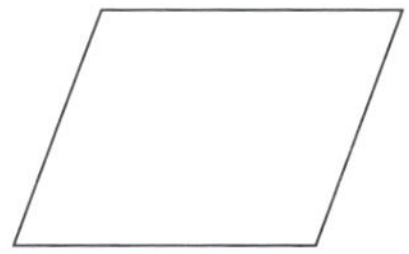

Potenz

Kurzschreibweise für Produkte mit gleichen Faktoren

Exponent

$a^n = \underbrace{a \cdot a \cdot \ldots \cdot a}_{n \text{ Faktoren}}$

Basis

Primfaktorzerlegung

Eine Zahl wird als Produkt dargestellt, das nur aus Primzahlen besteht.

Primzahlen

Primzahlen sind natürliche Zahlen, die genau zwei verschiedene Teiler haben, nämlich 1 und die Zahl selbst.

Prisma

Grund- und Deckfläche eines n-seitigen Prismas sind zwei identische n-Ecke, die parallel übereinanderliegen. Die Seitenflächen bestehen aus Rechtecken.

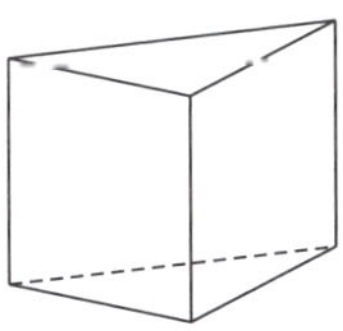

dreiseitiges Prisma

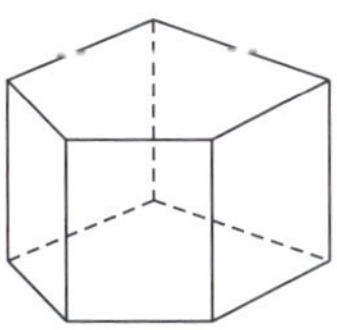

fünfseitiges Prisma

Prozent

„Prozent“ bedeutet „je hundert“ und wird bei der Berechnung von Anteilen verwendet:

$1\,\% = \frac{1}{100}$

Promille bedeutet „je tausend“:

$1\,‰ = \frac{1}{1\,000}$

Verschiebt man das Komma einer rationalen Zahl um zwei Stellen nach rechts, so erhält man ihren Wert in Prozent:
$0{,}01 = 1\,\%$

Prozentrechnung

Prozentwert: $PW = GW \cdot PS$

Prozentsatz: $PS = \frac{PW}{GW}$

Grundwert: $GW = \frac{PW}{PS}$

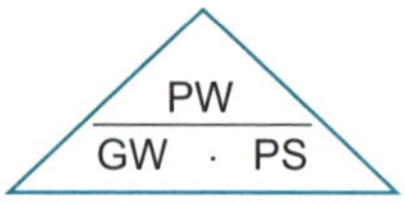

Pyramide

Die Grundfläche einer Pyramide ist ein n-Eck. Die Seitenflächen sind immer Dreiecke.

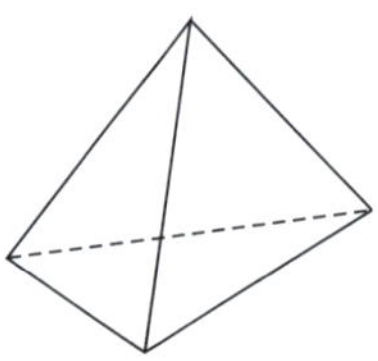
dreiseitige Pyramide

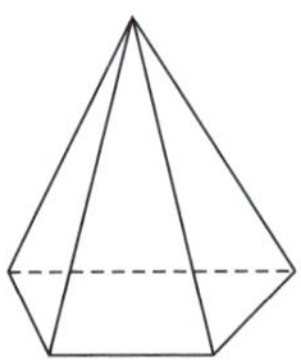
vierseitige Pyramide

Quader

Die sechs Seiten eines Quaders sind Rechtecke, wobei die beiden gegenüberliegenden Seitenflächen jeweils identisch sind. Aneinander angrenzende Seiten stehen zueinander senkrecht.

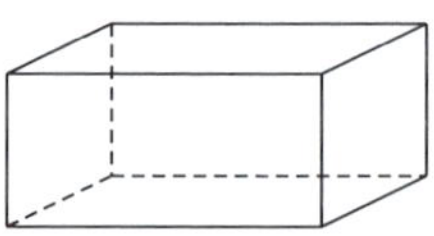

Quadernetz:

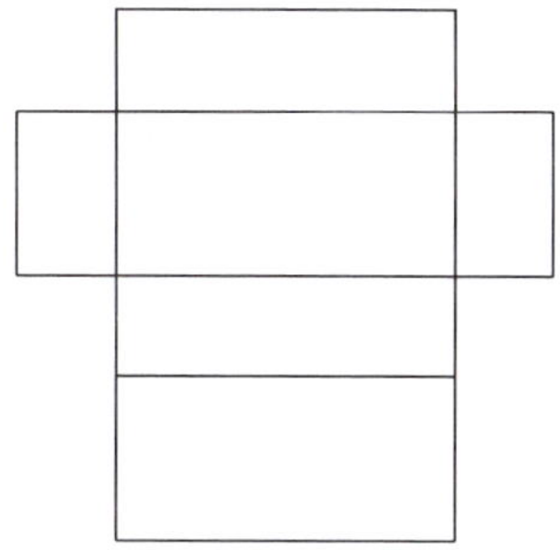

Quadrat

Ein Rechteck mit vier gleich langen Seiten heißt Quadrat. Es hat vier Symmetrieachsen.

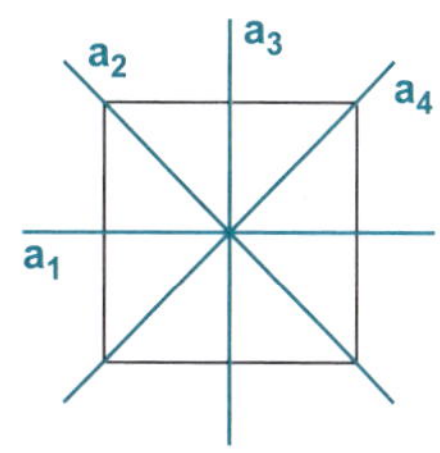

Raute

Ein Viereck mit vier gleich langen Seiten heißt Raute. Sie hat zwei Symmetrieachsen.

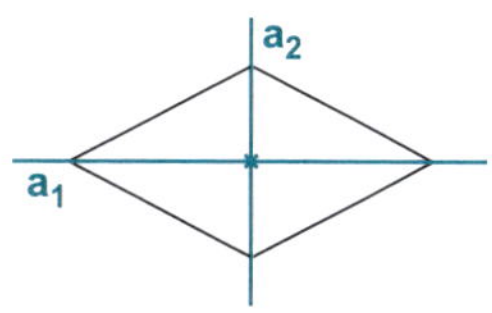

Rechengesetze

Zuerst werden die Klammern berechnet, dann „Potenzen" vor „Punkt" vor „Strich". Innerhalb der Punkt- bzw. Strichrechenarten wird von links nach rechts gearbeitet bzw. das Kommutativ- und Assoziativgesetz angewandt.

Kommutativgesetz (KG)

$a+b=b+a$	Addition
$a\cdot b=b\cdot a$	Multiplikation

Assoziativgesetz (AG)

$(a\cdot b)\cdot c=a\cdot(b\cdot c)$	Multiplikation
$(a+b)+c=a+(b+c)$	Addition

Distributivgesetz (DG)

$a\cdot(b+c)=a\cdot b+a\cdot c$	Multiplikation
$a\cdot(b-c)=a\cdot b-a\cdot c$	
$(a+b)\cdot c=a\cdot c+b\cdot c$	
$(a-b)\cdot c=a\cdot c-b\cdot c$	
$(a+b):c=a:c+b:c$	Division
$(a-b):c=a:c-b:c$	

Rechteck

Ein Viereck mit vier rechten Winkeln heißt Rechteck. Es hat zwei Symmetrieachsen.

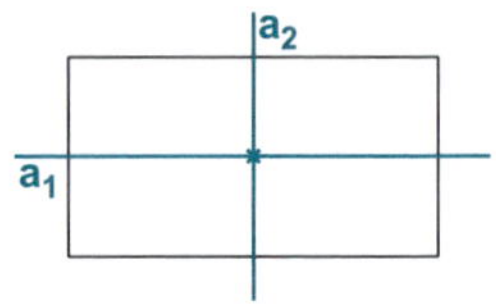

Strecke

Die kürzeste Verbindung zwischen zwei Punkten A und B ist die Strecke $\overline{AB}$.

Die Länge der Strecke $\overline{AB}$ wird abgekürzt mit $\left|\overline{AB}\right|$.

Subtraktion

Der Term einer Subtraktion heißt Differenz.
Minuend – Subtrahend = Differenzwert

Term

Ein aus Zahlen, Rechenzeichen und Klammern bestehender sinnvoller Rechenausdruck heißt Term.

Trapez

Ein Viereck mit zwei zueinander parallelen Seiten heißt Trapez. Die nicht parallelen Seiten werden als Schenkel bezeichnet.

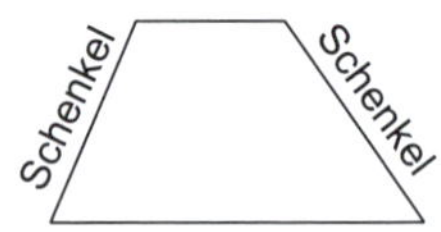

Viereck

Bezeichnungen beim allgemeinen Viereck (siehe nebenstehende Abbildung).

Besondere Vierecke:
Drachenviereck, Parallelogramm, Quadrat, Raute, Rechteck, Trapez

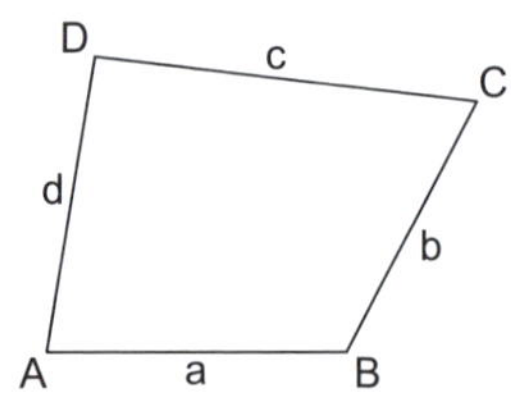

Volumen

Volumeneinheiten:
1 km^3, 1 m^3, 1 dm^3, 1 cm^3, 1 mm^3, 1 $h\ell$ (Hektoliter), 1 ℓ (Liter), 1 $m\ell$ (Milliliter)

Umrechnung:

$1\,000\ mm^3 = 1\ cm^3$

$1\,000\ cm^3 = 1\ dm^3$

$1\,000\ dm^3 = 1\ m^3$

$1\,000\,000\,000\ m^3 = 1\ km^3$

$1\ dm^3 = 1\ \ell$

$100\ \ell = 1\ h\ell$

$1\ cm^3 = 1\ m\ell$

Volumen eines Quaders mit den Seitenlängen a, b und c:
$V = a \cdot b \cdot c$
Volumen komplizierter Körper lassen sich oft bestimmen, indem sie in Quader zerlegt oder zu Quadern ergänzt werden. Auch ein geeigneter Umbau kann hilfreich sein.

Vorzeichenregel beim Multiplizieren und Dividieren ganzer Zahlen

Rechne mit Beträgen und bestimme das Vorzeichen der Lösung nach folgenden Regeln:

$(+) \cdot (+) = (+)$ $\quad$ $(-) \cdot (-) = (+)$
$(+) \cdot (-) = (-)$ $\quad$ $(-) \cdot (+) = (-)$
$(+) : (+) = (+)$ $\quad$ $(-) : (-) = (+)$
$(+) : (-) = (-)$ $\quad$ $(-) : (+) = (-)$

Winkel

Zwei sich schneidende Geraden oder Halbgeraden bilden einen Winkel.
Die beiden (Halb-)Geraden werden entgegen dem Uhrzeigersinn als Schenkel 1 und Schenkel 2 bezeichnet, ihr Schnittpunkt ist der Scheitel des Winkels.

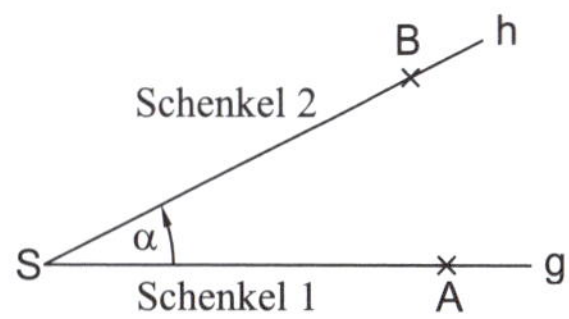

Bezeichnungen und Schreibweisen:
$\alpha, \beta, \ldots$:
Angabe von griechischen Buchstaben

$\sphericalangle ASB$:
Angabe von drei Punkten (Punkt auf Schenkel 1, Scheitelpunkt, Punkt auf Schenkel 2)

$\sphericalangle(g; h)$, $\sphericalangle(SA; SB)$:
Angabe von zwei (Halb-)Geraden für den ersten und zweiten Schenkel

Besondere Winkel:

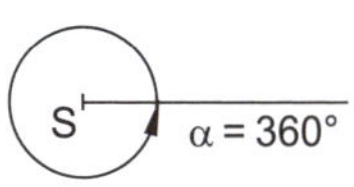

Vollwinkel

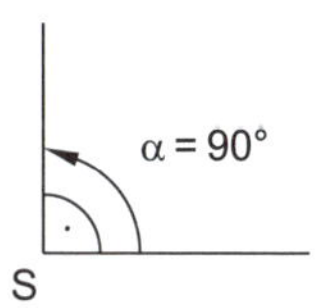

rechter Winkel

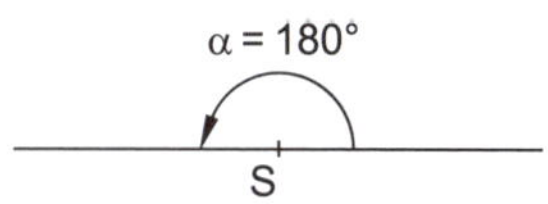

gestreckter Winkel

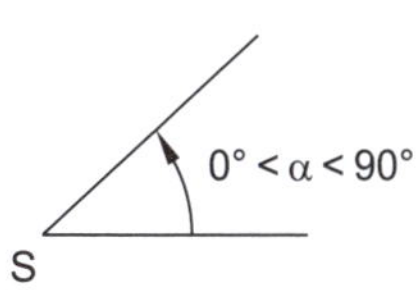

spitzer Winkel

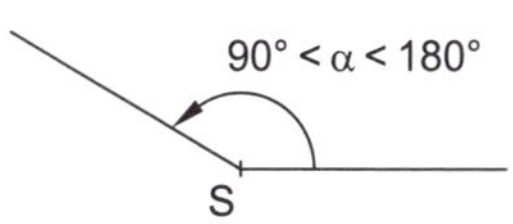

stumpfer Winkel

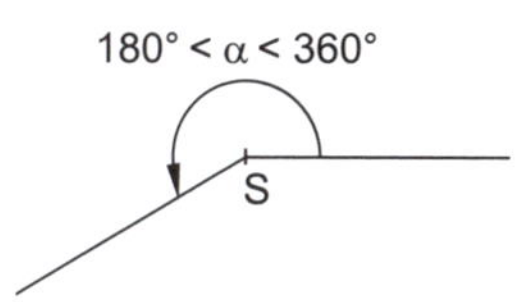

überstumpfer Winkel

Würfel

Ein Würfel ist ein Quader mit gleicher Länge, Höhe und Breite.

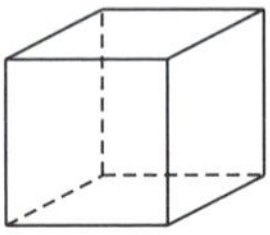

mögliches Würfelnetz:

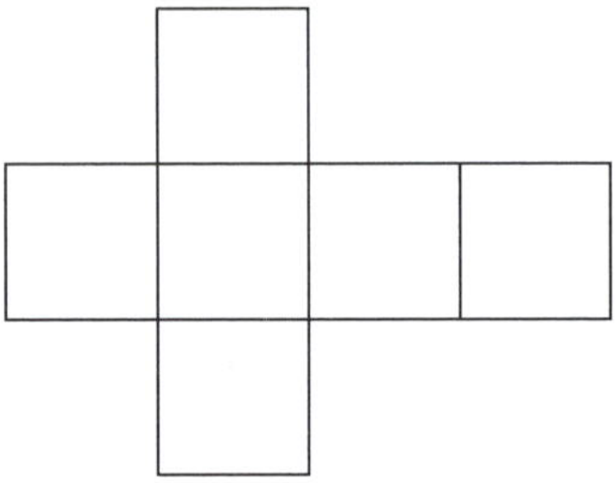

Zahlenmengen

$\mathbb{N}$: Menge der natürlichen Zahlen $\mathbb{N} = \{1; 2; 3; \ldots\}$

$\mathbb{N}_0$: Menge der natürlichen Zahlen mit 0 $\mathbb{N}_0 = \{0; 1; 2; 3; \ldots\}$

$\mathbb{Z}$: Menge der ganzen Zahlen $\mathbb{Z} = \{\ldots; -3; -2; -1; 0; 1; 2; \ldots\}$

$\mathbb{Q}$: Menge der rationalen Zahlen (Bruchzahlen) $\frac{1}{2} \in \mathbb{Q}$; $\quad -5\frac{1}{3} \in \mathbb{Q}$

Zählprinzip

Multipliziert man die Möglichkeiten an den einzelnen Verzweigungen des Baumdiagramms, so ergibt das Produkt die Gesamtzahl aller Möglichkeiten.

Zylinder

Grund- und Deckfläche sind identische Kreise. Die gekrümmte Mantelfläche lässt sich zu einem Rechteck „auseinanderrollen“.

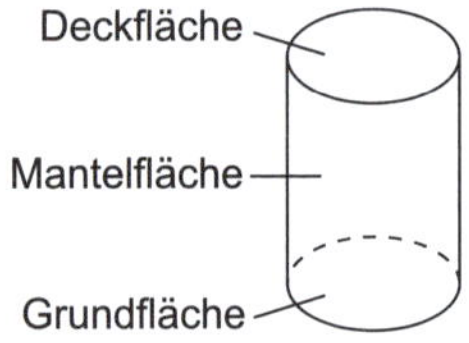

Zylindernetz:

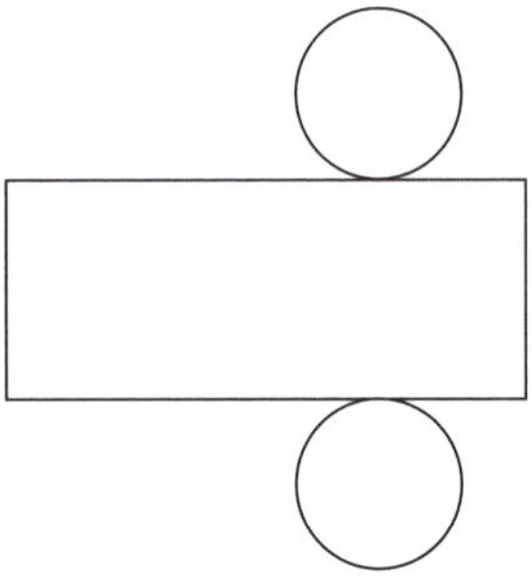

Lösungen

1 *Möglichkeit 1:*

$\frac{7}{14}$

Das Ganze (also der gesamte Einkauf) hat 14 Teile. 7 Teile davon sind rote Äpfel.

Möglichkeit 2:

$\frac{1}{2}$

Durch weiteres Überlegen stellt man fest, dass 7 genau die Hälfte von 14 ist, also ist es auch ein Halbes.

2 a) $\frac{10}{28}$ oder zehn Achtundzwanzigstel

Auf die 28 im Nenner kommst du schneller, wenn du nicht abzählst, sondern 4 (Anzahl der Zeilen) mal 7 (Anzahl der Spalten) rechnest.

b) $\frac{7}{12}$ oder sieben Zwölftel

c) $\frac{7}{12}$ oder sieben Zwölftel

Es ist also ganz gleichgültig, welche Teile genau gemeint sind, wichtig ist nur die Anzahl der Teile.

d) $\frac{4}{9}$ oder vier Neuntel

e) $\frac{12}{24}$ oder $\frac{1}{2}$ oder zwölf Vierundzwanzigstel oder ein Halbes

f) $\frac{5}{11}$ oder fünf Elftel

3 a) Es müssen 5 Kästchen von 30 gefärbt sein.
Beispiel:

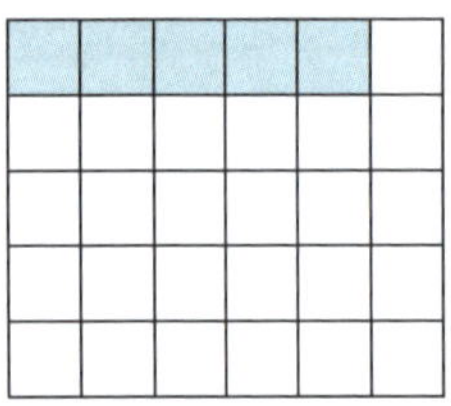

b) Es müssen 15 Kästchen gefärbt sein.
Beispiel:

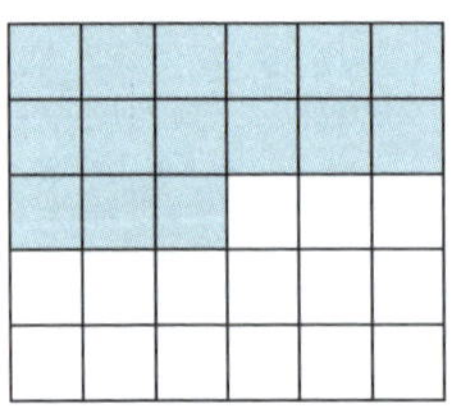

Für Halbe muss man 30 Kästchen durch 2 teilen:
$30 : 2 = 15$, also braucht man 15 gefärbte Kästchen.

c) Hier müssen 18 Kästchen gefärbt sein.
Beispiel:

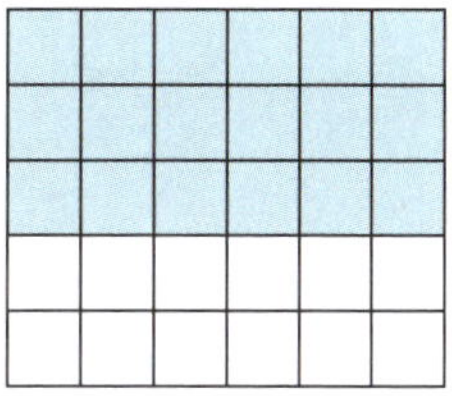

Für Fünftel muss man 30 Kästchen durch 5 teilen: $30 : 5 = 6$
Man braucht aber drei Fünftel, also: $6 \cdot 3 = 18$ Kästchen

d) Es müssen 10 Kästchen gefärbt sein.
Beispiel:

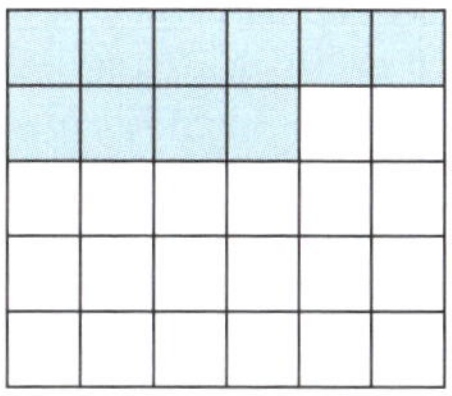

Für Sechstel muss man 30 Kästchen durch 6 teilen: $30 : 6 = 5$
Man braucht aber zwei Sechstel, also: $5 \cdot 2 = 10$ Kästchen

4 a) Bei einer Länge von 6 Kästchen und einer Breite von 4 Kästchen besteht das Rechteck aus $6 \cdot 4 = 24$ Kästchen. Ein Kästchen steht also genau für einen Euro. 6 Kästchen sollen grau sein, 10 Kästchen farbig, 5 Kästchen schwarz.

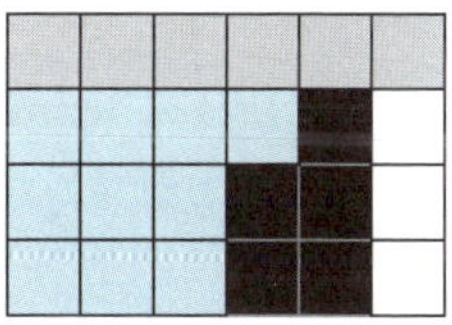

b) Drei Kästchen bleiben weiß. Das sind $\frac{3}{24}$.

c) Weil jedes Kästchen für einen Euro steht, macht der Rest genau **3 €** aus.

5 Hier gibt es mehrere richtige Lösungen. Es ist jeweils nur eine Lösung angegeben.

a) 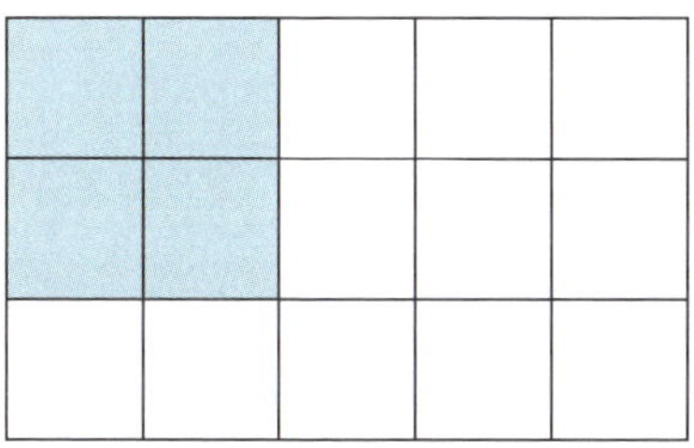

Es wird ein Rechteck mit 5 cm Länge und 3 cm Breite gewählt. 4 der 15 Kästchen werden eingefärbt.

b) 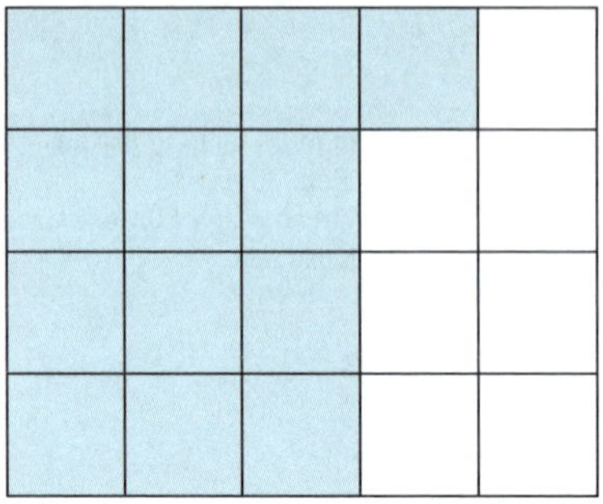

Es wird ein Rechteck mit 5 cm Länge und 4 cm Breite gewählt. 13 der 20 Kästchen werden eingefärbt.

6 Um den Mittelpunktswinkel, also den Winkel beim Mittelpunkt zu kennen, muss man den gesuchten Anteil von 360° berechnen. Dabei geht man immer gleich vor: Erst teilt man 360° durch den Nenner des Bruches, dann multipliziert man das Ergebnis mit dem Zähler des Bruches.

a) 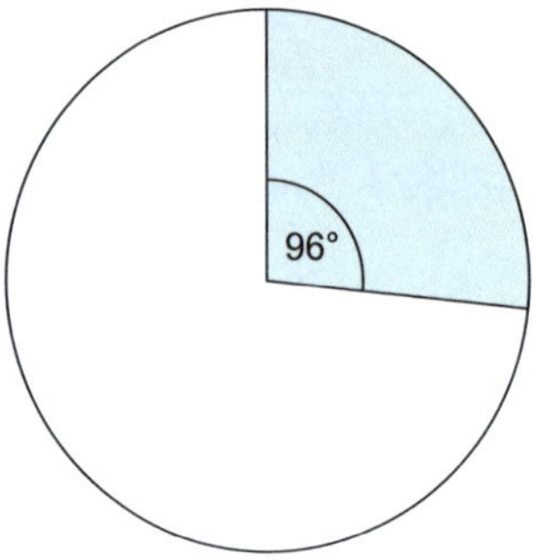

$360° : 15 = 24°$

$24° \cdot 4 = 96°$

$\frac{4}{15}$ von 360° sind 96°.

b) 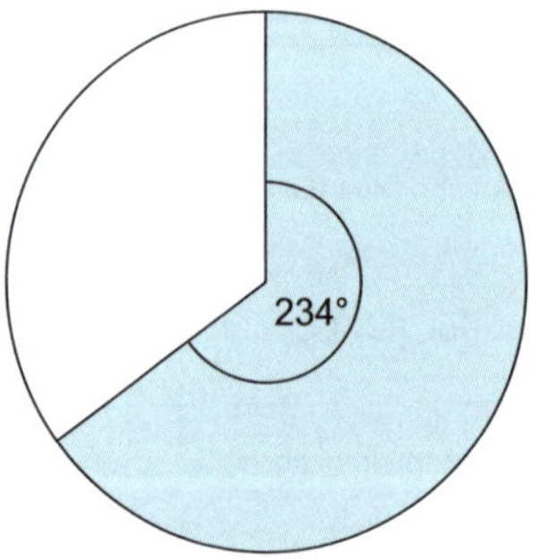

$360° : 20 = 18°$

$18° \cdot 13 = 234°$

$\frac{13}{20}$ von 360° sind 234°.

Um 234° zu zeichnen, zeichnest du zuerst 180° ein.

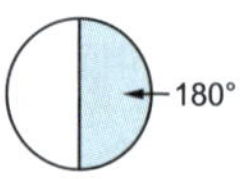

Dann brauchst du noch $234° - 180° = 54°$.

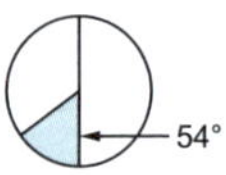

c) 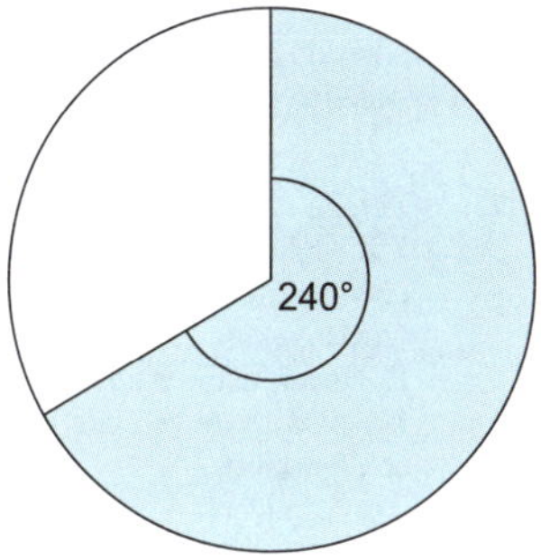

$360° : 6 = 60°$
$60° \cdot 4 = 240°$
$\frac{4}{6}$ von 360° sind 240°.

d) 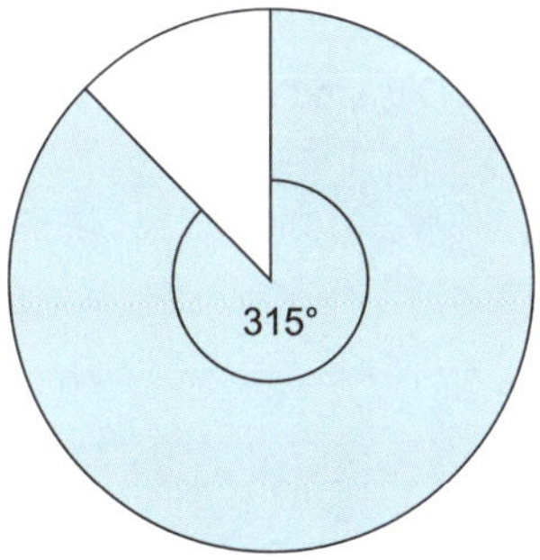

$360° : 8 = 45°$
$45° \cdot 7 = 315°$
$\frac{7}{8}$ von 360° sind 315°.

7 a) Hausaufgaben: $360° : 4 = 90°$

Lernen für Latein: $360° : 3 = 120°$

Lernen für Geschichte:
4 Stunden = 240 Minuten
$\Rightarrow\ 240 : 40 = 6$
Also lernt er ein Sechstel der Zeit Geschichte:
$360° : 6 = 60°$

Also beträgt der Rest für das Referat:
$360° - 90° - 120° - 60° = 90°$

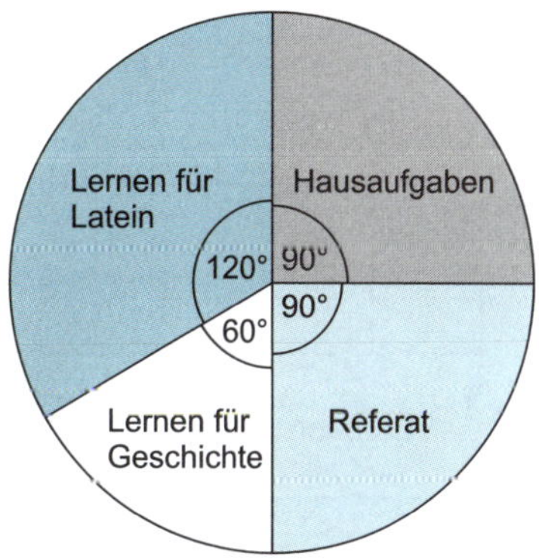

b) Das kleinste gemeinsame Vielfache von 4, 3 und 6 ist 12. Zeichne ein Streifendiagramm (Balkendiagramm) mit 6 cm Länge und 1 cm Breite und unterteile es in 12 gleich große Kästchen. Ein Viertel der 12 Kästchen sind 3 Kästchen, ein Drittel sind 4 Kästchen, ein Sechstel sind 2 Kästchen.

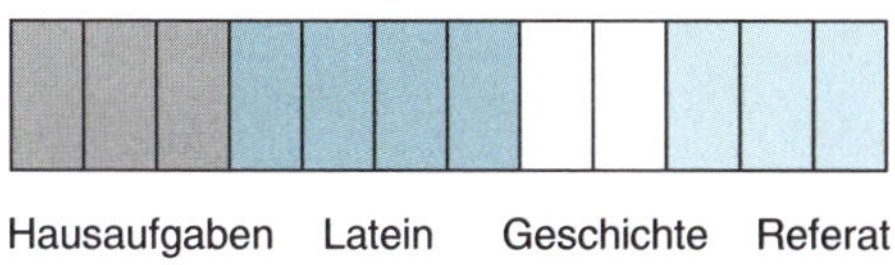

8 Wenn man Brüche vergleichen möchte, die nicht denselben Nenner haben, ist es am einfachsten, ein Rechteck zu zeichnen, bei dem die Länge dem größeren Nenner entspricht und die Breite dem kleineren Nenner. Dann entsprechen die Anteile den Spalten bzw. Zeilen des Rechtecks:

a) $\frac{2}{5}$: Hier werden 14 Kästchen (**2** Zeilen) markiert.

Zeichne zwei Rechtecke mit 7 Kästchen Länge und 5 Kästchen Breite. Der erste Bruch wird als Anteil im ersten Rechteck markiert. Der zweite Bruch wird im zweiten Rechteck markiert.

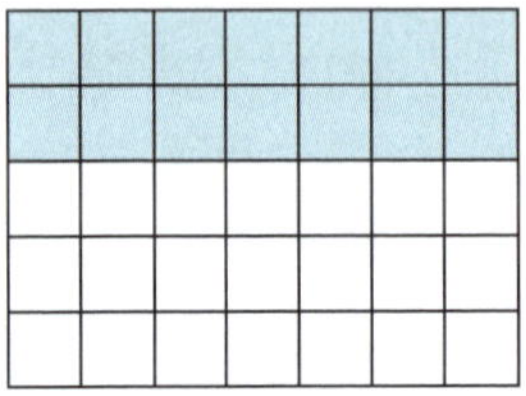

$\frac{3}{7}$: Hier werden 15 Kästchen (**3** Spalten) markiert. Das sind mehr.

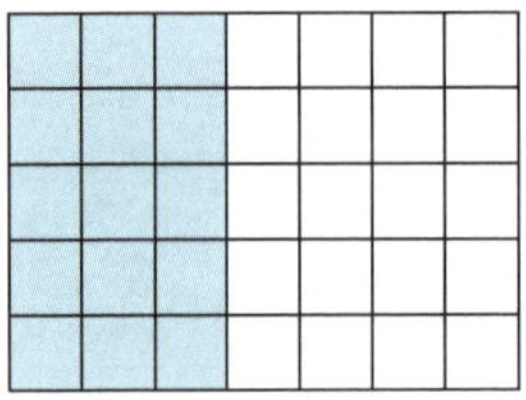

Deshalb **stimmt** die Aussage: $\frac{2}{5} < \frac{3}{7}$

b) $\frac{5}{8}$: Hier werden 15 Kästchen (**5** Spalten) markiert.

Zeichne zwei Rechtecke mit der Länge 8 Kästchen und der Breite 3 Kästchen.

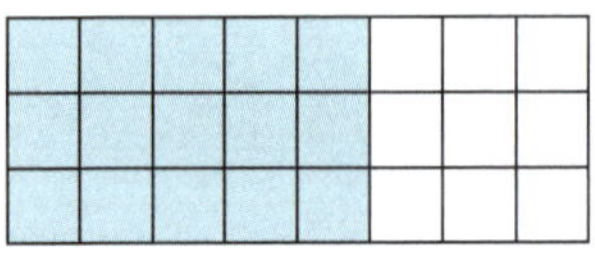

$\frac{2}{3}$: Hier werden 16 Kästchen (**2** Zeilen) markiert. Das sind mehr.

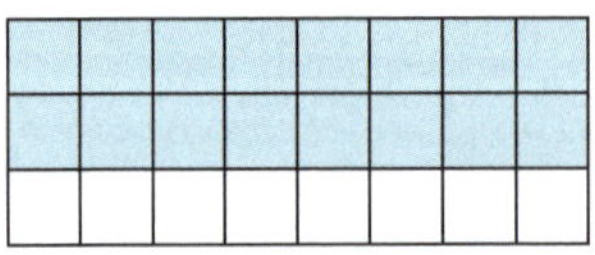

Deshalb ist die Aussage **falsch**. Richtig ist: $\frac{5}{8} < \frac{2}{3}$

9 Hier gibt es keine falschen Antworten, manche sind allerdings leichter zu begründen. Die hier angeführten Begründungen sind nicht die einzig möglichen, sondern nur Beispiele.
Das Zeichnen eines Diagramms ist nicht gefordert. Es ist nur nach der Begründung gefragt.

Möglichkeit 1:
Ich würde ein **Balkendiagramm** wählen, weil ich dann genug Platz habe, die Wörter (Kinobesuch, Süßigkeiten, Sticker, Sparen) hinzuzuschreiben, und den Maßstab so wählen kann, dass jeder Euro durch die Länge von einem Kästchen in meinem Heft dargestellt ist. Ich berechne die Geldbeträge. Dann zeichne ich mithilfe der Kästchen die waagrechten Balken.

Möglichkeit 2:
Ich würde ein **Säulendiagramm** wählen, wobei ich die jeweiligen Möglichkeiten durch ihre Anfangsbuchstaben abkürze (S = Süßigkeiten, St = Sticker, K = Kino, Sp = Sparen). Ich wähle ein Säulendiagramm, weil es ein sehr häufig verwendetes Diagramm ist und deshalb leicht verstanden werden kann.

Möglichkeit 3:
Ich würde ein **Kreisdiagramm** wählen, weil dadurch die Anteile am deutlichsten dargestellt werden und man gut sehen kann, wie Ahmed sein Taschengeld verwendet. Das ganze Taschengeld entspricht dann dem ganzen Kreis, also 360°. Ich berechne die Gradzahlen, die den jeweiligen Anteilen entsprechen, und zeichne dann die Kreissektoren (Kuchenstücke) ein.

10 a) Multipliziere Zähler und Nenner mit der vorgegebenen Zahl, um den Bruch zu erweitern:

$\frac{2}{7}$	$\frac{2}{3}$	$\frac{5}{9}$	$\frac{3}{11}$	$\frac{3}{4}$	$\frac{1}{10}$	$\frac{7}{12}$	$\frac{9}{16}$	$\frac{4}{15}$	$\frac{23}{60}$
4	4	2	5	6	3	8	11	20	5
$\frac{2 \cdot 4}{7 \cdot 4} = \frac{8}{28}$	$\frac{8}{12}$	$\frac{10}{18}$	$\frac{15}{55}$	$\frac{18}{24}$	$\frac{3}{30}$	$\frac{56}{96}$	$\frac{99}{176}$	$\frac{80}{300}$	$\frac{115}{300}$

b) Suche die Zahl, mit der der Zähler multipliziert werden muss, um den neuen Zähler zu erhalten. Multipliziere dann zur Probe den alten Nenner mit dieser Zahl. Sie muss den neuen Nenner ergeben.

$\frac{2}{5}$	$\frac{3}{7}$	$\frac{5}{9}$	$\frac{2}{3}$	$\frac{12}{25}$	$\frac{7}{15}$	$\frac{3}{8}$	$\frac{1}{12}$	$\frac{5}{16}$	$\frac{9}{10}$
4	**7**	**6**	**11**	**4**	**4**	**3**	**12**	**2**	**5**
$\frac{8}{20}$	$\frac{21}{49}$	$\frac{30}{54}$	$\frac{22}{33}$	$\frac{48}{100}$	$\frac{28}{60}$	$\frac{9}{24}$	$\frac{12}{144}$	$\frac{10}{32}$	$\frac{45}{50}$

c) Teile Zähler und Nenner durch die vorgegebene Zahl, um den Bruch zu kürzen.

$\frac{4}{14}$	$\frac{7}{21}$	$\frac{35}{40}$	$\frac{18}{48}$	$\frac{30}{50}$	$\frac{28}{70}$	$\frac{22}{121}$	$\frac{4}{6}$	$\frac{8}{28}$	$\frac{12}{27}$
2	7	5	6	10	14	11	2	4	3
$\frac{4:2}{14:2} = \frac{2}{7}$	$\frac{1}{3}$	$\frac{7}{8}$	$\frac{3}{8}$	$\frac{3}{5}$	$\frac{2}{5}$	$\frac{2}{11}$	$\frac{2}{3}$	$\frac{2}{7}$	$\frac{4}{9}$

d) Teile die Zahl im Zähler des alten Bruchs durch die Zahl im Zähler des neuen Bruchs. Teile zur Probe den Nenner des alten Bruchs durch die gefundene Zahl. Das Ergebnis muss die Zahl ergeben, mit der gekürzt wurde.

$\mathbf{\frac{20}{35}}$	$\frac{12}{32}$	$\frac{30}{75}$	$\frac{21}{28}$	$\frac{30}{88}$	$\frac{33}{121}$	$\frac{21}{45}$	$\frac{25}{40}$	$\frac{140}{210}$	$\frac{45}{81}$
5	**4**	**15**	**7**	**2**	**11**	**3**	**5**	**70**	**9**
$\mathbf{\frac{4}{7}}$	$\frac{3}{8}$	$\frac{2}{5}$	$\frac{3}{4}$	$\frac{15}{44}$	$\frac{3}{11}$	$\frac{7}{15}$	$\frac{5}{8}$	$\frac{2}{3}$	$\frac{5}{9}$

11 Finde zuerst die Zahl heraus, durch die erweitert oder gekürzt wurde. Danach kannst du die fehlende Zahl berechnen.

a) $\frac{4}{7} = \frac{12}{\mathbf{21}}$ (erweitert mit 3)

b) $\frac{3}{5} = \frac{\mathbf{24}}{40}$ (erweitert mit 8)

c) $\frac{7}{9} = \frac{49}{\mathbf{63}}$ (erweitert mit 7)

d) $\frac{4}{15} = \frac{20}{\mathbf{75}}$ (erweitert mit 5)

e) $\frac{8}{24} = \frac{\mathbf{1}}{3}$ (gekürzt durch 8)

f) $\frac{12}{16} = \frac{3}{\mathbf{4}}$ (gekürzt durch 4)

12 Berechne im ersten Schritt das kleinste gemeinsame Vielfache der beiden Nenner und erweitere dann beide Brüche so, dass im Nenner dieses kleinste gemeinsame Vielfache steht.

a) $\frac{3}{4} = \frac{\mathbf{9}}{\mathbf{12}}$ und $\frac{2}{3} = \frac{\mathbf{8}}{\mathbf{12}}$

b) $\frac{8}{15} = \frac{\mathbf{16}}{\mathbf{30}}$ und $\frac{1}{2} = \frac{\mathbf{15}}{\mathbf{30}}$

c) $\frac{4}{9} = \frac{\mathbf{4}}{\mathbf{9}}$ und $\frac{2}{3} = \frac{\mathbf{6}}{\mathbf{9}}$

13 Das erste Rechteck besteht aus 30 kleinen Rechtecken, davon sind 10 eingefärbt, also $\mathbf{\frac{10}{30}}$.
Das zweite Rechteck besteht aus 60 kleinen Dreiecken, davon sind 20 eingefärbt, also $\mathbf{\frac{20}{60}}$.
Das dritte Rechteck besteht aus drei Balken, davon ist einer eingefärbt, also $\mathbf{\frac{1}{3}}$.
Die drei gefärbten Anteile sind genau **gleich groß**, weil die Brüche wertgleich sind. Dies erkennt man, wenn man den ersten Bruch durch 10 und den zweiten Bruch durch 20 kürzt.

14 Versuche zuerst, den Bruch zu kürzen. Wenn der Bruch nicht mehr gekürzt werden kann, suche eine Zahl, mit der der Nenner auf 10, auf 100 oder auf 1 000 erweitert werden kann. Man versucht immer erst auf eine möglichst kleine Zehnerpotenz zu erweitern, danach kann man durch das Anfügen von Nullen (Multiplikation mit 10) erweitern.

a) $\frac{3}{4} = \frac{\mathbf{75}}{\mathbf{100}} = \frac{\mathbf{750}}{\mathbf{1\,000}}$

b) $\frac{2}{20} = \frac{\mathbf{1}}{\mathbf{10}} = \frac{\mathbf{10}}{\mathbf{100}} = \frac{\mathbf{100}}{\mathbf{1\,000}}$

c) $\frac{4}{25} = \frac{\mathbf{16}}{\mathbf{100}} = \frac{\mathbf{160}}{\mathbf{1\,000}}$

15 Ja, man kann sogar viel mehr als zwei wertgleiche Brüche finden, weil man den Bruch beliebig erweitern kann. Wenn man ihn zum Beispiel einmal mit 2 und einmal mit 3 erweitert, hat man zwei neue wertgleiche Brüche.

16 **Vorgehen:** Wertgleiche Brüche haben denselben Zähler, wenn man sie auf gleiche Nenner bringt. Ich würde hier erst so weit wie möglich kürzen, um die Brüche zu vereinfachen, und – falls nötig – so erweitern, dass die Brüche den gleichen Nenner haben.

Kürzen durch 3:

$\frac{9}{15} = \frac{3}{5}$

Kürzen durch 4:

$\frac{12}{20} = \frac{3}{5}$

Die Brüche sind **wertgleich**.
(Ich muss nicht mehr erweitern, da sie schon gleiche Nenner besitzen.)

17 Das sind folgende Brüche:

$\frac{2}{20} = \frac{1}{10}$ $\frac{4}{20} = \frac{1}{5}$ $\frac{5}{20} = \frac{1}{4}$ $\frac{6}{20} = \frac{3}{10}$ $\frac{8}{20} = \frac{2}{5}$ $\frac{10}{20} = \frac{1}{2}$

$\frac{12}{20} = \frac{3}{5}$ $\frac{14}{20} = \frac{7}{10}$ $\frac{15}{20} = \frac{3}{4}$ $\frac{16}{20} = \frac{4}{5}$ $\frac{18}{20} = \frac{9}{10}$ $\frac{20}{20} = 1$

18 a) $\frac{156}{36} = \frac{26}{6} = \frac{13}{3} = \mathbf{4\frac{1}{3}}$

Kürze schrittweise. Zähler und Nenner sind durch 6 teilbar, weil sie gerade sind und ihre Ziffernsumme durch 3 teilbar ist. Das Zwischenergebnis kannst du noch einmal durch 2 kürzen.

b) $\frac{35}{15} = \frac{7}{3} = \mathbf{2\frac{1}{3}}$

c) $\frac{225}{50} = \frac{9}{2} = \mathbf{4\frac{1}{2}}$

d) $\frac{34}{8} = \frac{17}{4} = \mathbf{4\frac{1}{4}}$

e) $\frac{45}{6} = \frac{15}{2} = \mathbf{7\frac{1}{2}}$

f) $\frac{46}{14} = \frac{23}{7} = \mathbf{3\frac{2}{7}}$

19 $7:5 = \frac{7}{5} = \mathbf{1\frac{2}{5}}$

Jedes Kind bekommt eine ganze Tafel und zwei Fünftel Tafeln Schokolade.

20 a) $\frac{1}{10}$ von 60 Minuten sind 6 Minuten, $\frac{8}{10}$ sind also $6 \cdot 8 =$ **48 Minuten**

b) $\frac{1}{8}$ von 1 000 m sind 125 m, $\frac{15}{8}$ sind also $125 \cdot 15 =$ **1 875 Meter**

c) $\frac{1}{6}$ von 24 Stunden sind 4 Stunden, $\frac{15}{6}$ sind also $4 \cdot 15 =$ **60 Stunden**

d) $\frac{1}{7}$ von 7 Tagen ist ein Tag, $\frac{26}{7}$ sind also **26 Tage**

e) $\frac{1}{8}$ von 1000 Gramm sind 125 Gramm, $\frac{7}{8}$ sind also $125 \cdot 7 =$ **875 Gramm**

f) $\frac{1}{6}$ von 60 Sekunden sind 10 Sekunden, $\frac{14}{6}$ sind also $10 \cdot 14 =$ **140 Sekunden**

21 Bringe alle Brüche auf einen gemeinsamen Nenner. Dann wähle den Maßstab so, dass du genauso viele Kästchen bis zur 1 hast, wie der gemeinsame Nenner als Anteil benennt.

a) $\frac{3}{8}$ $\frac{3}{4} = \frac{6}{8}$ $\frac{9}{8}$ $\frac{3}{2} = \frac{12}{8}$

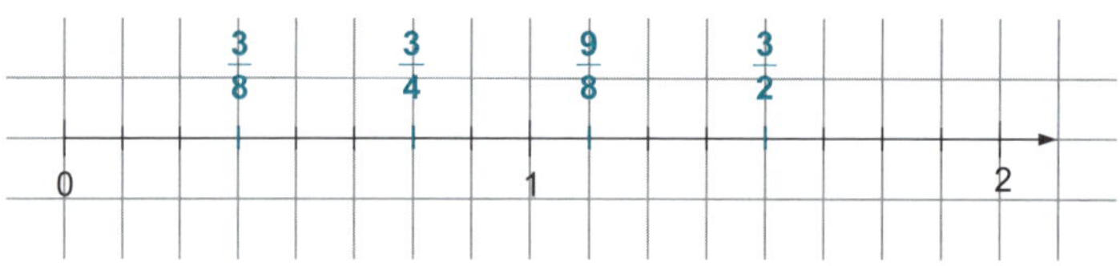

b) $\frac{1}{6} = \frac{2}{12}$ $\frac{2}{3} = \frac{8}{12}$ $\frac{11}{12}$ $\frac{7}{6} = \frac{14}{12}$

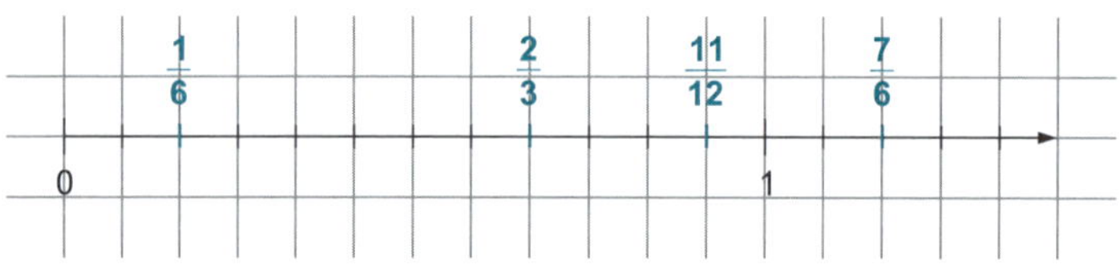

c) $\frac{2}{5}=\frac{4}{10}$ $\quad\frac{7}{10}$ $\quad\frac{3}{5}=\frac{6}{10}$ $\quad\frac{13}{10}$

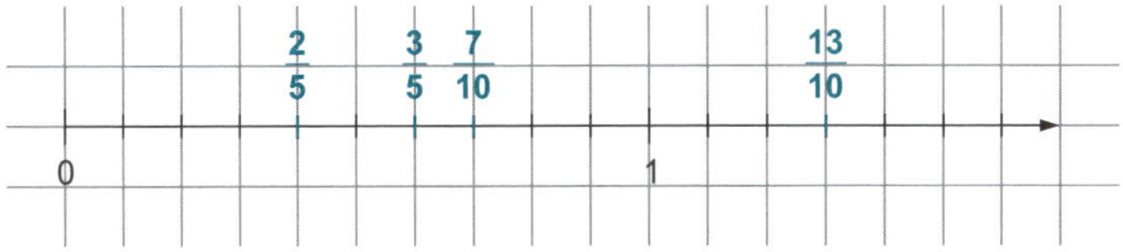

d) $-\frac{3}{4}$ $\quad-\frac{1}{2}=-\frac{2}{4}$ $\quad\frac{3}{2}=\frac{6}{4}$ $\quad\frac{9}{4}$

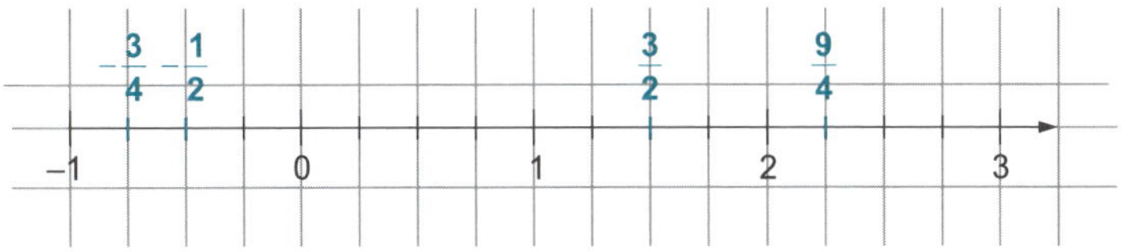

22 a)

Einschwimmen	Ausdauer	Kurzstrecke	Wettkampftempo	Ausschwimmen
$\frac{1}{12}$	$\frac{1}{3}=\frac{4}{12}$	$\frac{1}{3}=\frac{4}{12}$	$\frac{1}{6}=\frac{2}{12}$	$\frac{1}{12}$

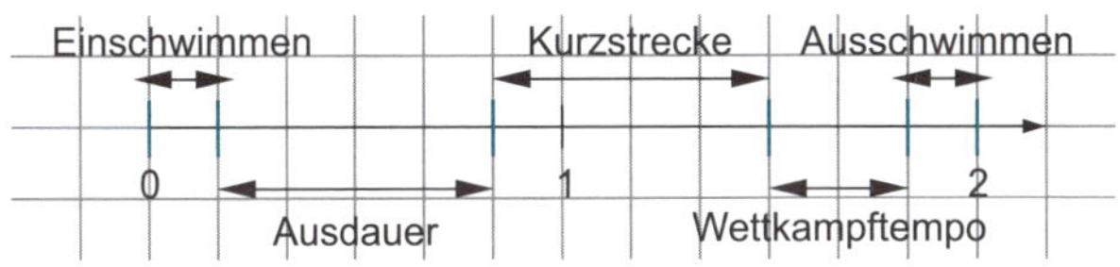

b) 2 h = 120 min

Einschwimmen	Ausdauer	Kurzstrecke	Wettkampftempo	Ausschwimmen
$\frac{120}{12}$ = **10 min**	$\frac{120}{3}$ = **40 min**	$\frac{120}{3}$ = **40 min**	$\frac{120}{6}$ = **20 min**	$\frac{120}{12}$ = **10 min**

23 Für die Beantwortung solcher Fragen ist es hilfreich, wenn du dir ein Beispiel vorstellst.

a) **Falsch**

Wenn der Zähler größer als der Nenner ist, kann man den Bruch in eine gemischte Zahl umwandeln, die sicher größer ist als 1. Zum Beispiel: $\frac{5}{4}=1\frac{1}{4}$

b) **Wahr**

Wenn der Nenner eines Bruches größer wird, teilt man in mehr Teile auf. Deshalb ist jeder Teil kleiner. Zum Beispiel: $\frac{1}{12}<\frac{1}{2}$

c) **Falsch**

Wenn der Zähler größer wird, hat man mehr Teile. Mehr Teile ergeben eine größere Zahl. Zum Beispiel: $\frac{6}{2}>\frac{1}{2}$

d) **Falsch**

Wenn der Zähler kleiner als der Nenner ist, ergibt sich weniger als ein Ganzes.
Zum Beispiel: $\frac{5}{6} < 1$

e) **Wahr**

Man kann dann die Division ohne Rest ausführen. Zum Beispiel: $\frac{12}{4} = 12 : 4 = 3$

24 **Vorgehen:** Ich schreibe 2 als unechten Bruch, erweitere dann und addiere im Zähler eine beliebige Zahl. Der entstehende Bruch ist sicher größer als 2.

Zum Beispiel:

$$2 = \frac{2}{1} = \frac{4}{2} < \mathbf{\frac{5}{2}}$$

$$2 = \frac{2}{1} = \frac{6}{3} < \mathbf{\frac{8}{3}}$$

$$2 = \frac{2}{1} = \frac{4}{2} < \mathbf{\frac{13}{2}}$$

25 a) $\frac{6}{10} = \frac{3}{5}$ und $\frac{7}{12}$

Achte darauf zu kürzen, falls dies möglich ist.

$5 = 5$

$12 = 2 \cdot 6 = 2 \cdot 2 \cdot 3 = 2^2 \cdot 3$

$\text{HN} = \text{kgV}(5, 12) = 2^2 \cdot 3 \cdot 5 = 60$

$\frac{6}{10} = \frac{36}{60} > \frac{35}{60} = \frac{7}{12}$

$\frac{6}{10} = \frac{3}{5} = \frac{3 \cdot 2^2 \cdot 3}{5 \cdot 2^2 \cdot 3} = \frac{36}{60}$ und $\frac{7}{12} = \frac{7 \cdot 5}{12 \cdot 5} = \frac{35}{60}$

b) $\frac{13}{44}$ und $\frac{19}{66}$

$44 = 2 \cdot 22 = 2 \cdot 2 \cdot 11 = 2^2 \cdot 11$

$66 = 2 \cdot 33 = 2 \cdot 3 \cdot 11$

$\text{HN} = \text{kgV}(44, 66) = 2^2 \cdot 3 \cdot 11 = 132$

$\frac{13}{44} = \frac{39}{132} > \frac{38}{132} = \frac{19}{66}$

$\frac{13}{44} = \frac{13 \cdot 3}{44 \cdot 3} = \frac{39}{132}$ und $\frac{19}{66} = \frac{19 \cdot 2}{66 \cdot 2} = \frac{38}{132}$

c) $\frac{5}{12}$ und $\frac{7}{18}$

$12 = 2 \cdot 6 = 2 \cdot 2 \cdot 3 = 2^2 \cdot 3$

$18 = 2 \cdot 9 = 2 \cdot 3 \cdot 3 = 2 \cdot 3^2$

$\text{HN} = \text{kgV}(12, 18) = 2^2 \cdot 3^2 = 36$

$\frac{5}{12} = \frac{15}{36} > \frac{14}{36} = \frac{7}{18}$

$\frac{5}{12} = \frac{5 \cdot 3}{12 \cdot 3} = \frac{15}{36}$ und $\frac{7}{18} = \frac{7 \cdot 2}{18 \cdot 2} = \frac{14}{36}$

d) $\frac{7}{21} = \frac{1}{3}$ und $\frac{8}{20} = \frac{2}{5}$

Durch Kürzen kann hier die Rechnung vereinfacht werden.

$3 = 3$

$5 = 5$

$HN = kgV(3, 5) = 3 \cdot 5 = 15$

$\frac{7}{21} = \frac{5}{15} < \frac{6}{15} = \frac{8}{20}$

$\frac{7}{21} = \frac{1}{3} = \frac{1 \cdot 5}{3 \cdot 5} = \frac{5}{15}$ und $\frac{8}{20} = \frac{2}{5} = \frac{2 \cdot 3}{5 \cdot 3} = \frac{6}{15}$

26 Beachte die Regeln: Bei gleichem Nenner ist der Bruch mit größerem Zähler größer. Bei gleichem Zähler ist der Bruch mit dem kleineren Nenner größer. Sind sowohl Zähler als auch Nenner unterschiedlich, müssen die zu vergleichenden Brüche auf den gleichen Nenner gebracht werden.

a) $\frac{5}{7} > \frac{3}{7}$ **T**

b) $\frac{8}{3} > \frac{8}{5}$ **A**

c) $\frac{6}{13} < \frac{8}{13}$ **S**

d) $\frac{7}{43} < \frac{7}{31}$ **C**

e) $\frac{4}{3} < \frac{7}{3}$ **H**

f) $\frac{9}{2} > \frac{9}{13}$ **E**

g) $\frac{3}{4} = \frac{6}{8} < \frac{7}{8}$ **N**

h) $\frac{3}{20} = \frac{6}{40} < \frac{7}{40}$ **L**

i) $\frac{7}{10} = \frac{70}{100} > \frac{69}{100}$ **A**

j) $\frac{35}{100} > \frac{30}{100} = \frac{6}{20}$ **M**

k) $\frac{14}{25} = \frac{56}{100} > \frac{55}{100} = \frac{11}{20}$ **P**

l) $\frac{5}{7} = \frac{30}{42} > \frac{28}{42} = \frac{4}{6}$ **E**

Lösungswort: **Taschenlampe**

27 a) $\frac{3}{4}, \frac{7}{9}$ und $\frac{8}{12} = \frac{2}{3}$

$4 = 2^2$

$9 = 3^2$

$3 = 3$

Es werden alle drei Nenner in Primfaktoren zerlegt.

$HN = kgV(4, 9, 3) = 2^2 \cdot 3^2 = \mathbf{36}$

Damit lassen sich die drei Brüche folgendermaßen erweitern:

$\frac{3}{4} = \frac{27}{36}$ $\quad \frac{7}{9} = \frac{28}{36}$ $\quad \frac{8}{12} = \frac{2}{3} = \frac{24}{36}$

$\mathbf{\frac{8}{12} < \frac{3}{4} < \frac{7}{9}}$

$\frac{24}{36} < \frac{27}{36} < \frac{28}{36}$

b) Zunächst wird die Prozentzahl in einen Bruch umgewandelt:

$56\ \% = \frac{56}{100} = \frac{14}{25}$

Es werden daher die folgenden Brüche verglichen:

$\frac{5}{9}, \frac{14}{25}, \frac{25}{36}$ und $\frac{3}{5}$

$9 = 3^2$

$25 = 5^2$

$36 = 2^2 \cdot 3^2$

$5 = 5$

Es werden alle vier Nenner in Primfaktoren zerlegt.

HN $= \text{kgV}(9, 25, 36, 5) = 2^2 \cdot 3^2 \cdot 5^2 = \mathbf{900}$

Damit lassen sich die Brüche folgendermaßen erweitern:

$\frac{5}{9} = \frac{500}{900}$ $\quad 56\ \% = \frac{14}{25} = \frac{504}{900}$ $\quad \frac{25}{36} = \frac{625}{900}$ $\quad \frac{3}{5} = \frac{540}{900}$

$\mathbf{\frac{5}{9} < 56\ \% < \frac{3}{5} < \frac{25}{36}}$

$\frac{500}{900} < \frac{504}{900} < \frac{540}{900} < \frac{625}{900}$

c) Zunächst wird die Prozentzahl in einen Bruch umgewandelt:

$45\ \% = \frac{45}{100} = \frac{9}{20}$

Es werden daher die folgenden Brüche verglichen:

$\frac{12}{25}, \frac{9}{20}$ und $\frac{4}{10} = \frac{2}{5}$

Da $\frac{9}{20}$ bereits vorkommt, müssen nur drei Brüche miteinander verglichen werden.

$25 = 5^2$

$20 = 2^2 \cdot 5$

$5 = 5$

HN $= \text{kgV}(25, 20, 5) = 2^2 \cdot 5^2 = \mathbf{100}$

Damit lassen sich die Brüche folgendermaßen erweitern:

$\frac{12}{25} = \frac{48}{100}$ $\quad \frac{9}{20} = \frac{45}{100}$ $\quad \frac{4}{10} = \frac{2}{5} = \frac{40}{100}$

$\mathbf{\frac{4}{10} < \frac{9}{20} = 45\ \% < \frac{12}{25}}$

$\frac{40}{100} < \frac{45}{100} < \frac{48}{100}$

d) $\frac{5}{6}, \frac{7}{8}, \frac{11}{12}$ und $\frac{2}{3}$

$6 = 2 \cdot 3$

$8 = 2 \cdot 2 \cdot 2 = 2^3$

$12 = 2 \cdot 2 \cdot 3 = 2^2 \cdot 3$

$3 = 3$

HN $= \text{kgV}(6, 8, 12, 3) = 2^3 \cdot 3 = \mathbf{24}$

Damit lassen sich die Brüche folgendermaßen erweitern:

$\frac{5}{6} = \frac{20}{24}$ $\frac{7}{8} = \frac{21}{24}$ $\frac{11}{12} = \frac{22}{24}$ $\frac{2}{3} = \frac{16}{24}$

$\mathbf{\frac{2}{3} < \frac{5}{6} < \frac{7}{8} < \frac{11}{12}}$ $\frac{16}{24} < \frac{20}{24} < \frac{21}{24} < \frac{22}{24}$

28 Salamipizza: $\frac{8}{21}$

Schinkenpizza: $\frac{6}{20} = \frac{3}{10}$

Erweitern auf den Hauptnenner ergibt:

Salamipizza: $\frac{8}{21} = \frac{80}{210}$

$21 = 3 \cdot 7$
$10 = 2 \cdot 5$
$HN = kgV(21, 10) = 210$

Schinkenpizza: $\frac{3}{10} = \frac{63}{210}$

$\frac{8}{21} > \frac{3}{10}$ $\frac{80}{210} > \frac{63}{210}$

Von der **Salamipizza** wurde ein größerer Anteil gegessen.

29 a) kurz: $\frac{39}{130} = \mathbf{\frac{3}{10}}$

mittel: $\frac{15}{90} = \mathbf{\frac{1}{6}}$

lang: $\frac{2}{30} = \mathbf{\frac{1}{15}}$

b) Um die Anteile vergleichen zu können, werden sie auf den Hauptnenner erweitert:

kurz: $\frac{3}{10} = \frac{9}{30}$

mittel: $\frac{1}{6} = \frac{5}{30}$

lang: $\frac{1}{15} = \frac{2}{30}$

$10 = 2 \cdot 5$
$6 - 2 \cdot 3$
$15 = 3 \cdot 5$
$HN = kgV(10, 6, 15) = 30$

Bei den **kurzen** Schrauben sind anteilsmäßig die meisten Schrauben verbogen.

30 $\frac{137}{450} = \frac{137 \cdot 7}{450 \cdot 7} = \frac{959}{3150}$

$450 = 2 \cdot 3 \cdot 3 \cdot 5 \cdot 5$
$630 = 2 \cdot 3 \cdot 3 \cdot 5 \cdot 7$

$\frac{195}{630} = \frac{195 \cdot 5}{630 \cdot 5} = \frac{975}{3150}$

Jamil hat anteilsmäßig mehr als Franziska gelesen.

31 Jeder Bruch ist als Antwort möglich und es gibt neben den angeführten Begründungen auch noch andere Begründungen.

$\frac{4}{2}$: Einziger Bruch, der zu einer natürlichen Zahl wertgleich ist.

$\frac{1}{8}$: Einziger Bruch, der nicht weiter gekürzt werden kann.

$\frac{5}{15}$: Einziger Bruch, der ausschließlich aus ungeraden Zahlen in Zähler und Nenner besteht.

32 Unterstufe: $\frac{81}{315} = \frac{9}{35}$ Mittelstufe: $\frac{72}{216} = \frac{1}{3}$ Oberstufe: $\frac{99}{387} = \frac{11}{43}$

Hier ist es günstiger, auf den gleichen Zähler zu bringen als auf den gleichen Nenner, weil für die Zähler das kleinste gemeinsame Vielfache 99 ist.

Unterstufe: $\frac{9}{35} = \frac{99}{385}$ Mittelstufe: $\frac{1}{3} = \frac{99}{297}$ Oberstufe: $\frac{11}{43} = \frac{99}{387}$

Anteilsmäßig sind am meisten Schülerinnen und Schüler der **Mittelstufe** krank, dann folgt die Unterstufe. Anteilsmäßig am wenigsten gibt es in der Oberstufe.

Bemerkung:
Es ist zwar umständlicher, aber trotzdem richtig, wenn man mit demselben Nenner löst:

Unterstufe: $\frac{9}{35} = \frac{1161}{4515}$ Mittelstufe: $\frac{1}{3} = \frac{1505}{4515}$ Oberstufe: $\frac{11}{43} = \frac{1155}{4515}$

33 a) $\frac{5}{7} = \frac{45}{\mathbf{63}}$ (erweitert mit 9)

b) $\frac{24}{32} = \frac{\mathbf{3}}{4}$ (gekürzt durch 8)

c) $\frac{5}{3} = \frac{10}{6} > \frac{x}{6}$ $\mathbf{x \in \{1, 2, 3, 4, 5, 6, 7, 8, 9\}}$

d) $\frac{7}{x} > \frac{7}{13}$ $\mathbf{x \in \{1, 2, 3, 4, 5, 6, 7, 8, 9, 10, 11, 12\}}$

34 a) Das Rechteck umfasst 60 Kästchen, davon müssen 14 eingefärbt sein.

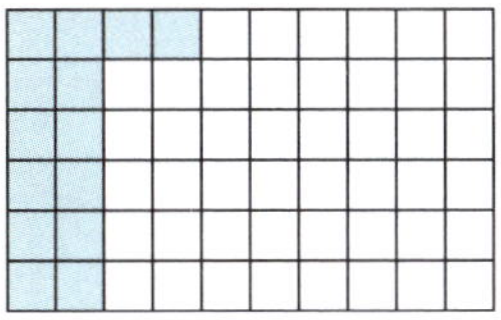

$$\frac{7}{30}=\frac{14}{60}$$

b) Die Figur ist 20 Kästchen groß, davon müssen $2\frac{1}{2}$ eingefärbt sein.

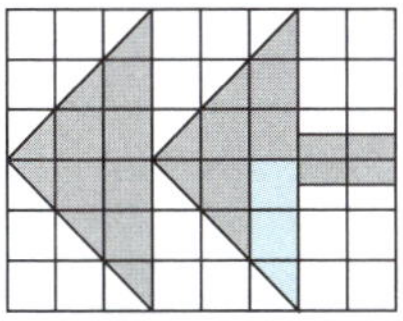

$$\frac{20}{8}=\frac{5}{2}=2\frac{1}{2}$$

c) Es muss ein Kreissektor mit einem Mittelpunktswinkel von 144° eingefärbt sein, weil $\frac{360°}{5}=72°$ für ein Fünftel eingefärbt werden müssten. Man braucht aber zwei Fünftel, also $2\cdot 72°=144°$.

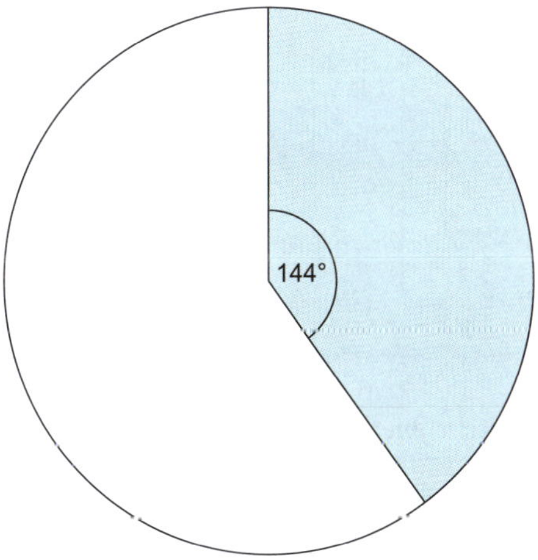

35 Kürze schrittweise. Beachte dabei die Teilbarkeitsregeln.

a) $\frac{245}{140}=\frac{49}{28}=\frac{7}{4}=\mathbf{1\frac{3}{4}}$

b) $\frac{750}{1125}=\frac{150}{225}=\frac{30}{45}=\frac{6}{9}=\mathbf{\frac{2}{3}}$

c) $\frac{405}{180}=\frac{45}{20}=\frac{9}{4}=\mathbf{2\frac{1}{4}}$

d) $\frac{840}{1176}=\frac{280}{392}=\frac{35}{49}=\mathbf{\frac{5}{7}}$

36 *Möglichkeit 1:* Umwandeln in gemischte Zahlen

$\frac{69}{4} = 17\frac{1}{4}$ und $\frac{115}{7} = 16\frac{3}{7}$

Möglichkeit 2: Erweitern auf denselben Nenner

$\frac{69}{4} = \frac{483}{28}$ und $\frac{115}{7} = \frac{460}{28}$

Edita lernt pro Tag mehr Vokabeln als Marion.

37 $\frac{450\text{ g}}{9} = 50\text{ g}$

Ein Teil hat also eine Masse von 50 g. Man braucht 2 Teile Zinn, also **100 g Zinn**.

38 **Vorgehen:** Wenn ich Fünftel und Halbe vergleichen möchte, wähle ich ein Rechteck mit der Länge 5 Kästchen und der Breite 2 Kästchen und zeichne zwei solche Rechtecke. Dann markiere ich im ersten Rechteck die Hälfte. Im zweiten Rechteck markiere ich so lange jeweils ein Fünftel mehr, bis ich mehr Kästchen markiert habe als im ersten Rechteck.

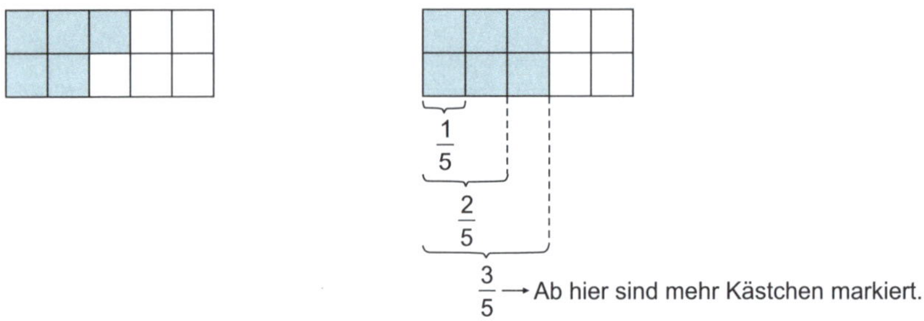

Onkel Fritz müsste **mindestens 3 Fünftel** anbieten.

39 Durch Abzählen weißt du, wie viele Stellen du vor dem Komma bzw. nach dem Komma brauchst.

a) 34 567,87

ZT	T	H	Z	E	,	z	h
3	**4**	**5**	**6**	**7**	,	**8**	**7**

b) 3 007, 4058

T	H	Z	E	,	z	h	t	zt
3	**0**	**0**	**7**	,	**4**	**0**	**5**	**8**

c) 0,12304

E	,	z	h	t	zt	ht
0	**,**	**1**	**2**	**3**	**0**	**4**

d) 68,304082

Z	E	,	z	h	t	zt	ht	m
6	**8**	**,**	**3**	**0**	**4**	**0**	**8**	**2**

40 a) $\frac{9}{100} = \mathbf{0,09}$

E	,	z	h
0	**,**	**0**	**9**

b) $\frac{27}{1\,000} = \mathbf{0,027}$

E	,	z	h	t
0	**,**	**0**	**2**	**7**

c) $\frac{3}{10} + \frac{9}{100} = \mathbf{0,39}$

E	,	z	h
0	**,**	**3**	**9**

d) $\frac{4}{10} + \frac{3}{1\,000} = \mathbf{0,403}$

E	,	z	h	t
0	**,**	**4**	**0**	**3**

41 a) 2 € 5 ct = **2,05 €**

b) 4 m 8 dm 3 cm 7 mm = **4,837 m**

c) 3 m 5 cm 7 mm = **3,057 m**

d) 9 t 24 kg = **9,024 t**

e) 6 kg 340 g = 6,340 kg = **6,34 kg**

Nullen, die hinter dem Komma am Ende der Zahl stehen, muss man nicht schreiben.

f) 3 kg 30 g = 3,030 kg = **3,03 kg**

g) $4\ m^2\ 9\ dm^2 =$ **$4{,}09\ m^2$** $\qquad 1\ dm^2 = \frac{1}{100}\ m^2 = 0{,}01\ m^2$

h) $4\ dm^2\ 25\ mm^2 =$ **$4{,}0025\ dm^2$** $\qquad 1\ mm^2 = \frac{1}{10\,000}\ dm^2 = 0{,}0001\ dm^2$

42 a)

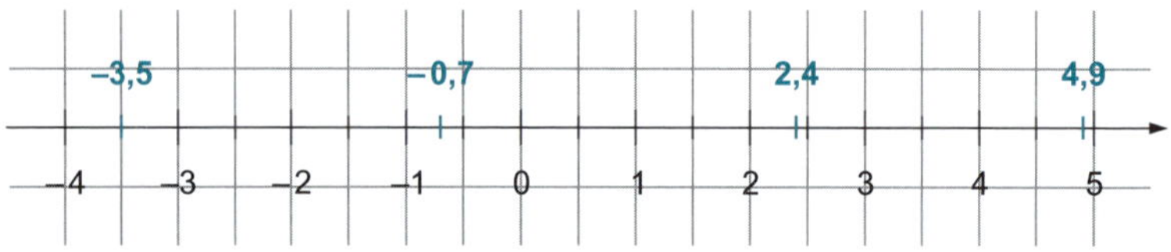

b)

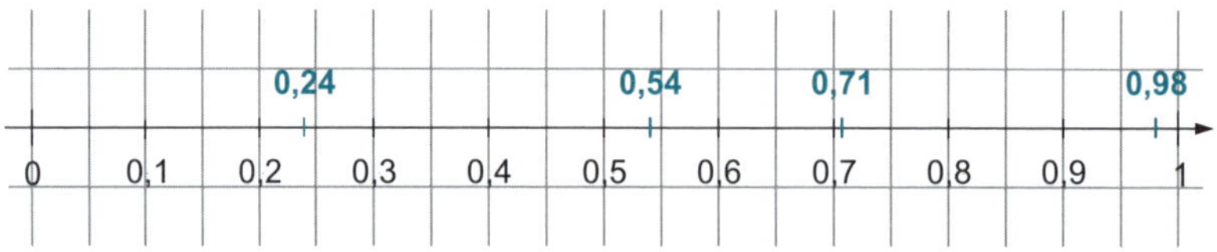

43 a)

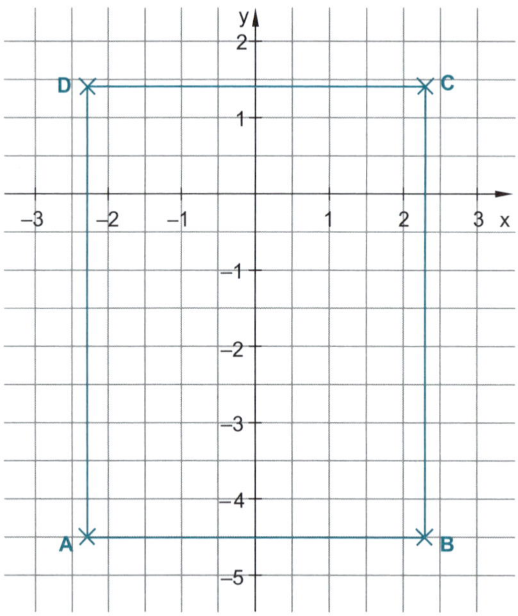

Es handelt sich um ein **Rechteck**.

b) 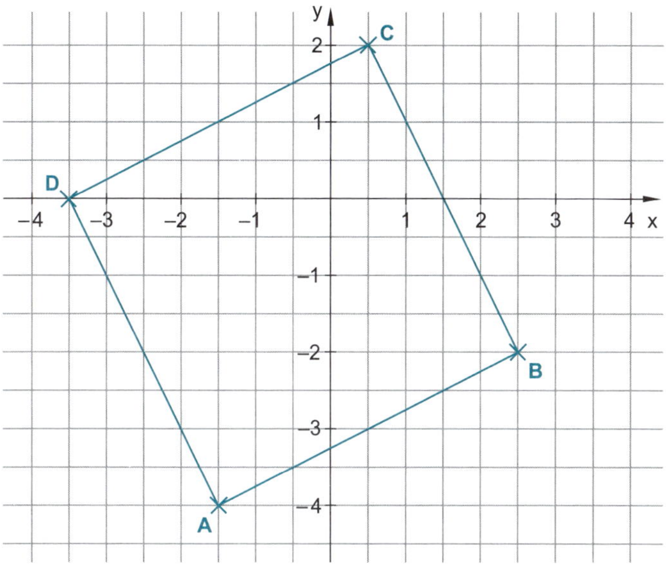

Es handelt sich um ein **Quadrat**.

44 a) 2,41 **<** 4,21 weil 2 < 4

b) 3,8 **>** 3,09 weil 8 > 0

c) 4,024 **<** 4,24 weil 0 < 2

d) 7,37 **>**3,773 weil 7 > 3

e) 5,60 **<** 5,62 weil 0 < 2

f) 8,3 **>** 8,289 weil 3 > 2

45 Hier gibt es viele Möglichkeiten. In der Lösung ist jeweils nur ein Beispiel angegeben.

a) 3,6 < **3,67 < 3,77 < 3,78 < 3,91 < 3,95** < 4

b) 5,54 < **5,55 < 5,552 < 5,555 < 5,558 < 5,5585** < 5,56

c) 7,1 < **7,101 < 7,102 < 7,111 < 7,112 < 7,155** < 7,2

46 a) Die Größen werden zunächst in eine einheitliche Einheit umgerechnet:

5,67 m	65,7 dm = 6,57 m	576 cm = 5,76 m
7,65 m	7 560 mm = 7,56 m	675 cm = 6,75 m

5,67 m < 5,76 m < 6,57 m < 6,75 m < 7,56 m < 7,65 m

Damit gilt also:
5,67 m (Finn) < 576 cm (Max) < 65,7 dm (Pascal) < 675 cm (Quirin) < 7 560 mm (Hendrik) < 7,65 m (Claudio)

b) Umrechnung der Größen:

0,027 t = 27 kg　　3,97 t = 3 970 kg
698 kg　　4 327 g = 4,327 kg

4,327 kg < 27 kg < 698 kg < 3 970 kg

Damit gilt also:
4 327 g (Katze) < 0,027 t (Deutscher Schäferhund) < 698 kg (Kuh) < 3,97 t (Elefantenbulle)

47

Name	Land	Geschwindigkeit
Manuel, Simone	USA	$1{,}898\ \frac{m}{s}$
Oleksiak, Penny	Kanada	$1{,}898\ \frac{m}{s}$
Sjöström, Sarah	Schweden	$1{,}88715\ \frac{m}{s}$
Campbell, Bronte	Australien	$1{,}885\ \frac{m}{s}$
Kromowidjojo, Ranomi	Niederlande	$1{,}8839\ \frac{m}{s}$
Campbell, Cate	Australien	$1{,}8783\ \frac{m}{s}$
Weitzeil, Abbey	USA	$1{,}876\ \frac{m}{s}$
Ottesen, Jeanette	Dänemark	$1{,}87\ \frac{m}{s}$

Bei identischen Dezimalzahlen ist es üblich, alphabetisch zu ordnen. Deshalb wird zuerst Simone Manuel genannt, obwohl in diesem Jahr sowohl Simone Manuel als auch Penny Oleksiak die Goldmedaille errungen haben. Es gab daher keine Silbermedaille und Sarah Sjöström erhielt Bronze.

48 a) Möglich sind: **4, 5, 6, 7, 8, 9**

Die Ziffer in der Lücke muss größer sein als die Ziffer an der entsprechenden Stelle der vollständig angegebenen Zahl, also als die Ziffer 3.

b) Möglich sind: **0, 1, 2, 3**

Die Ziffer in der Lücke muss kleiner sein als diejenige an der entsprechenden Stelle der vollständig angegebenen Zahl, also als die Ziffer 4.

c) Möglich sind: **5, 6, 7, 8**

Hier musst du in beide Richtungen vergleichen.

d) Möglich sind: **0, 1, 2, 3, 4, 5, 6, 7, 8, 9**

Weil die Zehntelstelle der Zahl mit der Lücke größer als die Zehntelstelle der vollständig angegebenen Zahl ist und die Einerstellen übereinstimmen, kann man alle Ziffern einsetzen.

49 a) $\frac{3}{20} = \frac{3}{2^2 \cdot 5} = \frac{3 \cdot 5}{2^2 \cdot 5^2} = \frac{15}{100} = \mathbf{0{,}15}$

b) $\frac{7}{16} = \frac{7}{2^4} = \frac{7 \cdot 5^4}{2^4 \cdot 5^4} = \frac{7 \cdot 625}{2^4 \cdot 5^4} = \frac{4\,375}{10\,000} = \mathbf{0{,}4375}$

c) $\frac{89}{125} = \frac{89}{5^3} = \frac{89 \cdot 2^3}{5^3 \cdot 2^3} = \frac{89 \cdot 8}{5^3 \cdot 2^3} = \frac{712}{1\,000} = \mathbf{0{,}712}$

d) $\frac{3}{4} = \frac{3}{2^2} = \frac{3 \cdot 5^2}{2^2 \cdot 5^2} = \frac{3 \cdot 25}{2^2 \cdot 5^2} = \frac{75}{100} = \mathbf{0{,}75}$

e) *Möglichkeit 1:* Erweitern auf eine Stufenzahl

$\frac{245}{500} = \frac{245 \cdot 2}{500 \cdot 2} = \frac{490}{1\,000} = 0{,}490 = \mathbf{0{,}49}$

Möglichkeit 2: Kürzen durch 5

$\frac{245}{500} = \frac{49}{100} = \mathbf{0{,}49}$

f) $\frac{29}{40} = \frac{29}{2^3 \cdot 5} = \frac{29 \cdot 5^2}{2^3 \cdot 5^3} = \frac{29 \cdot 25}{2^3 \cdot 5^3} = \frac{725}{1\,000} = \mathbf{0{,}725}$

50 a) $\frac{5}{8} = \mathbf{0{,}625}$

b) $\frac{21}{14} = \mathbf{1{,}5}$

c) $\frac{7}{3} = \mathbf{2{,}\overline{3}}$

d) $\frac{13}{9} = \mathbf{1{,}\overline{4}}$

51 Achte darauf, dass bei vollständig gekürzten Brüchen die Primfaktorzerlegung des Nenners ausschließlich die Primzahlen 2 und 5 enthält. Geeignete Nenner sind z. B. die Zahlen 2, 4, 8, 10, 20, 40 oder 50.

Mögliche Lösung:

$\mathbf{\frac{1}{2} = 0{,}5}$ oder $\mathbf{\frac{27}{40}} = \frac{27 \cdot 25}{40 \cdot 25} = \frac{675}{1000} = \mathbf{0{,}675}$ oder $\mathbf{\frac{19}{50}} = \frac{19 \cdot 2}{50 \cdot 2} = \frac{38}{100} = \mathbf{0{,}38}$

52 Achte darauf, dass bei vollständig gekürzten Brüchen die Primfaktorzerlegung des Nenners mindestens eine Primzahl enthält, die von 2 und 5 verschieden ist. Besonders leicht ist es mit anderen Primzahlen.

Mögliche Lösung:

$\mathbf{\frac{1}{3} = 0{,}\overline{3}}$ oder $\mathbf{\frac{5}{9} = 0{,}\overline{5}}$ oder $\mathbf{\frac{1}{11} = 0{,}\overline{09}}$

53 a) $\frac{7}{12} = 0,58\ldots$

$\mathbf{\frac{7}{12} > 0,572}$

b) $\frac{23}{6} = 3,83\ldots$

$\mathbf{\frac{23}{6} < 3,841}$

c) $\frac{45}{7} = 6,4285\ldots$

$\mathbf{\frac{45}{7} > 6,4280}$

d) $\frac{4}{9} = 0,4\ldots$

$\mathbf{\frac{4}{9} > 0,39}$

54 Wandle die Brüche erst in Dezimalzahlen um. Die hier angegebenen Lösungen sind nur Beispiele, es gibt auch viele andere richtige Lösungen, die du durch Vergleichen der Dezimalen überprüfen kannst.

a) $\frac{2}{3} = 0,\overline{6} < \mathbf{0,67} < \mathbf{0,75} < 0,\overline{7} = \frac{7}{9}$

b) $\frac{1}{4} = 0,25 < \mathbf{0,28} < \mathbf{0,302} < 0,3125 = \frac{5}{16}$

55 Die ersten drei Brüche enthalten in vollständig gekürzter Form im Nenner nur die Primfaktoren 2 und 5:

$\frac{9}{20} = \frac{9}{2 \cdot 2 \cdot 5}$, $\frac{42}{15} = \frac{14}{5}$ und $\frac{32}{80} = \frac{2}{5}$

Sie können also in eine endliche Dezimalzahl umgewandelt werden.

Der vierte Bruch enthält in vollständig gekürzter Form im Nenner den Primfaktor 3:

$\frac{14}{6} = \frac{7}{3}$

Er kann also nur in eine periodische Dezimalzahl umgerechnet werden.

Sami hat **nicht recht**.

56 a) $0,6 = \frac{6}{10} = \mathbf{\frac{3}{5}}$

b) $0,764 = \frac{764}{1\,000} = \mathbf{\frac{191}{250}}$

c) $2,745 = \frac{2\,745}{1\,000} = \mathbf{\frac{549}{200}}$

d) $3,02 = \frac{302}{100} = \mathbf{\frac{151}{50}}$

57 a) $9,5 = 9\frac{5}{10} = \mathbf{9\frac{1}{2}}$

b) $12,15 = 12\frac{15}{100} = \mathbf{12\frac{3}{20}}$

c) $4,75 = 4\frac{75}{100} = 4\frac{15}{20} = \mathbf{4\frac{3}{4}}$

d) $7,362 = 7\frac{362}{1000} = \mathbf{7\frac{181}{500}}$

58 a) $7,\overline{23}=7\frac{23}{99}=\mathbf{\frac{716}{99}}$ b) $2,\bar{5}=2\frac{5}{9}=\mathbf{\frac{23}{9}}$

c) $2,\overline{14}=2\frac{14}{99}=\mathbf{\frac{212}{99}}$ d) $3,\overline{212}=3\frac{212}{999}=\mathbf{\frac{3\,209}{999}}$

59 a) **4,56** b) **78,04**

c) **0,0** d) **18,0**

60
Jasmin: 50 € : 7 = 7,142… € ⇒ ca. **7,14 €**
Nico: 45 € : 7 = 6,428… € ⇒ ca. **6,43 €**
Edita: 60 € : 7 = 8,571… € ⇒ ca. **8,57 €**
Marco: 65 € : 7 = 9,285… € ⇒ ca. **9,29 €**

61 Emilio lief zwischen **7,35 km** und **7,44 km**, Kemal lief zwischen **7,395 km** und **7,404 km**.

Es ist auch möglich, die obere Grenze durch weitere Nachkommastellen zu vergrößern.
Emilio: 7,449 oder 7,4499 etc.
Kemal: 7,4049 oder 7,40499 etc.

62 a) **0,165** ≈ 0,17 b) **8,85** ≈ 8,9

c) **23,995** ≈ 24,00 d) **13,15** ≈ 13,2

63 a) **0,354** ≈ 0,35 b) **7,24** ≈ 7,2

c) **9,004** ≈ 9,00 d) **15,3284** ≈ 15,328

64 Die Anzahl der Gäste lag 2013 zwischen **31 550 000** und **31 649 999**.

65 a) *Möglichkeit 1:*

$\frac{3}{4}=0,75=\mathbf{75\ \%}$

Möglichkeit 2:

$\frac{3}{4}=\frac{75}{100}=\mathbf{75\ \%}$

Durch Erweitern auf Hundertstel kann die Prozentzahl leicht abgelesen werden.

b) $\frac{7}{40}=0,175=\mathbf{17,5\ \%}$

c) $\frac{3}{8} = 0,375 = \mathbf{37,5\ \%}$

d) $\frac{96}{500} = \frac{192}{1\,000} = 0,192 = \mathbf{19,2\ \%}$

Durch Erweitern auf Tausendstel kann die Prozentzahl leicht abgelesen werden.

66 a) $22,4\ \% = \frac{224}{1\,000} = \mathbf{\frac{28}{125}}$

b) $25\ \% = \frac{25}{100} = \mathbf{\frac{1}{4}}$

c) $12,5\ \% = \frac{125}{1\,000} = \mathbf{\frac{1}{8}}$

d) $60\ \% = \frac{60}{100} = \mathbf{\frac{3}{5}}$

67 Die Abmessungen des größten Quadrats betragen Länge = Breite = 3 m. Der Flächeninhalt des Rechtecks beträgt $3\text{ m} \cdot 4\text{ m} = 12\text{ m}^2$, der Flächeninhalt des Quadrats beträgt $3\text{ m} \cdot 3\text{ m} = 9\text{ m}^2$.

$\frac{9}{12} = \frac{3}{4} = \frac{75}{100} = 0,75 = 75\ \%$

Das sind **75 %** der Rechtecksfläche.

Du kannst entweder die Division 9 : 12 ausführen, um die Prozentanteile zu berechnen, oder den Bruch kürzen bzw. erweitern.

68 a) 7 m 8 dm 4 cm 5 mm = **78,45 dm**

b) 9 t 34 kg 76 g = **9 034,076 kg**

c) $3\text{ m}^2\ 6\text{ dm}^2\ 7\text{ cm}^2 = \mathbf{306,07\ dm^2}$

d) 2 h 5 min 15 s = **125,25 min**

Beachte, dass hier die Umrechnungszahl 60 ist.
$2\text{ h} = 120\text{ min},\ 15\text{ s} = \frac{15}{60}\text{ min} = \frac{1}{4}\text{ min} = 0,25\text{ min}$

69 a) $0,28 = \frac{28}{100} = \mathbf{\frac{7}{25}}$

b) $36\ \% = \frac{36}{100} = \mathbf{\frac{9}{25}}$

c) $7,4 = \frac{74}{10} = \mathbf{\frac{37}{5}}$

d) $2,3 = \mathbf{\frac{23}{10}}$

70 $\frac{3}{8} = 0,375$

20 % = 0,2

Es gibt mehr **blaue** Kleidungsstücke.

71 a) Zunächst werden alle Zahlen in Dezimalzahlen umgewandelt:

$\frac{7}{9}=0,\overline{7}$ | $68\,\%=0{,}68$ | $0{,}593$

$\frac{17}{40}=0{,}425$ | $\frac{2}{3}=0,\overline{6}$ | $42{,}8\,\%=0{,}428$

Die Dezimalzahlen können nun sortiert werden:

$0{,}425<0{,}428<0{,}593<0,\overline{6}<0{,}68<0,\overline{7}$

In ihrer ursprünglichen Form ergibt sich:

$\mathbf{\frac{17}{40}<42{,}8\,\%<0{,}593<\frac{2}{3}<68\,\%<\frac{7}{9}}$

b) Umwandlung aller Zahlen in Dezimalzahlen:

$35\,\%=0{,}35$ | $\frac{9}{20}=0{,}45$ | $0{,}375$

$\frac{72}{200}=0{,}36$ | $\frac{3}{8}=0{,}375$ | $0{,}3102$

Die Dezimalzahlen können nun sortiert werden:
$0{,}3102<0{,}35<0{,}36<0{,}375=0{,}375<0{,}45$

In ihrer ursprünglichen Form ergibt sich:

$\mathbf{0{,}3102<35\,\%<\frac{72}{200}<\frac{3}{8}=0{,}375<\frac{9}{20}}$

72 Wenn das Display nach der Addition von 1 das Ergebnis 1,666666666667 zeigt, hat es vorher 0,666666666667 gezeigt. Die Taschenrechner-App könnte also die periodische Zahl $0,\overline{6}$ gerundet haben. Wenn man $0,\overline{6}$ in einen Bruch umwandelt, ergibt sich:

$\frac{6}{9}=\frac{2}{3}$

Zwei mögliche Zahlen, die Anna dividiert haben könnte, wären z. B. **2** und **3**.

Man kann also nicht genau sagen, welche beiden Zahlen sie dividiert hat, es ist aber auch nur nach einer der drei folgenden Rechnungen gefragt: 2 : 3 oder 4 : 6 oder 6 : 9.

73 $\frac{35}{100}=\frac{7}{20}$

Ein Zwanzigstel von 88 Schülerinnen und Schülern beträgt:
$88:20=4{,}4$
Man braucht aber sieben Zwanzigstel, also $4{,}4\cdot 7=30{,}8$.
Menschen sollte man auf Ganze runden, also sind es **31 Kinder**.

74 a) $\frac{1}{6}+\frac{4}{6}=\mathbf{\frac{5}{6}}$

b) $\frac{3}{25}+\frac{12}{25}=\frac{15}{25}=\mathbf{\frac{3}{5}}$

c) $\frac{12}{13}-\frac{8}{13}=\mathbf{\frac{4}{13}}$

d) $\frac{17}{20}-\frac{7}{20}=\frac{10}{20}=\mathbf{\frac{1}{2}}$

e) $\frac{7}{9}+\frac{4}{9}+\frac{16}{9}=\frac{27}{9}=\frac{3}{1}=\mathbf{3}$

f) $\frac{25}{24}+\frac{1}{24}-\frac{6}{24}=\frac{20}{24}=\mathbf{\frac{5}{6}}$

75 Wenn man eine Zahl einer unteren Reihe berechnen möchte, muss man subtrahieren. Beim Berechnen einer Zahl in der oberen Reihe addiert man.

a)

b)

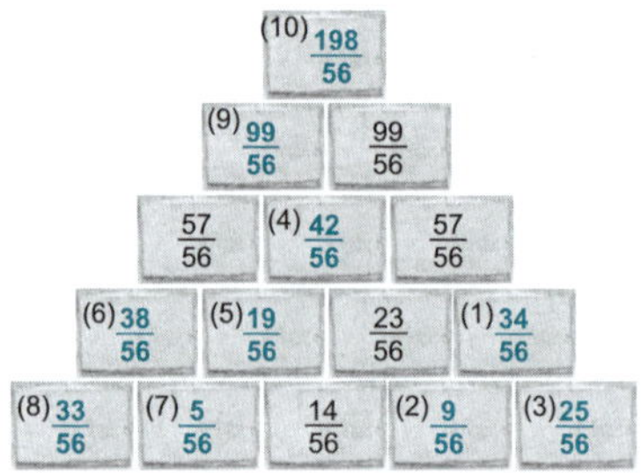

Rechenwege:

a) 5. Reihe: $\frac{12}{78}-\frac{5}{78}=\frac{7}{78}$; $\frac{7}{78}-\frac{1}{78}=\frac{6}{78}$

4. Reihe: $\frac{3}{78}+\frac{7}{78}=\frac{10}{78}$; $\frac{5}{78}+\frac{6}{78}=\frac{11}{78}$

3. Reihe: $\frac{10}{78}+\frac{12}{78}=\frac{22}{78}$; $\frac{12}{78}+\frac{11}{78}=\frac{23}{78}$; $\frac{11}{78}+\frac{7}{78}=\frac{18}{78}$

2. Reihe: $\frac{22}{78}+\frac{23}{78}=\frac{45}{78}$; $\frac{23}{78}+\frac{18}{78}=\frac{41}{78}$

1. Reihe: $\frac{45}{78}+\frac{41}{78}=\frac{86}{78}$

b) (1) $\frac{57}{56}-\frac{23}{56}=\frac{34}{56}$

(2) $\frac{23}{56}-\frac{14}{56}=\frac{9}{56}$

(3) $\frac{34}{56}-\frac{9}{56}=\frac{25}{56}$

(4) $\frac{99}{56}-\frac{57}{56}=\frac{42}{56}$

(5) $\frac{42}{56}-\frac{23}{56}=\frac{19}{56}$

(6) $\frac{57}{56}-\frac{19}{56}=\frac{38}{56}$

(7) $\frac{19}{56} - \frac{14}{56} = \frac{5}{56}$

(8) $\frac{38}{56} - \frac{5}{56} = \frac{33}{56}$

(9) $\frac{57}{56} + \frac{42}{56} = \frac{99}{56}$

(10) $\frac{99}{56} + \frac{99}{56} = \frac{198}{56}$

76 Torte:

$$\frac{2}{12} + \frac{1}{12} + \frac{2}{12} + \frac{1}{12} + \frac{1}{12} = \frac{7}{12}$$

Die Torte wurde in 12 Stücke geteilt. Durch Addition der Anteile erhält man, wie viel insgesamt gegessen wurde.

Kuchen:

$$\frac{1}{16} + \frac{2}{16} + \frac{3}{16} + \frac{1}{16} + \frac{2}{16} + \frac{2}{16} + \frac{1}{16} = \frac{12}{16} = \frac{3}{4}$$

Der Kuchen wurde in 16 Stücke geteilt. Hier kann noch gekürzt werden.

Es wurden **sieben Zwölftel** der Torte und **drei Viertel** des Kuchens gegessen.

Torte:

$$\frac{12}{12} - \frac{7}{12} = \frac{5}{12}$$

Durch Subtraktion des Anteils, der gegessen wurde, vom Gesamten erhält man, wie viel noch übrig ist.

Kuchen:

$$\frac{4}{4} - \frac{3}{4} = \frac{1}{4}$$

Es gibt noch **fünf Zwölftel** der Torte und **ein Viertel** des Kuchens.

77 Die Gesamtmenge wird durch Addition berechnet:

$$\frac{3}{8} + \frac{7}{8} + \frac{1}{8} + \frac{6}{8} = \frac{17}{8} = 2\frac{1}{8}$$

$\frac{17}{8}$ wird in eine gemischte Zahl umgewandelt.

Der 2-ℓ-Krug reicht **nicht** aus.

78 Die Summe ist $\frac{15}{17}$.

$\frac{4}{17}$	(1) $\mathbf{\frac{9}{17}}$	$\frac{2}{17}$
(4) $\mathbf{\frac{3}{17}}$	$\frac{5}{17}$	(5) $\mathbf{\frac{7}{17}}$
(2) $\mathbf{\frac{8}{17}}$	(6) $\mathbf{\frac{1}{17}}$	(3) $\mathbf{\frac{6}{17}}$

Um die fehlenden Brüche zu berechnen, sucht man erst Zeilen, Spalten oder Diagonalen, in denen nur eine Zahl fehlt. Von der magischen Summe subtrahiert man die beiden gegebenen Zahlen.

Rechenwege:

(1) $\frac{15}{17} - \left(\frac{4}{17} + \frac{2}{17}\right) = \frac{15}{17} - \frac{6}{17} = \frac{9}{17}$

(2) $\frac{15}{17} - \left(\frac{2}{17} + \frac{5}{17}\right) = \frac{15}{17} - \frac{7}{17} = \frac{8}{17}$

(3) $\frac{15}{17}-\left(\frac{4}{17}+\frac{5}{17}\right)=\frac{15}{17}-\frac{9}{17}=\frac{6}{17}$ (4) $\frac{15}{17}-\left(\frac{4}{17}+\frac{8}{17}\right)=\frac{15}{17}-\frac{12}{17}=\frac{3}{17}$

(5) $\frac{15}{17}-\left(\frac{2}{17}+\frac{6}{17}\right)=\frac{15}{17}-\frac{8}{17}=\frac{7}{17}$ (6) $\frac{15}{17}-\left(\frac{9}{17}+\frac{5}{17}\right)=\frac{15}{17}-\frac{14}{17}=\frac{1}{17}$

79 a) Um den zweiten Summanden zu erhalten, wird der erste Summand vom Ergebnis der Summe subtrahiert:

$\frac{45}{65}-\frac{17}{65}=\mathbf{\frac{28}{65}}$ Summand + Summand = Summe

b) Um den Minuend zu berechnen, wird der Subtrahend zum Ergebnis der Differenz addiert:

$\frac{34}{98}+\frac{7}{98}=\mathbf{\frac{41}{98}}$ Minuend – Subtrahend = Differenz

c) Für die Berechnung des Subtrahenden wird das Ergebnis der Differenz vom Minuenden subtrahiert:

$\frac{21}{25}-\frac{14}{25}=\mathbf{\frac{7}{25}}$ Minuend – Subtrahend = Differenz

80 a) $\frac{4}{15}+\frac{3}{20}=\frac{16}{60}+\frac{9}{60}=\frac{25}{60}=\mathbf{\frac{5}{12}}$ b) $\frac{13}{25}+\frac{11}{30}=\frac{78}{150}+\frac{55}{150}=\mathbf{\frac{133}{150}}$

c) $\frac{7}{45}+\frac{31}{90}=\frac{14}{90}+\frac{31}{90}=\frac{45}{90}=\mathbf{\frac{1}{2}}$ d) $\frac{45}{33}+\frac{16}{21}=\frac{315}{231}+\frac{176}{231}=\frac{491}{231}=\mathbf{2\frac{29}{231}}$

81 a) $\frac{6}{5}-\frac{7}{9}=\frac{54}{45}-\frac{35}{45}=\mathbf{\frac{19}{45}}$ b) $\frac{9}{10}-\frac{14}{25}=\frac{45}{50}-\frac{28}{50}=\mathbf{\frac{17}{50}}$

c) $\frac{17}{20}-\frac{3}{5}=\frac{17}{20}-\frac{12}{20}=\frac{5}{20}=\mathbf{\frac{1}{4}}$ d) $\frac{12}{25}-4\,\%=\frac{12}{25}-\frac{4}{100}=\frac{12}{25}-\frac{1}{25}=\mathbf{\frac{11}{25}}$

82 a) Die Anteile der sechsten und siebten Klassen werden addiert:

$\frac{7}{15}+\frac{2}{5}=\frac{7}{15}+\frac{6}{15}=\frac{13}{15}$

Es sind $\mathbf{\frac{13}{15}}$ der Plätze belegt.

b) Die Anteile der sechsten und achten Klassen werden addiert:

$\frac{7}{15}+\frac{14}{25}=\frac{35}{75}+\frac{42}{75}=\frac{77}{75}=1\frac{2}{75}$

Da der Anteil größer als 1 ist, reicht der Platz in der Mensa **nicht** aus.

83 Es wird berechnet, wie lange Benjamin mit Dingen für die Schule beschäftigt war:

$$\frac{3}{5}+\frac{2}{9}+\frac{1}{9}=\frac{27}{45}+\frac{10}{45}+\frac{5}{45}=\frac{42}{45}=\frac{14}{15}$$

Der Anteil, der für sein Zimmer übrig blieb, wird ermittelt, indem der eben berechnete Wert von 1 abgezogen wird:

$$1-\frac{14}{15}=\frac{15}{15}-\frac{14}{15}=\frac{1}{15}$$

Der ganze Nachmittag hat den Anteil 1.

Benjamin konnte nur $\frac{1}{15}$ des Nachmittags sein Zimmer aufräumen.

84 Bilde den Hauptnenner der gegebenen Brüche, bevor du zu rechnen beginnst. Rechne mit diesen Brüchen. Kürze im Anschluss, wo es möglich ist.

a) Mit demselben Hauptnenner:

$\frac{179}{36}$

$\frac{93}{36}$ $\frac{86}{36}$

$\frac{41}{36}$ $\frac{52}{36}$ $\frac{34}{36}$

$\frac{15}{36}$ $\frac{26}{36}$ $\frac{26}{36}$ $\frac{8}{36}$

$\frac{9}{36}$ $\frac{6}{36}$ $\frac{20}{36}$ $\frac{6}{36}$ $\frac{2}{36}$

gekürzt:

$4\frac{35}{36}$

$2\frac{7}{12}$ $2\frac{7}{18}$

$1\frac{5}{36}$ $1\frac{4}{9}$ $\frac{17}{18}$

$\frac{5}{12}$ $\frac{13}{18}$ $\frac{13}{18}$ $\frac{2}{9}$

$\frac{1}{4}$ $\frac{1}{6}$ $\frac{5}{9}$ $\frac{1}{6}$ $\frac{1}{18}$

Rechenwege:

Gegeben:

kgV(9, 4, 18) = 36

5. Reihe: $\frac{1}{4}=\frac{9}{36}$; $\frac{5}{9}=\frac{20}{36}$; $\frac{1}{18}=\frac{2}{36}$

4. Reihe: $\frac{13}{18}=\frac{26}{36}$; $\frac{2}{9}=\frac{8}{36}$

Gesucht:

Zum Berechnen einer unteren Zahl wird subtrahiert, zum Berechnen einer oberen Zahl wird addiert.

5. Reihe: $\frac{26}{36}-\frac{20}{36}=\frac{6}{36}$; $\frac{8}{36}-\frac{2}{36}=\frac{6}{36}$

4. Reihe: $\frac{9}{36}+\frac{6}{36}=\frac{15}{36}$; $\frac{20}{36}+\frac{6}{36}=\frac{26}{36}$

3. Reihe: $\frac{15}{36}+\frac{26}{36}=\frac{41}{36}$; $\frac{26}{36}+\frac{26}{36}=\frac{52}{36}$; $\frac{26}{36}+\frac{8}{36}=\frac{34}{36}$

2. Reihe: $\frac{41}{36}+\frac{52}{36}=\frac{93}{36}$; $\frac{52}{36}+\frac{34}{36}=\frac{86}{36}$

1. Reihe: $\frac{93}{36}+\frac{86}{36}=\frac{179}{36}$

b) Mit demselben Hauptnenner: gekürzt:

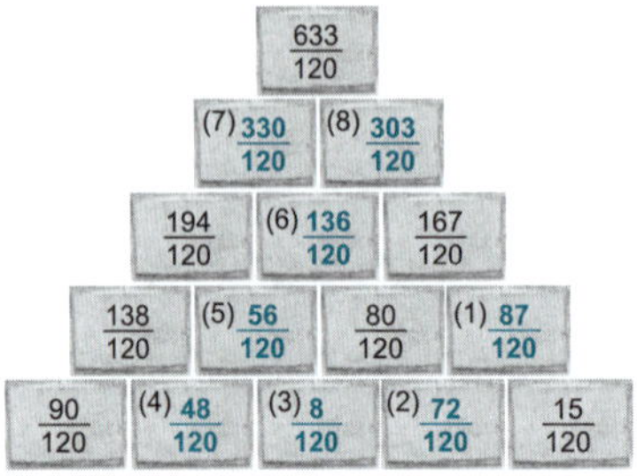

Rechenwege:

Gegeben: kgV(4, 3, 20, 40, 60, 120) = 120

5. Reihe: $\frac{3}{4}=\frac{90}{120}$; $\frac{1}{8}=\frac{15}{120}$

4. Reihe: $1\frac{3}{20}=\frac{23}{20}=\frac{138}{120}$; $\frac{2}{3}=\frac{80}{120}$

3. Reihe: $1\frac{37}{60}=\frac{97}{60}=\frac{194}{120}$; $1\frac{47}{120}=\frac{167}{120}$

1. Reihe: $5\frac{11}{40}=\frac{211}{40}=\frac{633}{120}$

Gesucht:

(1) $\frac{167}{120}-\frac{80}{120}=\frac{87}{120}$

(2) $\frac{87}{120}-\frac{15}{120}=\frac{72}{120}$

(3) $\frac{80}{120}-\frac{72}{120}=\frac{8}{120}$

(4) $\frac{138}{120}-\frac{90}{120}=\frac{48}{120}$

(5) $\frac{48}{120}+\frac{8}{120}=\frac{56}{120}$

(6) $\frac{56}{120}+\frac{80}{120}=\frac{136}{120}$

(7) $\frac{194}{120}+\frac{136}{120}=\frac{330}{120}$

(8) $\frac{136}{120}+\frac{167}{120}=\frac{303}{120}$

85 Die einzelnen Anteile werden addiert:

$\frac{1}{9}+\frac{1}{3}+\frac{1}{2}=\frac{2}{18}+\frac{6}{18}+\frac{9}{18}=\frac{17}{18}$

Zu Elenas Alter fehlt noch $\frac{1}{18}$. Das entspricht den drei Jahren. Also ist Tante Elena $3\cdot 18=$ **54 Jahre** alt.

86 a) *Möglichkeit 1:*

$$4\frac{3}{4}+\frac{3}{5}+2\frac{3}{8}=\frac{19}{4}+\frac{3}{5}+\frac{19}{8}=\frac{190}{40}+\frac{24}{40}+\frac{95}{40}=\frac{309}{40}=\mathbf{7\frac{29}{40}}$$

Möglichkeit 2:

$$4\frac{3}{4}+\frac{3}{5}+2\frac{3}{8}=4+2+\frac{30}{40}+\frac{24}{40}+\frac{15}{40}=6\frac{69}{40}=\mathbf{7\frac{29}{40}}$$

b) *Möglichkeit 1:*

$$2\frac{7}{12}+9\frac{2}{3}+5\frac{3}{4}=\frac{31}{12}+\frac{29}{3}+\frac{23}{4}=\frac{31}{12}+\frac{116}{12}+\frac{69}{12}=\frac{216}{12}=\mathbf{18}$$

Möglichkeit 2:

$$2\frac{7}{12}+9\frac{2}{3}+5\frac{3}{4}=2+9+5+\frac{7}{12}+\frac{8}{12}+\frac{9}{12}=16\frac{24}{12}=\mathbf{18}$$

c) *Möglichkeit 1:*

$$7\frac{3}{25}+2\frac{39}{50}+1\frac{29}{40}=\frac{178}{25}+\frac{139}{50}+\frac{69}{40}$$

$$=\frac{1\,424}{200}+\frac{556}{200}+\frac{345}{200}$$

$$=\frac{2\,325}{200}$$

$$=11\frac{125}{200}$$

$$=\mathbf{11\frac{5}{8}}$$

Möglichkeit 2:

$$7\frac{3}{25}+2\frac{39}{50}+1\frac{29}{40}=7+2+1+\frac{24}{200}+\frac{156}{200}+\frac{145}{200}=10\frac{325}{200}=11\frac{125}{200}=\mathbf{11\frac{5}{8}}$$

d) *Moglichkeit 1:*

$$3\frac{7}{20}+75\,\%+6\frac{3}{8}=\frac{67}{20}+\frac{75}{100}+\frac{51}{8}$$

$$=\frac{67}{20}+\frac{3}{4}+\frac{51}{8}$$

$$=\frac{134}{40}+\frac{30}{40}+\frac{255}{40}$$

$$=\frac{419}{40}$$

$$=\mathbf{10\frac{19}{40}}$$

Möglichkeit 2:

$$3\frac{7}{20}+75\,\%+6\frac{3}{8}=3\frac{7}{20}+\frac{3}{4}+6\frac{3}{8}=3+6+\frac{14}{40}+\frac{30}{40}+\frac{15}{40}=9\frac{59}{40}=\mathbf{10\frac{19}{40}}$$

87 a) *Möglichkeit 1:*

$$7\frac{9}{14}-2\frac{4}{21}=\frac{107}{14}-\frac{46}{21}=\frac{321}{42}-\frac{92}{42}=\frac{229}{42}=\mathbf{5\frac{19}{42}}$$

Möglichkeit 2:

$$7\frac{9}{14}-2\frac{4}{21}=7-2+\frac{27}{42}-\frac{8}{42}=\mathbf{5\frac{19}{42}}$$

b) *Möglichkeit 1:*

$$5\frac{11}{40}-2\frac{7}{8}=\frac{211}{40}-\frac{23}{8}=\frac{211}{40}-\frac{115}{40}=\frac{96}{40}=2\frac{16}{40}=\mathbf{2\frac{2}{5}}$$

Möglichkeit 2:

$$5\frac{11}{40}-2\frac{7}{8}=5-2+\frac{11}{40}-\frac{35}{40}=3-\frac{24}{40}=3-\frac{3}{5}=2\frac{5}{5}-\frac{3}{5}=\mathbf{2\frac{2}{5}}$$

c) *Möglichkeit 1:*

$$15\frac{1}{3}-6\frac{5}{7}=\frac{46}{3}-\frac{47}{7}=\frac{322}{21}-\frac{141}{21}=\frac{181}{21}=\mathbf{8\frac{13}{21}}$$

Möglichkeit 2:

$$15\frac{1}{3}-6\frac{5}{7}=15-6+\frac{7}{21}-\frac{15}{21}=9-\frac{8}{21}=8\frac{21}{21}-\frac{8}{21}=\mathbf{8\frac{13}{21}}$$

d) *Möglichkeit 1:*

$$4\frac{7}{9}-2\frac{1}{5}=\frac{43}{9}-\frac{11}{5}=\frac{215}{45}-\frac{99}{45}=\frac{116}{45}=\mathbf{2\frac{26}{45}}$$

Möglichkeit 2:

$$4\frac{7}{9}-2\frac{1}{5}=4-2+\frac{35}{45}-\frac{9}{45}=\mathbf{2\frac{26}{45}}$$

88 Vorhandene Päckchen:

$$2\frac{3}{5}+1\frac{1}{3}=3+\frac{9}{15}+\frac{5}{15}=3\frac{14}{15}$$

Er muss also **Haselnüsse kaufen**, weil er etwas weniger als 4 Päckchen hat.

89 Gefüttert wurden:

$$4\frac{3}{4}+2\frac{1}{3}=6+\frac{9}{12}+\frac{4}{12}=6\frac{13}{12}=7\frac{1}{12}$$

Also fehlen noch:

$$10\frac{1}{2}-7\frac{1}{12}=3+\frac{6}{12}-\frac{1}{12}=3\frac{5}{12}$$

Abends soll sie noch **$3\frac{5}{12}$ g** füttern.

90 Bring alle Angaben auf den kleinsten gemeinsamen Nenner. Rechne erst so, dann kürze in einem zweiten Arbeitsgang.

a) Mit demselben Hauptnenner:

$66\frac{2}{12}$ | $91\frac{9}{12}$ | $84\frac{11}{12}$ | $55\frac{6}{12}$

$20\frac{9}{12}$ | $45\frac{5}{12}$ | $46\frac{4}{12}$ | $38\frac{7}{12}$ | $16\frac{11}{12}$

$20\frac{9}{12}$ | $24\frac{8}{12}$ | $21\frac{8}{12}$ | $16\frac{11}{12}$

$7\frac{1}{12}$ | $13\frac{8}{12}$ | 11 | $10\frac{8}{12}$ | $6\frac{3}{12}$

$7\frac{1}{12}$ | $6\frac{7}{12}$ | $4\frac{5}{12}$ | $6\frac{3}{12}$

$4\frac{4}{12}$ | $2\frac{9}{12}$ | $3\frac{10}{12}$ | $\frac{7}{12}$ | $5\frac{8}{12}$

gekürzt:

$66\frac{1}{6}$ | $91\frac{3}{4}$ | $84\frac{11}{12}$ | $55\frac{1}{2}$

$20\frac{3}{4}$ | $45\frac{5}{12}$ | $46\frac{1}{3}$ | $38\frac{7}{12}$ | $16\frac{11}{12}$

$20\frac{3}{4}$ | $24\frac{2}{3}$ | $21\frac{2}{3}$ | $16\frac{11}{12}$

$7\frac{1}{12}$ | $13\frac{2}{3}$ | 11 | $10\frac{2}{3}$ | $6\frac{1}{4}$

$7\frac{1}{12}$ | $6\frac{7}{12}$ | $4\frac{5}{12}$ | $6\frac{1}{4}$

$4\frac{1}{3}$ | $2\frac{3}{4}$ | $3\frac{5}{6}$ | $\frac{7}{12}$ | $5\frac{2}{3}$

Rechenwege:

Gegeben:

$$4\frac{1}{3}=4\frac{4}{12};\ 2\frac{3}{4}=2\frac{9}{12};\ 3\frac{5}{6}=3\frac{10}{12};\ 5\frac{2}{3}-5\frac{8}{12}$$

kgV(3, 4, 6, 12) = 12

Gesucht:

5. Reihe: $4\frac{4}{12}+2\frac{9}{12}=6\frac{13}{12}=7\frac{1}{12};\ 2\frac{9}{12}+3\frac{10}{12}=5\frac{19}{12}=6\frac{7}{12};$

$3\frac{10}{12}+\frac{7}{12}=3\frac{17}{12}=4\frac{5}{12};\ \frac{7}{12}+5\frac{8}{12}=5\frac{15}{12}=6\frac{3}{12}$

4. Reihe: $7\frac{1}{12}+6\frac{7}{12}=13\frac{8}{12};\ 6\frac{7}{12}+4\frac{5}{12}=10\frac{12}{12}=11;\ 4\frac{5}{12}+6\frac{3}{12}=10\frac{8}{12}$

3. Reihe: $7\frac{1}{12}+13\frac{8}{12}=20\frac{9}{12};\ 13\frac{8}{12}+11=24\frac{8}{12};$

$11+10\frac{8}{12}=21\frac{8}{12};\ 10\frac{8}{12}+6\frac{3}{12}=16\frac{11}{12}$

2. Reihe: $20\frac{9}{12}+24\frac{8}{12}=44\frac{17}{12}=45\frac{5}{12}$; $24\frac{8}{12}+21\frac{8}{12}=45\frac{16}{12}=46\frac{4}{12}$;

$21\frac{8}{12}+16\frac{11}{12}=37\frac{19}{12}=38\frac{7}{12}$

1. Reihe: $20\frac{9}{12}+45\frac{5}{12}=65\frac{14}{12}=66\frac{2}{12}$; $45\frac{5}{12}+46\frac{4}{12}=91\frac{9}{12}$;

$46\frac{4}{12}+38\frac{7}{12}=84\frac{11}{12}$; $38\frac{7}{12}+16\frac{11}{12}=54\frac{18}{12}=55\frac{6}{12}$

b) Mit demselben Hauptnenner:

$66\frac{10}{15}$ | $101\frac{11}{15}$ | $94\frac{9}{15}$ | 55

$19\frac{2}{15}$ | $47\frac{8}{15}$ | $54\frac{3}{15}$ | $40\frac{6}{15}$ | $14\frac{9}{15}$

$19\frac{2}{15}$ | $28\frac{6}{15}$ | $25\frac{12}{15}$ | $14\frac{9}{15}$

$5\frac{10}{15}$ | $13\frac{7}{15}$ | $14\frac{14}{15}$ | $10\frac{13}{15}$ | $3\frac{11}{15}$

$5\frac{10}{15}$ | $7\frac{12}{15}$ | $7\frac{2}{15}$ | $3\frac{11}{15}$

$2\frac{7}{15}$ | $3\frac{3}{15}$ | $4\frac{9}{15}$ | $2\frac{8}{15}$ | $1\frac{3}{15}$

gekürzt:

$66\frac{2}{3}$ | $101\frac{11}{15}$ | $94\frac{3}{5}$ | 55

$19\frac{2}{15}$ | $47\frac{8}{15}$ | $54\frac{1}{5}$ | $40\frac{2}{5}$ | $14\frac{3}{5}$

$19\frac{2}{15}$ | $28\frac{2}{5}$ | $25\frac{4}{5}$ | $14\frac{3}{5}$

$5\frac{2}{3}$ | $13\frac{7}{15}$ | $14\frac{14}{15}$ | $10\frac{13}{15}$ | $3\frac{11}{15}$

$5\frac{2}{3}$ | $7\frac{4}{5}$ | $7\frac{2}{15}$ | $3\frac{11}{15}$

$2\frac{7}{15}$ | $3\frac{1}{5}$ | $4\frac{3}{5}$ | $2\frac{8}{15}$ | $1\frac{1}{5}$

Rechenwege:
Gegeben:

6. Reihe: $4\frac{3}{5}=4\frac{9}{15}$; $1\frac{1}{5}=1\frac{3}{15}$ $\quad$ kgV(3, 5, 15) = 15

5. Reihe: $5\frac{2}{3}=5\frac{10}{15}$

Gesucht:

6. Reihe: $5\frac{10}{15}-2\frac{7}{15}=3\frac{3}{15}$; $3\frac{11}{15}-1\frac{3}{15}=2\frac{8}{15}$

5. Reihe: $3\frac{3}{15}+4\frac{9}{15}=7\frac{12}{15}$; $4\frac{9}{15}+2\frac{8}{15}=6\frac{17}{15}=7\frac{2}{15}$

4. Reihe: $5\frac{10}{15}+7\frac{12}{15}=12\frac{22}{15}=13\frac{7}{15}$; $7\frac{12}{15}+7\frac{2}{15}=14\frac{14}{15}$; $7\frac{2}{15}+3\frac{11}{15}=10\frac{13}{15}$

3. Reihe: $5\frac{10}{15}+13\frac{7}{15}=18\frac{17}{15}=19\frac{2}{15}$; $13\frac{7}{15}+14\frac{14}{15}=27\frac{21}{15}=28\frac{6}{15}$;

$14\frac{14}{15}+10\frac{13}{15}=24\frac{27}{15}=25\frac{12}{15}$; $10\frac{13}{15}+3\frac{11}{15}=13\frac{24}{15}=14\frac{9}{15}$

2. Reihe: $19\frac{2}{15}+28\frac{6}{15}=47\frac{8}{15}$; $28\frac{6}{15}+25\frac{12}{15}=53\frac{18}{15}=54\frac{3}{15}$;

$25\frac{12}{15}+14\frac{9}{15}=39\frac{21}{15}=40\frac{6}{15}$

1. Reihe: $19\frac{2}{15}+47\frac{8}{15}=66\frac{10}{15}$; $47\frac{8}{15}+54\frac{3}{15}=101\frac{11}{15}$;

$54\frac{3}{15}+40\frac{6}{15}=94\frac{9}{15}$; $40\frac{6}{15}+14\frac{9}{15}=54\frac{15}{15}=55$

91

a) $\begin{array}{r} 4{,}790 \\ +23{,}824 \\ \hline \mathbf{28{,}614} \end{array}$ b) $\begin{array}{r} 5{,}02 \\ +0{,}87 \\ \hline \mathbf{5{,}89} \end{array}$

c) $\begin{array}{r} 3456{,}200 \\ +\quad 17{,}984 \\ \hline \mathbf{3474{,}184} \end{array}$ d) $\begin{array}{r} 0{,}340 \\ +0{,}037 \\ \hline \mathbf{0{,}377} \end{array}$

92

a) $\begin{array}{r} 47{,}903 \\ -\ 9{,}020 \\ \hline \mathbf{38{,}883} \end{array}$ b) $\begin{array}{r} 125{,}20 \\ -\ 56{,}87 \\ \hline \mathbf{68{,}33} \end{array}$

c) $\begin{array}{r} 12{,}34 \\ -\ 5{,}89 \\ \hline \mathbf{6{,}45} \end{array}$ d) $\begin{array}{r} 4{,}678 \\ -2{,}904 \\ \hline \mathbf{1{,}774} \end{array}$

93

Maria: 6,78 + 2,376 = 9,156
Timo: 11,73 – 3,5 = 8,23
Vanessa: 0,98 + 1,34 + 2,001 = 4,321
Paul: 12,871 – 5,2 = 7,671
Lara: 7,427 – 3,49 = 3,937

Katze: 11,57 – 2,414 = 9,156
Schildkröte: 10,843 – 2,613 = 8,23
Kaninchen: 2,583 + 1,738 = 4,321
Hund: 3,123 + 4,548 = 7,671
Vogel: 6 – 2,063 = 3,937

94

a) $\begin{array}{r} 456{,}792 \\ +3915{,}209 \\ \hline 4372{,}001 \end{array}$ b) $\begin{array}{r} 7823{,}465 \\ -2945{,}87 \\ \hline 4877{,}595 \end{array}$

c) $\begin{array}{r} 62394{,}506 \\ +\ 7021{,}899 \\ \hline 69416{,}405 \end{array}$ d) $\begin{array}{r} 84523{,}094 \\ -\quad 743{,}295 \\ \hline 83779{,}799 \end{array}$

95 Tina Maze (SLO):
50,88 s + 49,73 s = 100,61 s = **1 min 40,61 s** **5. Platz**

Tanja Poutiainen (FIN):
50,58 s + 49,88 s = 100,46 s = **1 min 40,46 s** **4. Platz**

Mikaela Shiffrin (USA):
50,59 s + 49,26 s = 99,85 s = **1 min 39,85 s** **1. Platz**

Frida Hansdotter (SWE):
50,41 s + 49,70 s = 100,11 s = **1 min 40,11 s** **3. Platz**

Michaela Kirchgasser (AUT):
50,96 s + 49,11 s = 100,07 s = **1 min 40,07 s** **2. Platz**

96 Gewicht der Koffer:
35,78 kg + 17,9 kg + 16,68 kg = 70,36 kg
Sie müssen **keine Gebühr** zahlen, weil sie 4 · 20 kg = 80 kg mitnehmen dürfen.

Sie können also noch 80 kg − 70,36 kg = 9,64 kg zusätzlich mitnehmen, ohne Gebühren zahlen zu müssen. Damit können sie entweder noch das Boot und eine Luftmatratze oder das Zelt und beide Luftmatratzen einpacken.

Zusatzgewicht:
8,35 kg + 2,87 kg + 1,24 kg + 1,24 kg = 13,7 kg
Sie müssen entweder für 13,7 kg − 9,64 kg = 4,06 kg Übergepäck Gebühren zahlen oder sie lassen entweder das Boot oder das Zelt und eine Luftmatratze zu Hause.

97 a) $5{,}64 + 2\frac{3}{4} + \frac{7}{8} + 25\,\% = 5\frac{64}{100} + 2\frac{3}{4} + \frac{7}{8} + \frac{25}{100}$

$$= 5\frac{128}{200} + 2\frac{150}{200} + \frac{175}{200} + \frac{50}{200}$$

$$= 7\frac{503}{200}$$

$$= \mathbf{9\frac{103}{200}}$$

b) $12{,}54 + 75\,\% + \frac{4}{5} + 3{,}08 = 12{,}54 + 0{,}75 + 0{,}8 + 3{,}08 = \mathbf{17{,}17}$

c) $\frac{5}{12} + \frac{9}{8} + \frac{4}{15} = \frac{50}{120} + 1\frac{15}{120} + \frac{32}{120} = \mathbf{1\frac{97}{120}}$

d) $33\,\% + \frac{1}{3} + 4\frac{5}{6} + 4{,}5 = \frac{33}{100} + \frac{1}{3} + 4\frac{5}{6} + 4\frac{1}{2}$

$= \frac{99}{300} + \frac{100}{300} + 4\frac{250}{300} + 4\frac{150}{300}$

$= 8\frac{599}{300} = \mathbf{9\frac{299}{300}}$

98 a) $3{,}64 - 2\frac{3}{5} + \frac{17}{50} - 35\,\% = 3{,}64 - 2{,}6 + 0{,}34 - 0{,}35 = 3{,}98 - 2{,}95 = \mathbf{1{,}03}$

b) $45{,}54 - 65\,\% - 2\frac{4}{5} + 3{,}8 = 45{,}54 - 0{,}65 - 2{,}8 + 3{,}8 = 49{,}34 - 3{,}45 = \mathbf{45{,}89}$

c) $\frac{7}{15} - \frac{5}{8} + \frac{11}{12} = \frac{56}{120} - \frac{75}{120} + \frac{110}{120} = \frac{166}{120} - \frac{75}{120} = \mathbf{\frac{91}{120}}$

d) $83\,\% - \frac{2}{3} + 4\frac{1}{6} - 2{,}5 = \frac{83}{100} - \frac{2}{3} + 4\frac{1}{6} - 2\frac{1}{2}$

$= \frac{249}{300} - \frac{200}{300} + 4\frac{50}{300} - 2\frac{150}{300}$

$= 4\frac{299}{300} - 2\frac{350}{300}$

$= 4\frac{299}{300} - 3\frac{50}{300}$

$= 1\frac{249}{300} = \mathbf{1\frac{83}{100}}$

99 Von der Zahl im Dachgeschoss werden die beiden anderen Werte im Stockwerk subtrahiert.

Erdgeschoss: $34\frac{9}{10} - 111\,\% = 34\frac{90}{100} - 1\frac{11}{100} = 33\frac{79}{100}$

1. Stock: $34\frac{9}{10} - \left(18{,}67 + 9\frac{7}{25}\right) = 34\frac{90}{100} - \left(18\frac{67}{100} + 9\frac{28}{100}\right)$

$= 33\frac{190}{100} - 27\frac{95}{100}$

$= 6\frac{95}{100}$

$= 6\frac{19}{20}$

$$2.\ \text{Stock: } 34\frac{9}{10}-\left(16\frac{13}{30}+7\frac{2}{15}\right)=34\frac{27}{30}-\left(16\frac{13}{30}+7\frac{4}{30}\right)$$

$$=34\frac{27}{30}-23\frac{17}{30}$$

$$=11\frac{10}{30}$$

$$=11\frac{1}{3}$$

$$3.\ \text{Stock: } 34\frac{9}{10}-\left(20{,}5+7\frac{3}{4}\right)=34\frac{9}{10}-\left(20\frac{2}{4}+7\frac{3}{4}\right)$$

$$=34\frac{9}{10}-27\frac{5}{4}$$

$$=34\frac{9}{10}-28\frac{1}{4}$$

$$=34\frac{18}{20}-28\frac{5}{20}$$

$$=6\frac{13}{20}$$

100 a) Bei ungleichnamigen Brüchen lassen sich immer gut Bonbon- oder Sticker-Beispiele erfinden.

In einer sehr großen Bonbon-Box für einen Kindergarten sind sieben von zehn Bonbons rot und jedes fünfzehnte Bonbon ist lila. Welcher Anteil der Bonbons ist rot oder lila?

b) Bei Beispielen mit Dezimalzahlen, die nicht mehr als zwei Nachkommastellen aufweisen, ist es am leichtesten, Beispiele zu finden, die mit Einkaufspreisen zu tun haben. Bei mehr als zwei Nachkommastellen ist Gewicht gut geeignet.

Hella hat noch 14,95 € von ihrem Taschengeld übrig. Kann sie sich ein Burgermenü für 8,25 € und Süßigkeiten für 4,99 € leisten?

101 Die Behauptung ist **falsch**.
Wenn der Minuend positiv und der Subtrahend negativ ist, dann ist die Differenz immer größer als die größere der beiden Zahlen, z. B.:
$4{,}5-(-1{,}23)=5{,}73$

5,73 ist größer als 4,5.

102 Der Rest der Klasse, also 8 Kinder, sind:
$$\frac{7}{7}-\left(\frac{4}{7}+\frac{1}{7}\right)=\frac{7}{7}-\frac{5}{7}=\frac{2}{7}$$
Dann gilt, dass $\frac{1}{7}$ genau 4 Kinder sind. Insgesamt sind es also $7\cdot 4=$ **28 Kinder**.

103 a) Die Zeiten an allen Tagen werden addiert, um die Gesamtzeit zu berechnen.

Maja:

$$\begin{aligned}25\text{ min}+0{,}25\text{ h}+1\frac{1}{3}\text{ h}+10\text{ min}+0{,}3\text{ h}+\frac{1}{6}\text{ h} &= 35\text{ min}+0{,}55\text{ h}+1\frac{1}{2}\text{ h}\\ &=\frac{35}{60}\text{ h}+\frac{55}{100}\text{ h}+1\frac{1}{2}\text{ h}\\ &=\frac{7}{12}\text{ h}+\frac{11}{20}\text{ h}+1\frac{1}{2}\text{ h}\\ &=\frac{35}{60}\text{ h}+\frac{33}{60}\text{ h}+1\frac{30}{60}\text{ h}\\ &=1\frac{98}{60}\text{ h}\\ &=2\frac{38}{60}\text{ h}\end{aligned}$$

Martin:

$$\frac{3}{4}\,\text{h}+12\text{ min}+\frac{4}{5}\,\text{h}+\frac{5}{6}\,\text{h}+15\text{ min}=\frac{3}{4}\,\text{h}+\frac{4}{5}\,\text{h}+\frac{5}{6}\,\text{h}+27\text{ min}$$
$$=\frac{45}{60}\,\text{h}+\frac{48}{60}\,\text{h}+\frac{50}{60}\,\text{h}+\frac{27}{60}\,\text{h}$$
$$=\frac{170}{60}\,\text{h}$$
$$=2\frac{50}{60}\,\text{h}$$

Enzo:

$$34\text{ min}+1\frac{1}{12}\,\text{h}+0{,}75\,\text{h}+\frac{7}{12}\,\text{h}+\frac{3}{10}\,\text{h}=\frac{34}{60}\,\text{h}+1\frac{5}{60}\,\text{h}+\frac{45}{60}\,\text{h}+\frac{35}{60}\,\text{h}+\frac{18}{60}\,\text{h}$$
$$=1\frac{137}{60}\,\text{h}$$
$$=3\frac{17}{60}\,\text{h}$$

Am längsten hat **Enzo** geholfen, am kürzesten **Maja**.

b) Maja:

$$3\,\text{h}-2\frac{38}{60}\,\text{h}=2\frac{60}{60}\,\text{h}-2\frac{38}{60}\,\text{h}=\frac{22}{60}\,\text{h}=22\text{ min}$$

Martin:

$$3\,\text{h}-2\frac{50}{60}\,\text{h}=2\frac{60}{60}\,\text{h}-2\frac{50}{60}\,\text{h}=\frac{10}{60}\,\text{h}=10\text{ min}$$

Maja muss am Sonntag noch **22 Minuten** helfen, Martin noch **10 Minuten**.
Enzo hat schon mehr als drei Stunden geholfen.

104 a) $15\cdot\frac{7}{3}=\frac{15\cdot7}{3}=\frac{5\cdot7}{1}=\mathbf{35}$

b) $\frac{3}{40}\cdot20=\frac{3\cdot20}{40}=\frac{3\cdot1}{2}=\frac{3}{2}=\mathbf{1\frac{1}{2}}$

c) $7\cdot\frac{2}{25}=\frac{7\cdot2}{25}=\mathbf{\frac{14}{25}}$

d) $\frac{5}{32}\cdot24=\frac{5\cdot24}{32}=\frac{5\cdot3}{4}=\frac{15}{4}=\mathbf{3\frac{3}{4}}$

e) $\frac{5}{7}\cdot\frac{11}{6}=\frac{5\cdot11}{7\cdot6}=\frac{55}{42}=\mathbf{1\frac{13}{42}}$

f) $\frac{4}{15}\cdot\frac{5}{8}=\frac{4\cdot5}{15\cdot8}=\frac{1\cdot1}{3\cdot2}=\mathbf{\frac{1}{6}}$

g) $\frac{1}{8}\cdot\frac{3}{25}=\frac{1\cdot3}{8\cdot25}=\mathbf{\frac{3}{200}}$

h) $\frac{4}{13}\cdot\frac{3}{14}=\frac{4\cdot3}{13\cdot14}=\frac{2\cdot3}{13\cdot7}=\mathbf{\frac{6}{91}}$

105 Die 42 € müssen mit $\frac{4}{5}$ multipliziert werden:

$$42 \cdot \frac{4}{5} = \frac{42 \cdot 4}{5} = \frac{168}{5} = 33\frac{3}{5}$$

Mathematisch wäre dies schon eine richtige Lösung. Geld wird aber in Euro und Cent angegeben, also sind es 33 € und $\frac{3}{5}$ von einem Euro, also von 100 Cent.

$\frac{3}{5}$ von 100 Cent sind:

$$100 \cdot \frac{3}{5} = \frac{100 \cdot 3}{5} = \frac{20 \cdot 3}{1} = 60$$

Marion hat von ihrem Taschengeld **33,60 €** ausgegeben.

106 $$98 \cdot \frac{4}{7} = \frac{98 \cdot 4}{7} = \frac{14 \cdot 4}{1} = 56$$

Quirin hat von seinem Onkel **56 Bilder** geschenkt bekommen.

107 $$\frac{1}{2} \cdot \frac{4}{5} = \frac{1 \cdot 4}{2 \cdot 5} = \frac{1 \cdot 2}{1 \cdot 5} = \frac{2}{5}$$

Der Anteil beträgt **zwei Fünftel** der Klasse.

108 Wenn eine Zahl mit Maßeinheit mit einem Bruch multipliziert wird (wie in Teilaufgabe a, b und d), kannst du immer Beispiele erfinden, in denen Geschwister oder Freunde etwas teilen (wie z. B. Bonbons) oder eine gemeinsame Aufgabe erfüllen (wie z. B. 45 kg Äpfel pflücken).
Wenn ein Bruch mit Maßeinheit mit einer ganzen Zahl multipliziert wird (wie in Teilaufgabe c), kannst du immer Beispiele erfinden, in denen jeden Tag etwas getan wird.

a) $\frac{1}{4}$ 60 € = **15 €**

Beispiel: Marios Oma kommt zu Besuch. Sie schenkt ihm und seinen drei Geschwistern zusammen 60 € für den Urlaub als zusätzliches Taschengeld. Wie viel bekommt jeder, wenn alle gleich viel erhalten?

b) $\frac{1}{5} \cdot \frac{1}{2}$ kg = $\mathbf{\frac{1}{10}}$ **kg = 0,1 kg = 100 g**

Frau Sami Kasim kauft für ihre Kinder, die kein Lamm mögen, ein halbes Kilogramm Putenfleisch, um Schnitzel für das Festtagsessen zuzubereiten. Sie will es gerecht aufteilen.
Welches Gewicht hat dann jedes Schnitzel, wenn Frau Sami Kasim fünf Kinder hat?

c) $8 \cdot \frac{3}{4}\text{ km} = 2 \cdot 3\text{ km} = \mathbf{6\ km}$

Hannah trainiert jeden Tag, um fit zu werden. Dabei läuft sie täglich $\frac{3}{4}$ Kilometer.
Wie viel läuft sie dann in 8 Tagen?

d) $\frac{4}{7} \cdot 3\frac{1}{2}\text{ kg} = \frac{4}{7} \cdot \frac{7}{2}\text{ kg} = \mathbf{2\ kg}$

Beim Metzger hat Herr Huber 3,5 kg Rindfleisch gekauft. Er möchte davon $\frac{4}{7}$ einfrieren, damit er für seine Freunde in zwei Wochen Chili con Carne kochen kann.
Wie schwer ist der Teil, den er einfrieren muss?

109 a) $5 : \frac{3}{4} = 5 \cdot \frac{4}{3} = \frac{5 \cdot 4}{3} = \frac{20}{3} = \mathbf{6\frac{2}{3}}$

b) $22 : \frac{11}{3} = 22 \cdot \frac{3}{11} = \frac{22 \cdot 3}{11} = \frac{2 \cdot 3}{1} = \frac{6}{1} = \mathbf{6}$

c) $24 : \frac{3}{5} = 24 \cdot \frac{5}{3} = \frac{24 \cdot 5}{3} = \frac{8 \cdot 5}{1} = \frac{40}{1} = \mathbf{40}$

d) $8 : \frac{5}{6} = 8 \cdot \frac{6}{5} = \frac{8 \cdot 6}{5} = \frac{48}{5} = \mathbf{9\frac{3}{5}}$

e) $\frac{7}{8} : 4 = \frac{7}{8} \cdot \frac{1}{4} = \mathbf{\frac{7}{32}}$

f) $\frac{3}{5} : \frac{4}{15} = \frac{3}{5} \cdot \frac{15}{4} = \frac{3 \cdot 3}{1 \cdot 4} = \frac{9}{4} = \mathbf{2\frac{1}{4}}$

g) $\frac{9}{2} : 3 = \frac{9}{2} \cdot \frac{1}{3} = \frac{3 \cdot 1}{2 \cdot 1} = \frac{3}{2} = \mathbf{1\frac{1}{2}}$

h) $\frac{4}{9} : \frac{8}{3} = \frac{4}{9} \cdot \frac{3}{8} = \frac{1 \cdot 1}{3 \cdot 2} = \mathbf{\frac{1}{6}}$

110 $4 : \frac{2}{7} = 4 \cdot \frac{7}{2} = \frac{4 \cdot 7}{2} = 14$

Die gesamte Reise dauert 14 Tage, also sind sie noch **zehn Tage** unterwegs.

111 $6 : \frac{2}{9} = 6 \cdot \frac{9}{2} = 27$

27 Kinder besuchen die 6d.

112 Erst berechnet man, wie viele Kinder insgesamt in der 6b sind:

$14:\frac{7}{13}=14\cdot\frac{13}{7}=26$

Es gibt insgesamt 26 Kinder in der 6b. Weil es 14 Mädchen sind, gehen $26-14=$ **12 Jungen** in die Klasse.

113 a) $\frac{3}{4}+4^{-1}=\frac{3}{4}+\frac{1}{4}=\frac{4}{4}=\mathbf{1}$

b) $\frac{1}{5}-5^{-2}=\frac{1}{5}-\frac{1}{5^2}=\frac{1}{5}-\frac{1}{25}=\frac{5}{25}-\frac{1}{25}=\mathbf{\frac{4}{25}}$

c) $\left(\frac{2}{5}\right)^2\cdot 5^3=\frac{2}{5}\cdot\frac{2}{5}\cdot 5\cdot 5\cdot 5=\frac{2\cdot 2\cdot 5\cdot \cancel{5}\cdot \cancel{5}}{\cancel{5}\cdot \cancel{5}}=\mathbf{20}$

d) $0{,}2+5^{-1}=\frac{1}{5}+\frac{1}{5}=\mathbf{\frac{2}{5}}$

e) $25\cdot 5^{-2}=25\cdot\frac{1}{5^2}=\frac{25}{25}=\mathbf{1}$

f) $4^2:0{,}5^3=4^2:\left(\frac{1}{2}\right)^3=4^2:\frac{1}{2^3}=16\cdot 2^3=16\cdot 8=\mathbf{128}$

114 a) Hier kann auf zwei Arten gerechnet werden.

Möglichkeit 1: Man multipliziert immer wieder mit $\frac{2}{3}$.

$\frac{2}{3}\cdot\frac{2}{3}=\left(\frac{2}{3}\right)^2$

$\left(\frac{2}{3}\right)^2\cdot\frac{2}{3}=\left(\frac{2}{3}\right)^3$

$\left(\frac{2}{3}\right)^3\cdot\frac{2}{3}=\left(\frac{2}{3}\right)^4$

$\left(\frac{2}{3}\right)^4\cdot\frac{2}{3}=\mathbf{\left(\frac{2}{3}\right)^5}$

Möglichkeit 2: Durch Überlegen

Wenn man den Bruch viermal mit sich selbst multipliziert, muss der Exponent um 4 größer werden:

$1+4=5$, also $\mathbf{\left(\frac{2}{3}\right)^5}$

b) *Möglichkeit 1:* Man teilt immer wieder durch 7.

$7^4 : 7 = 7^3$

$7^3 : 7 = 7^2$

$7^2 : 7 = 7$

$7 : 7 = 1$

$1 : 7 = \frac{1}{7}$

$\frac{1}{7} : 7 = \frac{1}{7} \cdot \frac{1}{7} = \mathbf{\left(\frac{1}{7}\right)^2}$ oder $\mathbf{7^{-2}}$

Möglichkeit 2: Durch Überlegen

Wenn man sechsmal durch 7 teilt, wird der Exponent um 6 kleiner:

$4 - 6 = -2$, also $\mathbf{7^{-2}}$ oder $\mathbf{\left(\frac{1}{7}\right)^2}$

115 Lucas Aussage ist **falsch**.

$5^{-2} = \frac{1}{5^2} = \frac{1}{25}$ ist positiv.

116 a) Überschlagsrechnung:

$40 \cdot 7 = \mathbf{280}$

exakte Rechnung:

$$\begin{array}{r} \underline{35,2 \cdot 7,21} \\ 2464 \\ 704 \\ \underline{352} \\ \mathbf{253,792} \end{array}$$

b) Überschlagsrechnung:

$500 \cdot 0,02 = \mathbf{10}$

exakte Rechnung:

$$\begin{array}{r} \underline{529 \cdot 0,021} \\ 1058 \\ \underline{529} \\ \mathbf{11,109} \end{array}$$

c) Überschlagsrechnung:

$70 \cdot 3 = \mathbf{210}$

exakte Rechnung:

$$\begin{array}{r} \underline{65,9 \cdot 3,41} \\ 1977 \\ 2636 \\ \underline{659} \\ \mathbf{224,719} \end{array}$$

d) Überschlagsrechnung:

$8 \cdot 0,1 = \mathbf{0,8}$

exakte Rechnung:

$$\begin{array}{r} \underline{7,65 \cdot 0,098} \\ 6885 \\ \underline{6120} \\ \mathbf{0,74970} \end{array}$$

e) Überschlagsrechnung:
$500 \cdot 30 = \mathbf{15\,000}$

exakte Rechnung:

$$\begin{array}{r} \underline{457{,}9 \cdot 34{,}78} \\ 13737 \\ 18316 \\ 32053 \\ \underline{36632} \\ \mathbf{15925{,}762} \end{array}$$

f) Überschlagsrechnung:
$0{,}07 \cdot 4 = \mathbf{0{,}28}$

exakte Rechnung:

$$\begin{array}{r} \underline{0{,}0678 \cdot 4{,}35} \\ 2712 \\ 2034 \\ \underline{3390} \\ \mathbf{0{,}294930} \end{array}$$

g) Überschlagsrechnung:
$5 \cdot 0{,}002 = \mathbf{0{,}010}$

exakte Rechnung:

$$\begin{array}{r} \underline{5{,}067 \cdot 0{,}00245} \\ 10134 \\ 20268 \\ \underline{25335} \\ \mathbf{0{,}01241415} \end{array}$$

h) Überschlagsrechnung:
$800 \cdot 0{,}04 = \mathbf{32}$

exakte Rechnung:

$$\begin{array}{r} \underline{789{,}32 \cdot 0{,}041} \\ 315728 \\ \underline{78932} \\ \mathbf{32{,}36212} \end{array}$$

117 a) $4\,567{,}234 \cdot 100 = \mathbf{456\,723{,}4}$ (S)
b) $465{,}23 \cdot 1\,000 = \mathbf{465\,230}$ (Z)
c) $734{,}23 \cdot 10 = \mathbf{7\,342{,}3}$ (T)
d) $4\,523{,}4 \cdot 0{,}01 = \mathbf{45{,}234}$ (A)
e) $875{,}23 \cdot 0{,}1 = \mathbf{87{,}523}$ (U)
f) $34{,}23 \cdot 0{,}001 = \mathbf{0{,}03423}$ (H)
g) $9\,867{,}234 \cdot 10 = \mathbf{98\,672{,}34}$ (F)
h) $765{,}23 \cdot 0{,}01 = \mathbf{7{,}6523}$ (L)
i) $64{,}23 \cdot 1\,000 = \mathbf{64\,230}$ (E)
j) $1\,167{,}234 \cdot 0{,}001 = \mathbf{1{,}167234}$ (E)
k) $4{,}6523 \cdot 1\,000 = \mathbf{4\,652{,}3}$ (N)
l) $7{,}3423 \cdot 0{,}1 = \mathbf{0{,}73423}$ (N)

Lösungswort: **Stufenzahlen**

118 a) $72{,}378 \cdot \mathbf{100} = 7\,237{,}8$
b) $160{,}83 \cdot \mathbf{0{,}01} = 1{,}6083$
c) $1{,}2345 \cdot \mathbf{10} = 12{,}345$
d) $401{,}33 \cdot \mathbf{1\,000} = 401\,330$
e) $423 \cdot \mathbf{0{,}0001} = 0{,}0423$
f) $821{,}14 \cdot \mathbf{0{,}001} = 0{,}82114$

119 $3{,}75 \cdot 2{,}5 = 9{,}375$
Der Flächeninhalt des Teppichs beträgt **9,375 m²**.

Die Formel für den Flächeninhalt eines Rechtecks ist $A = \ell \cdot b$.

120 Die Breite muss in cm umgewandelt werden:
72 mm = 7,2 cm
Dann kann man den Flächeninhalt berechnen:
3,4 · 7,2 = 24,48
Der Flächeninhalt des Stoffstücks beträgt **24,48 cm²**.

121 Erst berechnet man, wie viel Geld Carmen hat:
25,50 € · 2,3 = 58,65 €
Carmen hat **zu wenig** Geld. Sie müsste sich noch 61,50 € – 58,65 € = **2,85 €** von Verena leihen.

122 Wenn man auf die zweite Nachkommastelle runden soll, muss man bis zur dritten Nachkommastelle rechnen.

a) Überschlagsrechnung:
80 : 5 = **16**
exakte Rechnung:
78,34 : 5,4 = 783,4 : 54 = 14,507… ≈ **14,51**

b) Überschlagsrechnung:
4 : 0,2 = 40 : 2 = **20**
exakte Rechnung:
3,76 : 0,21 = 376 : 21 = 17,904… ≈ **17,90**

c) Überschlagsrechnung:
5 000 : 3 ≈ **1 700**
exakte Rechnung:
4 598 : 3,2 = 45 980 : 32 = 1 436,875 ≈ **1 436,88**

d) Überschlagsrechnung:
50 : 30 ≈ **1,7**
exakte Rechnung:
45,92 : 32,1 = 459,2 : 321 = 1,430… ≈ **1,43**

e) Überschlagsrechnung:
0,4 : 0,7 = 4 : 7 ≈ **0,6**
exakte Rechnung:
0,35 : 0,72 = 35 : 72 = 0,486… ≈ **0,49**

f) Überschlagsrechnung:
3 : 0,02 = 300 : 2 = **150**
exakte Rechnung:
2,87 : 0,015 = 2 870 : 15 = 191,333… ≈ **191,33**

g) Überschlagsrechnung:
30 : 3 = **10**
exakte Rechnung:
34,5 : 3,21 = 3 450 : 321 = 10,747… ≈ **10,75**

h) Überschlagsrechnung:
90 : 2 = **45**
exakte Rechnung:
92,54 : 1,7 = 925,4 : 17 = 54,435… ≈ **54,44**

123 a) $470 : 6{,}6 = 4\,700 : 66 = \mathbf{71{,}\overline{21}}$

b) $25{,}3 : 3{,}6 = 253 : 36 = \mathbf{7{,}02\overline{7}}$

c) $340 : 0{,}99 = 34\,000 : 99 = \mathbf{343{,}\overline{43}}$

d) $7{,}85 : 4{,}5 = 78{,}5 : 45 = \mathbf{1{,}7\overline{4}}$

124 Die Breite erhält man, indem man den Flächeninhalt durch die Länge teilt:
$9{,}1 : 3{,}25 = 910 : 325 = 2{,}8$
Der Raum ist **2,8 m breit**.

125 Pias Erspartes wird durch den Preis einer Packung geteilt:
$13{,}44 : 0{,}45 = 1\,344 : 45 = 29{,}866\ldots$
29 Päckchen kosten:
$29 \cdot 0{,}45\text{ €} = 13{,}05\text{ €}$
Diese Kosten werden von ihrem Ersparten abgezogen:
$13{,}44\text{ €} - 13{,}05\text{ €} = 0{,}39\text{ €}$
Pia kann sich **29 Päckchen** kaufen. Ihr bleiben noch **39 Cent** übrig.

126 Die gesamte Menge wird durch das Fassungsvermögen eines Bechers geteilt:
$7{,}8 : 0{,}25 = 780 : 25 = 31{,}2$
Das heißt, dass es **31 volle Becher** sind.
$31 \cdot 0{,}25\ \ell = 7{,}75\ \ell$
Übrig bleiben $7{,}8\ \ell - 7{,}75\ \ell = \mathbf{0{,}05\ \ell}$.

127 a) Ein Schokoriegel kostet 20 ct. Hugo hat 4 €.
Wie viele Schokoriegel kann er kaufen?

b) Für eine Geburtstagsfeier hat Leas Vater 4,5 ℓ Apfelsaft gekauft. Wie viele Gläser kann Lea damit füllen, wenn die Gläser 0,2 ℓ fassen?

128 a) **Falsch.**
Gegenbeispiel:
$16{,}2 : 0{,}2 = 162 : 2 = 81$ (Dividend mit 1 Nachkommastelle)
$16{,}25 : 5 = 3{,}25$ (Dividend mit 2 Nachkommastellen)
Im ersten Beispiel muss man das Komma um 1 Stelle nach rechts verschieben. Im zweiten Beispiel muss man das Komma gar nicht nach rechts verschieben, obwohl der Dividend eine Nachkommastelle mehr hat.
Wahr wäre folgende Aussage: Je mehr Nachkommastellen der **Divisor** hat, desto weiter muss man das Komma bei der Division von Dezimalzahlen nach rechts verschieben.

b) **Wahr.**
Das gleichmäßige Verschieben der Kommas ändert das Ergebnis nie (egal, wie weit man sie verschiebt).

c) **Falsch.**
Gegenbeispiel:
$4{,}8 : 0{,}2 = 48 : 2 = 24$
Hier hat das Ergebnis der Division keine Nachkommastellen, der Dividend hat aber eine Nachkommastelle.

129 Sortieren von klein nach groß:

$0{,}01 < \underbrace{10^{-1}}_{=0{,}1} < 0{,}2 < \underbrace{10^{2}}_{=100} < 1000 < \underbrace{2\cdot 10^{3}}_{=2000} < \underbrace{10^{4}}_{=10000} < 100000$

130 a) $3\,989 = 3{,}989 \cdot \mathbf{10^3}$ b) $27\,020 = \mathbf{2{,}702} \cdot 10^4$

c) $0{,}0545 = 5{,}45 \cdot \mathbf{10^{-2}}$ d) $0{,}243 = \mathbf{2{,}43} \cdot 10^{-1}$

e) $4{,}5 \cdot \mathbf{10^4} = 45\,000$ f) $3{,}21 : \mathbf{10^2} = 0{,}0321$

g) $5{,}3 : \mathbf{10^{-2}} = 530$ h) $1{,}3 \cdot \mathbf{10^{-3}} = 0{,}0013$

131 0,05 mm = **0,00005 m**

Darstellung mithilfe einer Zehnerpotenz:

$0{,}00005\text{ m} = \mathbf{5 \cdot 10^{-5}\text{ m}}$

132 a) $\frac{2}{9} - \frac{5}{4} + 178\,\% = 0{,}22\overline{2} - 1{,}25 + 1{,}78 = 2{,}00\overline{2} - 1{,}25 = \mathbf{0{,}75\overline{2}}$

b) $\frac{7}{20} - \frac{5}{33} = 0{,}35 - 0{,}\overline{15} = \mathbf{0{,}19\overline{84}}$

c) $\frac{59}{8} - 3{,}5 + \frac{1}{5} = 7{,}375 - 3{,}5 + 0{,}2 = 7{,}575 - 3{,}5 = \mathbf{4{,}075}$

d) $14\,\% + \frac{5}{6} - \frac{1}{12} = 0{,}14 + 0{,}8\overline{3} - 0{,}08\overline{3} = 0{,}97\overline{3} - 0{,}08\overline{3} = \mathbf{0{,}89}$

133 a) $3{,}4 \cdot \frac{5}{17} = \frac{34}{10} \cdot \frac{5}{17} = \frac{2}{2} \cdot \frac{1}{1} = \mathbf{1}$ b) $5{,}1 : \frac{17}{2} = \frac{51}{10} \cdot \frac{2}{17} = \frac{3}{5} \cdot \frac{1}{1} = \mathbf{\frac{3}{5}}$

c) $34\,\% : \frac{2}{5} = \frac{34}{100} \cdot \frac{5}{2} = \frac{17}{20} \cdot \frac{1}{1} = \mathbf{\frac{17}{20}}$ d) $\frac{7}{8} \cdot 3{,}2 = \frac{7}{8} \cdot \frac{32}{10} = \frac{7}{1} \cdot \frac{4}{10} = \frac{28}{10} = \frac{14}{5} = \mathbf{2\frac{4}{5}}$

134 a) $\frac{2}{3} \cdot 33 = \frac{2}{1} \cdot 11 = 22\text{ €}$

$\frac{3}{7} \cdot 49 = \frac{3}{1} \cdot 7 = 21\text{ €}$

Die **erste Variante** ist besser, weil man einen Euro mehr bekommt.

b) $\frac{1}{4}+\frac{1}{10}+\frac{3}{5}=0,25+0,1+0,6=0,95$

Also ist der Rest $0,05=\frac{5}{100}=\frac{1}{20}$, das sind 2 Kekspackungen.

Insgesamt waren es also $2\cdot 20=$ **40 Kekspackungen**.

c) Quadrat:

$A=s\cdot s=\frac{9}{2}\text{ cm}\cdot\frac{9}{2}\text{ cm}=\frac{81}{4}\text{ cm}^2=20,25\text{ cm}^2$

Rechteck:

erste Seite: $\frac{9}{2}\text{ cm}\cdot\frac{1}{3}=\frac{3}{2}\text{ cm}=1,5\text{ cm}\quad\Rightarrow\quad 4,5\text{ cm}-1,5\text{ cm}=3\text{ cm}$

zweite Seite: $\frac{9}{2}\text{ cm}\cdot\frac{1}{4}=\frac{9}{8}\text{ cm}=1,125\text{ cm}$

$\Rightarrow\quad 4,5\text{ cm}+1,125\text{ cm}=5,625\text{ cm}=5\frac{5}{8}\text{ cm}=\frac{45}{8}\text{ cm}$

$A=3\text{ cm}\cdot\frac{45}{8}\text{ cm}=\frac{135}{8}\text{ cm}^2=16,875\text{ cm}^2$

Unterschied der beiden Flächeninhalte:
$20,25\text{ cm}^2-16,875\text{ cm}^2=3,375\text{ cm}^2$
Das Quadrat hat einen Flächeninhalt von **20,25 cm²**, das Rechteck hat einen um **3,375 cm²** kleineren Flächeninhalt.

135 Du kannst beide Meinungen für richtig halten. Wichtig ist deine Begründung. Hier stellen wir dir jeweils eine Möglichkeit vor.

Mögliche Begründung für Hannahs Aussage:

Ich finde, **Hannah hat recht**. Es gibt in der Mathematik oft mehrere Wege, die zum Ziel führen. Man kann frei entscheiden, welchen der erlaubten Wege man wählt.

Mögliche Begründung für Constantins Aussage:

Ich finde, **Constantin hat recht**. Wenn es mehrere Wege gibt, ist es am vernünftigsten, den leichtesten zu wählen. Hannah macht es sich schwerer als nötig. Natürlich kann man alle Rechnungen mit Dezimalzahlen lösen, aber manchmal ist es viel schneller, sie mit Brüchen zu lösen. Zum Beispiel:

$3,4:19=0,1789473\ldots$ (schriftliches Dividieren)

$\frac{34}{10}:19=\frac{17}{5}\cdot\frac{1}{19}=\frac{17}{95}$ (Rechnen mit Bruchzahlen)

136 a) $\frac{14}{15}\cdot\frac{20}{21}=\frac{2}{3}\cdot\frac{4}{3}=\mathbf{\frac{8}{9}}$

b) $\frac{5}{14}\cdot 32\,\%=\frac{5}{14}\cdot\frac{32}{100}=\frac{1}{7}\cdot\frac{16}{20}=\frac{1}{7}\cdot\frac{4}{5}=\mathbf{\frac{4}{35}}$

c) $2{,}8\cdot\frac{15}{49}=\frac{28}{10}\cdot\frac{15}{49}=\frac{4}{2}\cdot\frac{3}{7}=\frac{2}{1}\cdot\frac{3}{7}=\mathbf{\frac{6}{7}}$

d) $2{,}76\cdot 3{,}7=\frac{276}{100}\cdot\frac{37}{10}=\frac{69}{25}\cdot\frac{37}{10}=\frac{2\,553}{250}=\mathbf{10\frac{53}{250}}$

137 a) $\frac{14}{15}:\frac{20}{21}=\frac{14}{15}\cdot\frac{21}{20}=\frac{7}{5}\cdot\frac{7}{10}=\mathbf{\frac{49}{50}}$

b) $\frac{21}{25}:35\,\%=\frac{21}{25}:\frac{35}{100}=\frac{21}{25}\cdot\frac{100}{35}=\frac{3}{1}\cdot\frac{4}{5}=\mathbf{\frac{12}{5}}=\mathbf{2\frac{2}{5}}$

c) $2{,}1:\frac{14}{48}=\frac{21}{10}\cdot\frac{48}{14}=\frac{3}{5}\cdot\frac{24}{2}=\frac{3}{5}\cdot\frac{12}{1}=\mathbf{\frac{36}{5}}=\mathbf{7\frac{1}{5}}$

d) $2{,}76:3{,}2=\frac{276}{100}:\frac{32}{10}=\frac{276}{100}\cdot\frac{10}{32}=\frac{69}{10}\cdot\frac{1}{8}=\mathbf{\frac{69}{80}}$

138 a) $3\frac{1}{4}\cdot\left(\frac{1}{26}+0{,}5\right):\frac{5}{6}=\frac{13}{4}\cdot\left(\frac{1}{26}+\frac{13}{26}\right)\cdot\frac{6}{5}$

$=\frac{13}{4}\cdot\frac{14}{26}\cdot\frac{6}{5}=\frac{1}{2}\cdot\frac{7}{2}\cdot\frac{6}{5}=\frac{1}{2}\cdot\frac{7}{1}\cdot\frac{3}{5}=\mathbf{\frac{21}{10}}=\mathbf{2\frac{1}{10}}$

b) $2\cdot\frac{3}{14}\cdot\left[\left(\frac{2}{3}\right)^2+3^{-1}-\frac{2^0}{3}\right]=\frac{3}{7}\cdot\left[\frac{4}{9}+\frac{1}{3}-\frac{1}{3}\right]$

$=\frac{3}{7}\cdot\frac{4}{9}=\frac{1}{7}\cdot\frac{4}{3}=\mathbf{\frac{4}{21}}$

c) $2{,}4\cdot\frac{7}{18}+5{,}726=\frac{24}{10}\cdot\frac{7}{18}+5{,}726$

$=\frac{4}{10}\cdot\frac{7}{3}+5{,}726=\frac{2}{5}\cdot\frac{7}{3}+5{,}726$

$=\frac{14}{15}+5{,}726=0{,}9\overline{3}+5{,}726=\mathbf{6{,}659\overline{3}}$

d) $17\,\% \cdot \frac{5}{34} + 8{,}92 = \frac{17}{100} \cdot \frac{5}{34} + 8{,}92$
$= \frac{1}{20} \cdot \frac{1}{2} + 8{,}92 = \frac{1}{40} + 8{,}92$
$= 0{,}025 + 8{,}92 = \mathbf{8{,}945}$

139 a) $\frac{9}{7} : \frac{3}{4} = \frac{9}{7} \cdot \frac{4}{3} = \frac{3}{7} \cdot \frac{4}{1} = \mathbf{\frac{12}{7}}$

Um den anderen Faktor zu berechnen, muss man berechnen, wie oft der eine Faktor im Produkt enthalten ist.

b) $\frac{3}{4} : \frac{1}{10} = \frac{3}{4} \cdot 10 = \frac{3}{2} \cdot 5 = \mathbf{\frac{15}{2}}$

Um den Divisor zu erhalten, muss man berechnen, wie oft der Quotient in den Dividenden passt.

c) $23{,}358 : 3{,}4 = 233{,}58 : 34 = \mathbf{6{,}87}$

d) $3{,}76 \cdot 2{,}5 = \mathbf{9{,}4}$

Man multipliziert den Quotienten mit dem Divisor.

140 *Möglichkeit 1:*
Ein Drittel von $2\frac{1}{4}$:
$2\frac{1}{4} \cdot \frac{1}{3} = \frac{9}{4} \cdot \frac{1}{3} = \frac{3}{4}$
Dies wird nun in 6 gleich große Stücke geteilt:
$\frac{3}{4} : 6 = \frac{3}{4} \cdot \frac{1}{6} = \frac{1}{8}$
Frau Huber nimmt 4 dieser Stücke:
$\frac{1}{8} \cdot 4 = \frac{1}{2}$
Möglichkeit 2:
Dies lässt sich auch in einer einzigen Rechnung aufschreiben:
$2\frac{1}{4} \cdot \frac{1}{3} \cdot \frac{1}{6} \cdot 4 = \frac{9}{4} \cdot \frac{1}{3} \cdot \frac{1}{6} \cdot 4 = \frac{1}{2}$
Vier Stücke wiegen also $\frac{1}{2}$ kg und kosten deshalb die Hälfte von 18,90 €, also **9,45 €**.

141 Ganze Zahlen: $\mathbf{-\frac{15}{3}} = -5$; **− 200 %** $= -2$; $\mathbf{\frac{0}{12}} = 0$; $\mathbf{\frac{24}{8}} = 3$; $\mathbf{\frac{40}{10}} = 4$; $\mathbf{\frac{60}{5}} = 12$

Natürliche Zahlen: $\mathbf{\frac{24}{8}} = 3$; $\mathbf{\frac{40}{10}} = 4$; $\mathbf{\frac{60}{5}} = 12$

142 a) $-\frac{7}{5}=-1{,}4 \quad -\frac{4}{9}=-0{,}\overline{4} \quad 78\,\%=0{,}78$

Damit gilt: $-1{,}4<-0{,}\overline{4}<-0{,}43<0{,}1<0{,}78<1{,}5$

$$\mathbf{-\frac{7}{5}<-\frac{4}{9}<-0{,}43<0{,}1<78\,\%<1{,}5}$$

Lösungswort: **Bluete**

b) $-45\,\%=-0{,}45 \quad -\frac{5}{9}=-0{,}\overline{5}=-0{,}5\overline{5}$

Damit gilt: $-0{,}5\overline{6}<-0{,}5\overline{5}<-0{,}49<-0{,}45<-0{,}02\overline{3}<-0{,}01$

$$\mathbf{-0{,}5\overline{6}<-\frac{5}{9}<-0{,}49<-45\,\%<-0{,}02\overline{3}<-0{,}01}$$

Lösungswort: **Sommer**

143 Hier gibt es viele verschiedene Lösungen, angegeben ist immer nur eine Möglichkeit.

a) Zwischen 3,4 und 3,5 liegt z. B.: **3,44**

Es muss zumindest eine Hundertstelstelle einführt werden.

b) Zwischen $\frac{4}{7}=\frac{8}{14}$ und $\frac{5}{7}=\frac{10}{14}$ liegt z. B.: $\mathbf{\frac{9}{14}}$

Erweitern der beiden Brüche mit 2

c) Zwischen 0,3 und $\frac{1}{3}=0{,}\overline{3}$ liegt z. B.: **0,31**

Umwandeln des Bruchs in eine Dezimalzahl

Es muss zumindest eine Hundertstelstelle einführt werden.

d) Zwischen $-1{,}5$ und $-\frac{26}{18}=-1\frac{8}{18}=-1\frac{4}{9}=-1{,}\overline{4}$ liegt z. B.: **−1,45**

Umwandeln des Bruchs in eine Dezimalzahl

Es muss zumindest eine Hundertstelstelle einführt werden.

144 a) $\mathbf{3}<3{,}45$

b) $\mathbf{-6}<-5{,}6$

c) $\mathbf{-32}<-\frac{63}{2}=-31{,}5$

d) $\mathbf{0}<45\,\%=0{,}45$

145 a) $\mathbf{-2} > -2{,}45$

b) $\mathbf{5} > 4{,}6$

c) $\mathbf{-19} > -\frac{39}{2} = -19{,}5$

d) $\mathbf{0} > -86\,\% = -0{,}86$

146 a)

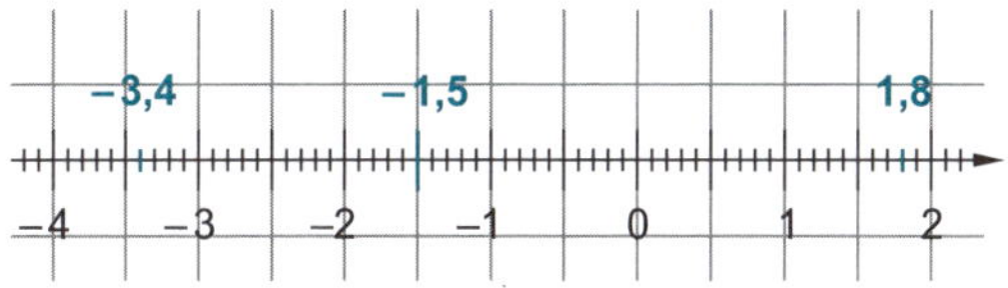

b)

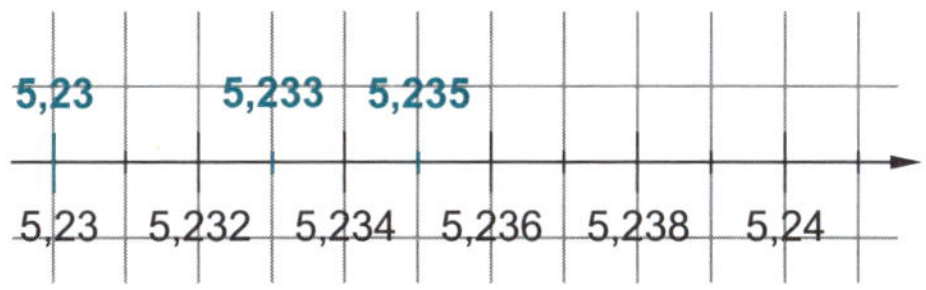

147

	wahr	falsch
a) Jede natürliche Zahl hat einen Nachfolger.	☒	☐
b) Jede ganze Zahl hat einen Nachfolger.	☒	☐
c) Jede rationale Zahl kann eindeutig durch einen Bruch dargestellt werden.	☐	☒
d) Jede ganze Zahl kann auf viele Weisen durch einen Bruch dargestellt werden.	☒	☐
e) Jede ganze Zahl ist eine natürliche Zahl.	☐	☒
f) Jede ganze Zahl ist eine rationale Zahl.	☒	☐

Widerlegen der falschen Aussagen:

c) Gegenbeispiel:

$0{,}5 = \frac{5}{10} = \frac{49}{98}$

Eine rationale Zahl kann also durch viele Brüche dargestellt werden.

e) Gegenbeispiel: –4 ist eine ganze Zahl, aber keine natürliche Zahl.

148 a) $5{,}78 - 9{,}34 = \mathbf{-3{,}56}$

b) $\frac{12}{35} + \frac{2}{3} - \frac{5}{7} - \frac{5}{6} = \frac{72}{210} + \frac{140}{210} - \frac{150}{210} - \frac{175}{210} = \mathbf{-\frac{113}{210}}$

c) $-2 - \left(-\frac{7}{8} + \frac{4}{5}\right) = -2 - (-0{,}875 + 0{,}8) = -2 - (-0{,}075) = -2 + 0{,}075 = \mathbf{-1{,}925}$

d) $\frac{5}{7}-1+\frac{9}{7}=\frac{5}{7}+\frac{9}{7}-1=\frac{14}{7}-1=2-1=\mathbf{1}$

e) $35\,\%+8{,}02-\frac{9}{8}=0{,}35+8{,}02-1{,}125=\mathbf{7{,}245}$

f) $\frac{6}{35}-0{,}5+25\,\%=\frac{6}{35}-\frac{1}{2}+\frac{25}{100}=\frac{6}{35}-\frac{1}{2}+\frac{1}{4}=\frac{24}{140}-\frac{70}{140}+\frac{35}{140}=\mathbf{-\frac{11}{140}}$

149 a) $\frac{-7}{5}:\frac{8}{-15}=\frac{7}{5}:\frac{8}{15}=\frac{7}{5}\cdot\frac{15}{8}=\frac{7}{1}\cdot\frac{3}{8}=\mathbf{\frac{21}{8}}=\mathbf{2\frac{5}{8}}$

b) $\frac{-15}{-4}\cdot\frac{8}{-25}=-\frac{15}{4}\cdot\frac{8}{25}=-\frac{3}{1}\cdot\frac{2}{5}=\mathbf{-\frac{6}{5}}=\mathbf{-1\frac{1}{5}}$

c) $\frac{-\frac{5}{8}}{25}=-\frac{5}{8}:25=-\frac{5}{8}\cdot\frac{1}{25}=-\frac{1}{8}\cdot\frac{1}{5}=\mathbf{-\frac{1}{40}}$

d) $\frac{-7}{-\frac{4}{3}}=-7:\left(-\frac{4}{3}\right)=7:\frac{4}{3}=7\cdot\frac{3}{4}=\mathbf{\frac{21}{4}}=\mathbf{5\frac{1}{4}}$

e) $\frac{\frac{-2}{3}}{\frac{5}{-6}}=\frac{-2}{3}:\frac{5}{-6}=\frac{2}{3}:\frac{5}{6}=\frac{2}{3}\cdot\frac{6}{5}=\frac{2}{1}\cdot\frac{2}{5}=\mathbf{\frac{4}{5}}$

f) $0{,}25\cdot(-2{,}5)=-0{,}25\cdot 2{,}5=-\frac{25}{100}\cdot\frac{25}{10}=-\frac{1}{4}\cdot\frac{5}{2}=\mathbf{-\frac{5}{8}}$

g) $-7{,}8:(-0{,}25)=7{,}8:0{,}25=\frac{78}{10}:\frac{25}{100}=\frac{78}{10}\cdot\frac{100}{25}=\frac{39}{5}\cdot\frac{4}{1}=\mathbf{\frac{156}{5}}=\mathbf{31\frac{1}{5}}$

h) $\frac{3}{4}:(-0{,}2)=-\frac{3}{4}:\frac{1}{5}=-\frac{3}{4}\cdot 5=\mathbf{-\frac{15}{4}}=\mathbf{-3\frac{3}{4}}$

150 a) $\frac{7}{15}:\left(-\frac{21}{4}\right)-\frac{5}{3}\cdot\frac{8}{3}\cdot\left(-\frac{15}{4}\right)=-\frac{7}{15}\cdot\frac{4}{21}+\frac{5}{3}\cdot\frac{8}{3}\cdot\frac{15}{4}=-\frac{1}{15}\cdot\frac{4}{3}+\frac{5}{3}\cdot\frac{2}{1}\cdot\frac{5}{1}$

$=-\frac{4}{45}+\frac{50}{3}=-\frac{4}{45}+\frac{750}{45}=\frac{746}{45}=16\frac{26}{45}$

b) $\left(\frac{5}{7}+\frac{3}{2}+2\frac{1}{14}\right)\cdot\left(2\frac{1}{2}:\frac{3}{4}\right)=\left(\frac{10}{14}+\frac{21}{14}+\frac{29}{14}\right)\cdot\left(\frac{5}{2}\cdot\frac{4}{3}\right)$

$=\frac{60}{14}\cdot\frac{20}{6}=\frac{5}{7}\cdot\frac{20}{1}=\frac{100}{7}=14\frac{2}{7}$

151

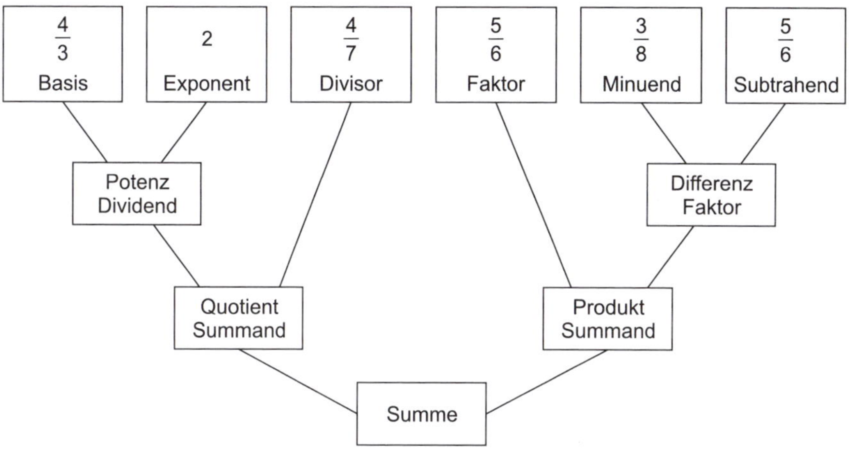

152 a) $\frac{8}{31}-\frac{5}{32}-\frac{8}{31}=\frac{8}{31}-\frac{8}{31}-\frac{5}{32}=\mathbf{-\frac{5}{32}}$

b)
$$\begin{aligned}5\frac{3}{4}-\left(4{,}35-\frac{23}{25}\right):(-0{,}05)&=5{,}75-(4{,}35-0{,}92):(-0{,}05)\\&=5{,}75-3{,}43:(-0{,}05)\\&=5{,}75+343:5\\&=5{,}75+68{,}6\\&=\mathbf{74{,}35}\end{aligned}$$

c)
$$\begin{aligned}-0{,}4\cdot\left(-\frac{5}{2^3}+2^{-1}\cdot 56\,\%\right)-3\frac{1}{2}&=-0{,}4\cdot\left(-\frac{5}{8}+\frac{1}{2}\cdot 56\,\%\right)-3\frac{1}{2}\\&=-0{,}4\cdot\left(-\frac{5}{8}+28\,\%\right)-3\frac{1}{2}\\&=\left(-\frac{2}{5}\right)\cdot\left(-\frac{5}{8}\right)+\left(-\frac{2}{5}\right)\cdot\frac{28}{100}-3\frac{1}{2}\\&=\frac{1}{4}-\frac{2}{5}\cdot\frac{7}{25}-\frac{7}{2}\\&=\frac{1}{4}-\frac{14}{125}-\frac{7}{2}\\&=0{,}25-0{,}112-3{,}5\\&=\mathbf{-3{,}362}\end{aligned}$$

d) $-12:\left(3-\frac{5}{4}:3\right)=-12:\left(3-\frac{5}{4}\cdot\frac{1}{3}\right)$

$=-12:\left(\frac{36}{12}-\frac{5}{12}\right)$

$=-12:\frac{31}{12}$

$=-12\cdot\frac{12}{31}$

$=\mathbf{-\frac{144}{31}}$

153 a) $4,5-\left(-\frac{3}{4}\right)=4,5+\frac{3}{4}$

$=4,5+0,75$

$=\mathbf{5,25}$

Um den Subtrahenden zu berechnen, muss das Ergebnis der Differenz vom Minuenden abgezogen werden.

b) $-1\frac{2}{5}-5,2=-1,4-5,2=\mathbf{-6,6}$

Um den zweiten Summanden zu erhalten, muss vom Ergebnis der Summe der erste Summand abgezogen werden.

c) $3:\left(-\frac{5}{6}\right)=-3\cdot\frac{6}{5}=\mathbf{-\frac{18}{5}}=\mathbf{-3\frac{3}{5}}$

Um den Divisor zu berechnen, muss der Dividend durch das Ergebnis des Quotienten geteilt werden.

d) $\frac{3}{5}:(-5,6)=-\frac{3}{5}:\frac{56}{10}$

$=-\frac{3}{5}\cdot\frac{10}{56}$

$=-\frac{3}{1}\cdot\frac{2}{56}$

$=-\frac{3}{1}\cdot\frac{1}{28}$

$=\mathbf{-\frac{3}{28}}$

Um den zweiten Faktor zu berechnen, wird das Ergebnis des Produkts durch den ersten Faktor geteilt.

154 a) Die Klammer muss 1 ergeben. Daher muss **–0,5** addiert werden.

Der erste Faktor des Produkts ist $-\frac{2}{3}$. Um auch als Ergebnis $-\frac{2}{3}$ zu erhalten, muss der zweite Faktor 1 sein.

b) Die zweite Klammer muss 0 ergeben, also muss $\mathbf{\frac{2}{3}}$ eingesetzt werden.

Ein Produkt ist dann null, wenn mindestens einer der beiden Faktoren null ist. Da der erste Faktor ungleich null ist, muss der zweite Faktor null sein.

c) Der Subtrahend muss 1 sein. Dieser besteht aus einem Quotienten. Die Klammer muss $\frac{4}{5}$ ergeben.

$$\frac{4}{5}-\frac{7}{8}=\frac{32}{40}-\frac{35}{40}=\mathbf{-\frac{3}{40}}$$

Von 5,2 muss 1 abgezogen werden, um 4,2 zu erhalten.

$\frac{4}{5}:\frac{4}{5}=1$

Um den fehlenden Summanden zu berechnen, wird der andere Summand von $\frac{4}{5}$ abgezogen.

d) Der zweite Summand muss 1 sein. Dieser besteht aus einem Produkt. Der erste Faktor muss der Kehrbruch von $\frac{2}{3}+\frac{3}{4}$ sein.

$$\frac{2}{3}+\frac{3}{4}=\frac{8}{12}+\frac{9}{12}=\frac{17}{12}$$

Der fehlende Faktor ist also $\mathbf{\frac{12}{17}}$.

Zu 2,5 muss 1 addiert werden, um 3,5 zu erhalten.

Wird ein Bruch mit seinem Kehrbruch multipliziert, ergibt sich immer 1:
$\frac{a}{b}\cdot\frac{b}{a}=\frac{1}{1}\cdot\frac{1}{1}=1$

155 a) $25\ \%\text{ von }\frac{8}{15}=\frac{1}{4}\cdot\frac{8}{15}=\mathbf{\frac{2}{15}}$

„Von“ kann immer durch ein Malzeichen ersetzt werden.

b) $\frac{2}{3}\text{ von }6\text{ h}=\frac{2}{3}\cdot 6\text{ h}=\mathbf{4\ h}$

c) $\frac{5}{8}\text{ von }8{,}8\text{ kg}=\frac{5}{8}\cdot\frac{88}{10}\text{ kg}=\frac{11}{2}\text{ kg}=\mathbf{5{,}5\ kg}$

d) $\frac{4}{7}\text{ von }35\text{ min}=\frac{4}{7}\cdot 35\text{ min}=\mathbf{20\ min}$

156 a) $\left(-\frac{5}{12}\right)\cdot\left(\frac{4}{-7}\right)=\frac{5}{12}\cdot\frac{4}{7}=\frac{5}{3}\cdot\frac{1}{7}=\mathbf{\frac{5}{21}}$

b) $\frac{\frac{5}{-2}}{\frac{-35}{6}}=\frac{5}{-2}:\frac{-35}{6}=\frac{5}{2}\cdot\frac{6}{35}=\frac{1}{1}\cdot\frac{3}{7}=\mathbf{\frac{3}{7}}$

c) $\frac{7}{3}:21\ \%=\frac{7}{3}:\frac{21}{100}=\frac{7}{3}\cdot\frac{100}{21}=\frac{1}{3}\cdot\frac{100}{3}=\mathbf{\frac{100}{9}}=\mathbf{11\frac{1}{9}}$

d) $-15-25\cdot\left(\frac{3}{-5}\right)=-15+25\cdot\frac{3}{5}=-15+15=\mathbf{0}$

e) $\left(-\frac{5}{3}\right)^2-\frac{5^2}{3}=\frac{25}{9}-\frac{25}{3}=\frac{25}{9}-\frac{75}{9}=\mathbf{-\frac{50}{9}}=\mathbf{-5\frac{5}{9}}$

f) $\left(-\frac{6}{25}\right):\left[\left(\frac{2}{5}\right)^2+\frac{3}{5}\right]=-\frac{6}{25}:\left[\frac{4}{25}+\frac{15}{25}\right]=-\frac{6}{25}:\frac{19}{25}=-\frac{6}{25}\cdot\frac{25}{19}=\mathbf{-\frac{6}{19}}$

157 a) $\frac{2}{3}$ von $-36 \Rightarrow \frac{2}{3}\cdot(-36)=-\frac{2}{3}\cdot 36=-\frac{2}{1}\cdot 12=\mathbf{-24}$

ist größer als

$-\frac{4}{5}$ von $35 \Rightarrow -\frac{4}{5}\cdot 35=-\frac{4}{1}\cdot 7=-28$

b) 35 % von 81 € $\Rightarrow \frac{35}{100}\cdot 81\text{ €}=\frac{2\,835}{100}\text{ €}=\mathbf{28{,}35\text{ €}}$

ist größer als

$\frac{5}{9}$ von 51 € $\Rightarrow \frac{5}{9}\cdot 51\text{ €}=\frac{5}{3}\cdot 17\text{ €}=\frac{85}{3}\text{ €}=28\frac{1}{3}\text{ €}=28{,}\overline{3}\text{ €}$

c) Das Dreifache von $\frac{7}{-5} \Rightarrow 3\cdot\frac{7}{-5}=-\frac{21}{5}=\mathbf{-4{,}2}$

ist größer als

das Doppelte von $\frac{-22}{9} \Rightarrow 2\cdot\left(\frac{-22}{9}\right)=-2\cdot\frac{22}{9}=-\frac{44}{9}=-4\frac{8}{9}=-4{,}\overline{8}$

158 a) **Nein**, $\frac{5}{7}$ ist größer als beide Zahlen. $\frac{5}{7}\approx 0{,}71;\ \frac{1}{4}=0{,}25;\ 68\,\%=0{,}68$

b) $\frac{4}{9}+\frac{2}{5}=\frac{20}{45}+\frac{18}{45}=\frac{38}{45}=0{,}8\overline{4}$

Nein, $0{,}8\overline{4}$ ist kleiner als 0,89.

c) $\frac{\frac{-6}{7}}{15}=-\frac{6}{7}:15=-\frac{6}{7}\cdot\frac{1}{15}=-\frac{2}{7}\cdot\frac{1}{5}=-\frac{2}{35}$

$\frac{5}{\frac{-2}{3}}=-5:\frac{2}{3}=-5\cdot\frac{3}{2}=-\frac{15}{2}=-7\frac{1}{2}$

$\frac{-\frac{8}{5}}{\frac{2}{7}}=-\frac{8}{5}:\frac{2}{7}=-\frac{8}{5}\cdot\frac{7}{2}=-\frac{4}{5}\cdot\frac{7}{1}=-\frac{28}{5}=-5\frac{3}{5}$

Der **erste** Doppelbruch ist der größte.

159 a) Möglich sind:

$\mathbf{\frac{1}{3}, \frac{1}{4}, \frac{1}{5}, \frac{2}{5}, \frac{1}{6}, \frac{1}{7}, \frac{2}{7}, \frac{3}{7}, \frac{1}{8}, \frac{3}{8}, \frac{1}{9}, \frac{2}{9}, \frac{4}{9}}$

Es gibt also **13** Verdächtige.

b) Möglich sind:

$\mathbf{\frac{1}{16}, \frac{1}{25}, \frac{1}{36}, \frac{1}{49}, \frac{1}{64}, \frac{1}{81}}$

Es gibt also **6** Verdächtige.

c) Möglich ist nur $\mathbf{11\frac{1}{11}}$.

Es gibt also **1** Verdächtigen.

d) Möglich wären für die ersten beiden Bedingungen:

$-\frac{1}{2}, -\frac{2}{4}, -\frac{3}{6}, -\frac{4}{8}$

Nur $\mathbf{-\frac{4}{8}}$ erfüllt auch die dritte Bedingung.

Es gibt also **1** Verdächtigen.

160 $\frac{1}{3}+\frac{2}{5}=\frac{5}{15}+\frac{6}{15}=\frac{11}{15}$

Sie hat $\frac{11}{15}$ ihrer Schulden bezahlt, also hat sie noch $\frac{4}{15}$ ihrer Schulden übrig. Das sind 12 €. $\frac{1}{15}$ der Schulden machen also $12\text{ €} : 4 = 3\text{ €}$ aus. Daher war sie anfangs $3\text{ €} \cdot 15 =$ **45 €** schuldig.

161 a) $A = 0{,}5\text{ m} \cdot 0{,}5\text{ m} = \mathbf{0{,}25\text{ m}^2}$

b) $A = 5{,}4\text{ cm} \cdot 5{,}4\text{ cm} = \mathbf{29{,}16\text{ cm}^2}$

c) $s = 3\frac{1}{2}\text{ dm} = 3{,}5\text{ dm}$

$A = 3{,}5\text{ dm} \cdot 3{,}5\text{ dm} = \mathbf{12{,}25\text{ dm}^2}$

d) $A = \frac{4}{3}\text{ m} \cdot \frac{4}{3}\text{ m} = \frac{16}{9}\text{ m}^2 = 1\frac{7}{9}\text{ m}^2 = \mathbf{1{,}\overline{7}\text{ m}^2}$

162 Die Quadratzahlen bis 15^2 solltest du auswendig können.

a) $A = 144\text{ cm}^2$
$s^2 = 144\text{ cm}^2$
$s = \mathbf{12\text{ cm}}$

b) $A = 81\text{ mm}^2$
$s^2 = 81\text{ mm}^2$
$s = \mathbf{9\text{ mm}}$

c) $A = 49\ m^2$
$s^2 = 49\ m^2$
$s = \mathbf{7\ m}$

d) $A = 121\ dm^2$
$s^2 = 121\ dm^2$
$s = \mathbf{11\ dm}$

163 a) $A = 4\ cm \cdot 7\ cm = \mathbf{28\ cm^2}$

b) $A = 2{,}5\ m \cdot 3\ m = \mathbf{7{,}5\ m^2}$

c) $a = 1{,}7\ dm = 17\ cm$, $b = 2\ dm = 20\ cm$ — Wandle die Einheiten um.
$A = 17\ cm \cdot 20\ cm = \mathbf{340\ cm^2}$ oder
$A = 1{,}7\ dm \cdot 2\ dm = \mathbf{3{,}4\ dm^2}$

d) $\ell = 2{,}5\ cm = 25\ mm$, $b = 1{,}2\ cm = 12\ mm$ — Wandle die Einheiten um.
$A = 25\ mm \cdot 12\ mm = \mathbf{300\ mm^2}$ oder
$A = 2{,}5\ cm \cdot 1{,}2\ cm = \mathbf{3\ cm^2}$

164 Hier muss man überlegen, wie man auf das Produkt 12 kommen kann:
Der Raum könnte **1 m breit** und **12 m lang** sein, er könnte **2 m breit** und **6 m lang** sein, aber auch **3 m breit** und **4 m lang**.
Natürlich sind auch diese Abmessungen möglich: **4 m breit, 3 m lang** oder **6 m breit, 2 m lang** oder **12 m breit, 1 m lang**.

Die erste und die letzte Möglichkeit sind sehr unwahrscheinlich. Die zweite und die vorletzte Möglichkeit könnten ein Flur oder Treppenhaus sein.

165 Der Flächeninhalt des Quadrats beträgt:
$A = 6\ cm \cdot 6\ cm = 36\ cm^2$
Auch hier gibt es viele Möglichkeiten, z. B. 4 cm breit, 9 cm lang (in Kurzschreibweise (4, 9)).
Das sind alle ganzzahligen Möglichkeiten in Kurzschreibweise:
(1, 36), (2, 18), (3, 12), (4, 9), (9, 4), (12, 3), (18, 2) und (36, 1)

Natürlich können auch andere Möglichkeiten gewählt werden, z. B. kann das Rechteck eine Breite von 5 cm und eine Länge von 7,2 cm haben.

166 $9\ dm^2$ Flächeninhalt heißt 3 dm Seitenlänge.
$3{,}6\ m = 36\ dm$
Für die Anzahl der Quadrate in einer Reihe gilt:
$36 : 3 = 12$, also 12 Quadrate

$4{,}2\ m = 42\ dm$
Für die Anzahl der Reihen gilt:
$42 : 3 = 14$ Reihen
Insgesamt braucht man also $12 \cdot 14$ Quadrate, das sind 168 Quadrate, von denen **84 rosa** und **84 hellgrau** sind.

167 a) Der Zaun grenzt ein Rechteck mit unbekannten Seitenlängen a und b ein. Für den Umfang U des Rechtecks gilt:

$U = 2 \cdot (a + b)$

$24\ m = 2 \cdot (a + b)$

Also muss $a + b = 12\ m$ sein.

Hier gibt es viele Möglichkeiten, z. B. $a = 1\ m$ und $b = 11\ m$ (in Kurzschreibweise (1, 11)).

Das sind alle ganzzahligen Möglichkeiten in Kurzschreibweise:
(1, 11), (2, 10), (3, 9), (4, 8), (5, 7), (6, 6), (7, 5), (8, 4), (9, 3), (10, 2), (11, 1)

Du musst nur drei Möglichkeiten angeben.

b) Für den Flächeninhalt des Rechtecks gilt:
$A = a \cdot b$
Vergleich der Paare aus Teilaufgabe a:
$1\ m \cdot 11\ m = 11\ m \cdot 1\ m = 11\ m^2$
$2\ m \cdot 10\ m = 10\ m \cdot 2\ m = 20\ m^2$
$3\ m \cdot 9\ m = 9\ m \cdot 3\ m = 27\ m^2$
$4\ m \cdot 8\ m = 8\ m \cdot 4\ m = 32\ m^2$
$5\ m \cdot 7\ m = 7\ m \cdot 5\ m = 35\ m^2$
$6\ m \cdot 6\ m = 36\ m^2$

Es reicht, wenn du deine drei Möglichkeiten aus Teilaufgabe a vergleichst.

Herr Huber wählt **6 m Länge** und **6 m Breite**, weil diese Abmessungen eine Fläche mit dem größten Inhalt von $36\ m^2$ ergeben.

168 Achte immer darauf, dass dieselben Längenmaße vorliegen, sonst musst du umwandeln.

a) $A = 6\ cm \cdot 5{,}7\ cm = \mathbf{34{,}2\ cm^2}$

b) $A = 3{,}2\ dm \cdot 1{,}5\ cm = 32\ cm \cdot 1{,}5\ cm = \mathbf{48\ cm^2}$ oder
$A = 3{,}2\ dm \cdot 1{,}5\ cm = 3{,}2\ dm \cdot 0{,}15\ dm = \mathbf{0{,}48\ dm^2}$

c) $A = 1{,}6\ m \cdot 8\ dm = 16\ dm \cdot 8\ dm = \mathbf{128\ dm^2}$ oder
$A = 1{,}6\ m \cdot 8\ dm = 1{,}6\ m \cdot 0{,}8\ m = \mathbf{1{,}28\ m^2}$

d) $A = 4{,}2\ cm \cdot 28\ mm = 42\ mm \cdot 28\ mm = \mathbf{1\,176\ mm^2}$ oder
$A = 4{,}2\ cm \cdot 28\ mm = 4{,}2\ cm \cdot 2{,}8\ cm = \mathbf{11{,}76\ cm^2}$

169 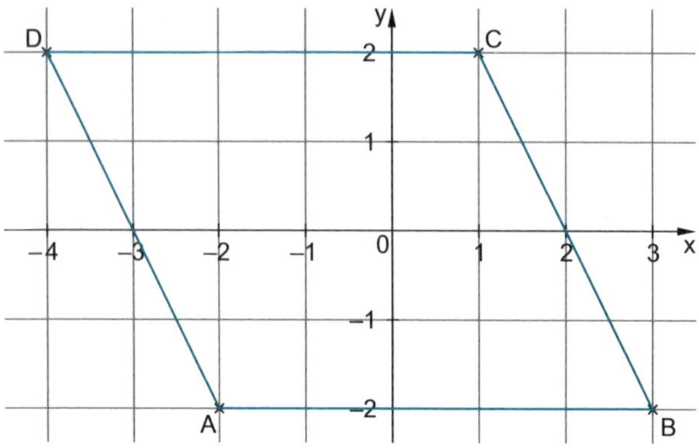

$A = a \cdot h_a = 5\text{ cm} \cdot 4\text{ cm} = \mathbf{20\text{ cm}^2}$

170 Die Parallelogramme unterscheiden sich in den Winkeln:

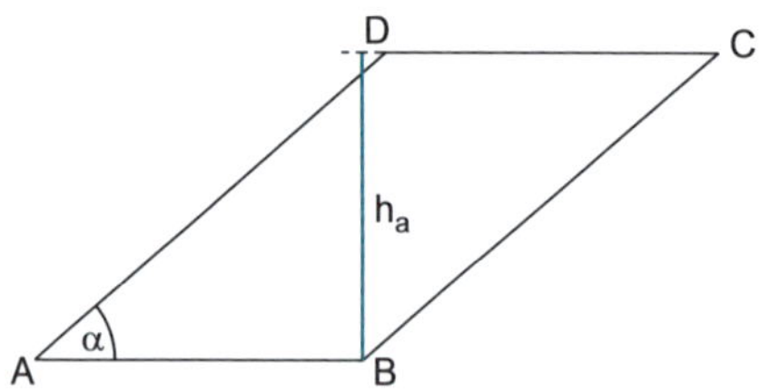

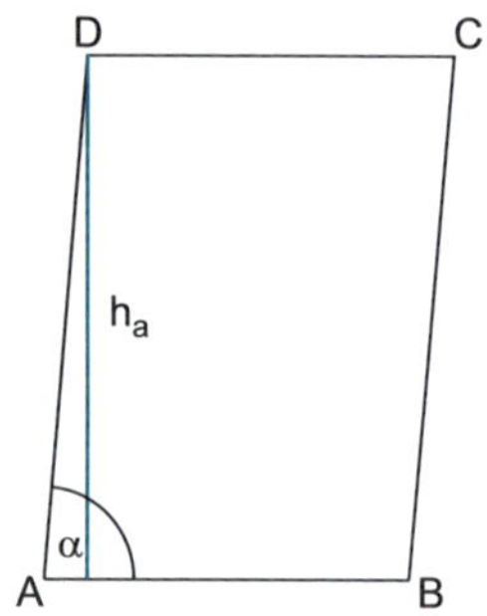

Maßstab 1 : 2

$h_a = \mathbf{4{,}5\text{ cm}}$ $h_a = \mathbf{7\text{ cm}}$

Das Parallelogramm mit $\alpha = 85°$ hat den größeren Flächeninhalt, weil die Höhe größer ist.

Parallelogramm mit $\alpha = 40°$:
$A = 5\text{ cm} \cdot 4{,}5\text{ cm} = \mathbf{22{,}5\text{ cm}^2}$

Parallelogramm mit $\alpha = 85°$:
$A = 5\text{ cm} \cdot 7\text{ cm} = \mathbf{35\text{ cm}^2}$

171 a) **Falsch.** Man kann beliebig viele Parallelogramme zeichnen, da die Flächenformel $A = a \cdot h_a$ lautet. Wie lang die zweite Seite ist, hat auf den Flächeninhalt keinen Einfluss.

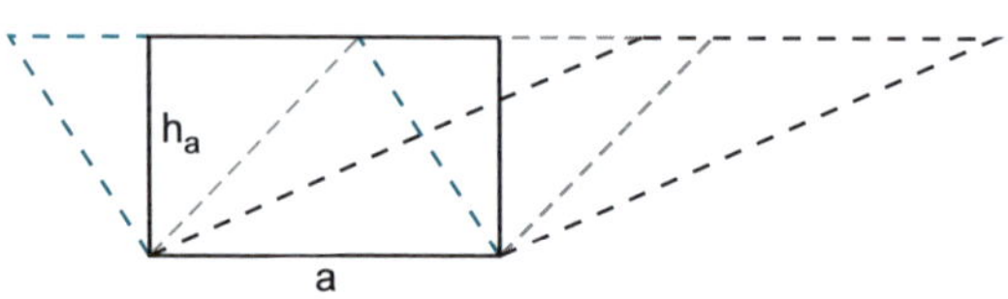

b) **Wahr.** Diese Aufgabenstellung ist ähnlich wie die vorhergehende, da ein Quadrat ein besonderes Rechteck ist.
Man kann mindestens ein Parallelogramm (genauer gesagt sogar beliebig viele Parallelogramme) zeichnen, das denselben Flächeninhalt hat.

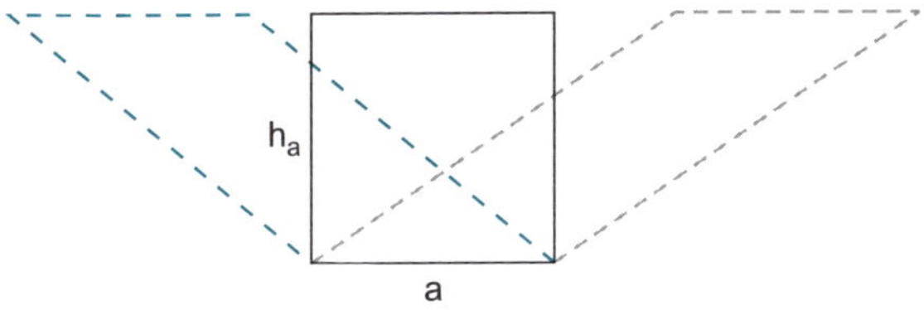

c) **Wahr.** Die Höhe auf die Seite b muss $h_b = 2$ cm betragen. Dann gilt:
$A = b \cdot h_b = 5\ \text{cm} \cdot 2\ \text{cm} = 10\ \text{cm}^2$

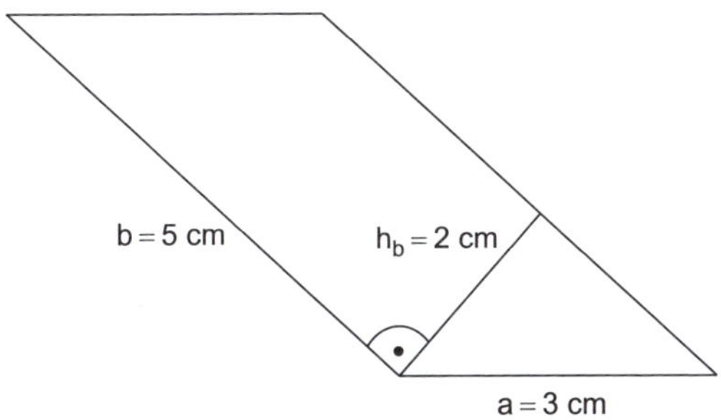

Es ist auch möglich, ein Parallelogramm von der Seitenlänge a aus zu zeichnen, dann ist die Länge der Höhe aber nicht ganzzahlig.

d) **Wahr.** Die Höhe auf die Seite a muss $h_a = 0{,}5\ \text{cm} = 5\ \text{mm}$ betragen. Dann gilt:
$A = a \cdot h_a = 4\ \text{cm} \cdot 0{,}5\ \text{cm} = 2\ \text{cm}^2$

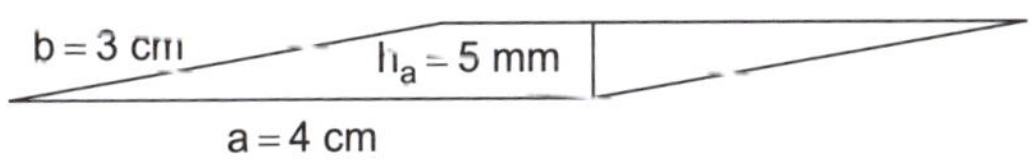

Man kann so ein Parallelogramm auch mit b und h_b zeichnen, h_b ist dann aber in mm gemessen nicht ganzzahlig.

e) **Falsch.** Man kann drei Parallelogramme zeichnen, für die diese drei Punkte Eckpunkte sind.

172 a) $A = \frac{1}{2} \cdot a \cdot h_a = \frac{1}{2} \cdot 5\text{ cm} \cdot 3\text{ cm} = \mathbf{7{,}5\ cm^2}$

b) $A = \frac{1}{2} \cdot c \cdot h_c = \frac{1}{2} \cdot 5{,}2\text{ dm} \cdot 2{,}7\text{ dm} = \mathbf{7{,}02\ dm^2}$

c) $A = \frac{1}{2} \cdot b \cdot h_b = \frac{1}{2} \cdot 28\text{ mm} \cdot 2{,}4\text{ cm} = \frac{1}{2} \cdot 2{,}8\text{ cm} \cdot 2{,}4\text{ cm} = \mathbf{3{,}36\ cm^2}$

173 a) $c = \mathbf{4\ cm}$

$h_c = \mathbf{7\ cm}$

$A = \frac{1}{2} \cdot 4\text{ cm} \cdot 7\text{ cm} = \mathbf{14\ cm^2}$

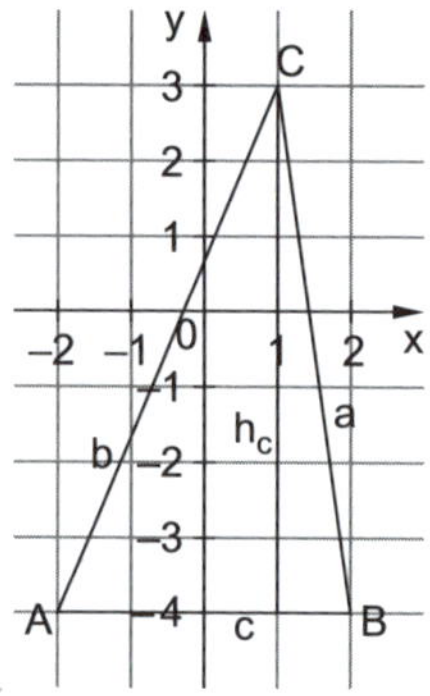

Maßstab 1 : 2

b) $a = \mathbf{5\ cm}$

$h_a = \mathbf{4\ cm}$

$A = \frac{1}{2} \cdot 5\text{ cm} \cdot 4\text{ cm} = \mathbf{10\ cm^2}$

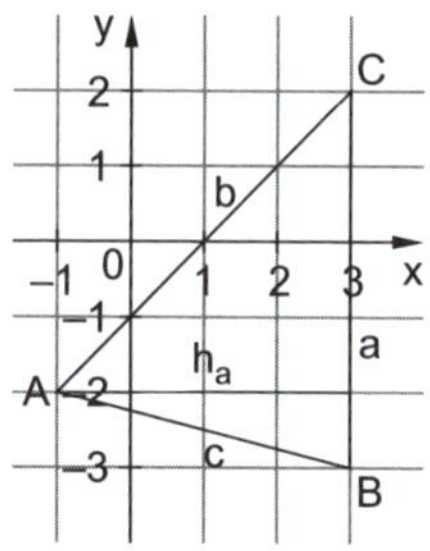

Maßstab 1 : 2

c) $b = \mathbf{3\ cm}$

$h_b = \mathbf{5\ cm}$

$A = \frac{1}{2} \cdot 3\text{ cm} \cdot 5\text{ cm} = \mathbf{7{,}5\ cm^2}$

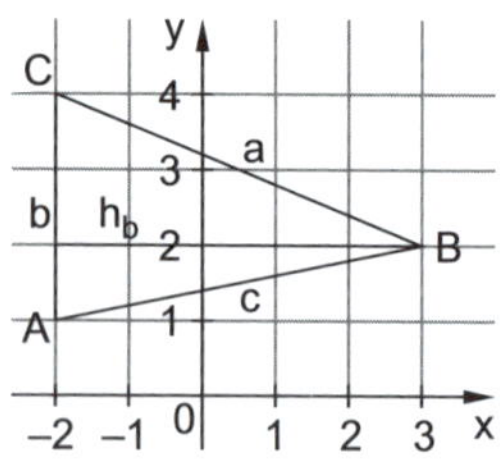

Maßstab 1 : 2

174 a) $a = 45\text{ mm} = 4{,}5\text{ cm},\ c = 2{,}3\text{ cm},\ h = 4\text{ cm}$ Wandle zunächst in die gleiche Einheit um.

$A = \frac{(4{,}5\text{ cm} + 2{,}3\text{ cm}) \cdot 4\text{ cm}}{2} = \frac{6{,}8\text{ cm} \cdot 4\text{ cm}}{2} = \mathbf{13{,}6\ cm^2}$

b) $a = 56\text{ dm} = 5{,}6\text{ m},\ c = 3{,}8\text{ m},$
$h = 480\text{ cm} = 4{,}8\text{ m}$

Wandle zunächst in die gleiche Einheit um.

$$A = \frac{(5{,}6\text{ m} + 3{,}8\text{ m}) \cdot 4{,}8\text{ m}}{2} = \frac{9{,}4\text{ m} \cdot 4{,}8\text{ m}}{2} = \mathbf{22{,}56\text{ m}^2}$$

175 $A = \frac{(3{,}5\text{ m} + 2{,}5\text{ m}) \cdot 3\text{ m}}{2} = \frac{6\text{ m} \cdot 3\text{ m}}{2} = 9\text{ m}^2$

Das Boot besitzt eine Segelfläche von **9 m²**.

176 Aus dem Umfang und den gegebenen Seiten wird die fehlende Seite c berechnet:

$U = a + b + c$
$12\text{ cm} = 5\text{ cm} + 3\text{ cm} + c$
$12\text{ cm} = 8\text{ cm} + c$

Dann muss $c =$ **4 cm** sein.

Überlege, welche Zahl du zu 8 addieren musst, um 12 zu erhalten.

Mit dem Flächeninhalt und einer Seite wird jeweils die zugehörige Höhe ausgerechnet:

In diesem Fall ist es einfacher, zunächst ohne Einheiten zu rechnen.

$A = \frac{1}{2} \cdot a \cdot h_a$

$6 = \frac{1}{2} \cdot 5 \cdot h_a$

$6 = 2{,}5 \cdot h_a$

$h_a = 6 : 2{,}5 = 2{,}4$

Überlege, mit welcher Zahl du 2,5 multiplizieren musst, um 6 zu erhalten. Dividiere dafür 6 durch 2,5.

Die Höhe h_a ist **2,4 cm** lang.

Achte darauf, die Länge der Höhe mit der Einheit anzugeben.

$A = \frac{1}{2} \cdot b \cdot h_b$

$6 = \frac{1}{2} \cdot 3 \cdot h_b$

$6 = 1{,}5 \cdot h_b$

$h_b = 6 : 1{,}5 = 4$

Überlege, mit welcher Zahl du 1,5 multiplizieren musst, um 6 zu erhalten. Dividiere dafür 6 durch 1,5.

Die Höhe h_b ist **4 cm** lang.

$A = \frac{1}{2} \cdot c \cdot h_c$

$6 = \frac{1}{2} \cdot 4 \cdot h_c$

$6 = 2 \cdot h_c$

$h_c = 6 : 2 = 3$

Überlege, mit welcher Zahl du 2 multiplizieren musst, um 6 zu erhalten. Dividiere dafür 6 durch 2.

Die Höhe h_c ist **3 cm** lang.

177 $A=\frac{(a+c)\cdot h}{2}$

$14=\frac{(5{,}8+2{,}2)\cdot h}{2}$

$14=\frac{8\cdot h}{2}$

$14=4\cdot h$

$h=14:4=3{,}5$

Die Höhe muss **3,5 cm** sein.

Hier bietet es sich wieder an, ohne Einheiten zu rechnen.

Überlege, mit welcher Zahl du 4 multiplizieren musst, um 14 zu erhalten. Dividiere dafür 14 durch 4.

178 Beachte, dass die Eckpunkte gegen den Uhrzeigersinn beschriftet werden müssen.

a)

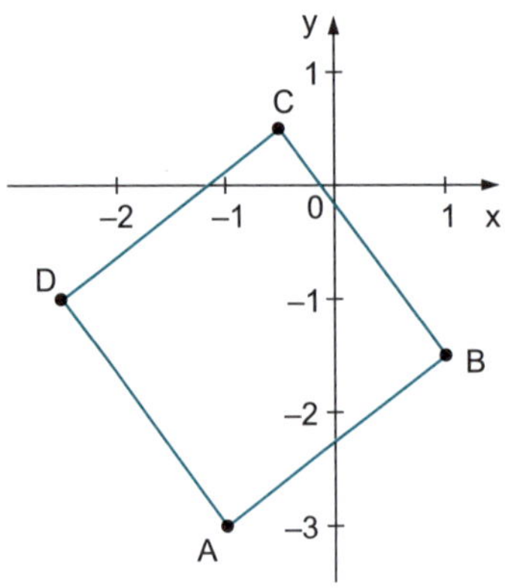

Koordinaten: **C(–0,5 | 0,5), D(–2,5 | –1)**

Diese Lösung ist eindeutig, weil die Beschriftung eines Quadrats gegen den Uhrzeigersinn erfolgt. Das Ergänzen der Punkte C(2,5 | –3,5) und D(0,5 | –5) würde ein Quadrat ergeben, das im Uhrzeigersinn beschriftet ist.

b) Die Höhe des Parallelogramms muss ebenfalls 2,5 cm betragen. Du verlängerst also eine Seite des Quadrats und schlägst von den Eckpunkten der gegenüberliegenden Seite die Länge 4 cm auf der entstandenen Geraden ab. Mehrere Lösungen sind bei diesem Vorgehen möglich.

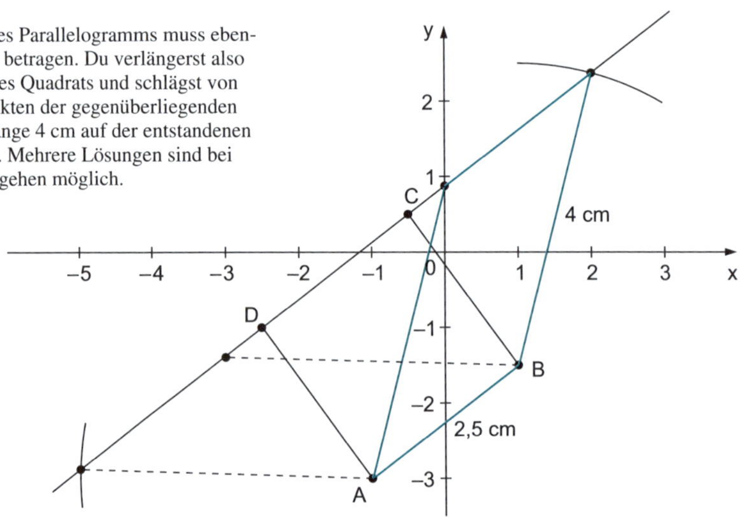

c) Als Grundseite c des Dreiecks wählt man die Strecke $\overline{AB}$, die eine Länge von 2,5 cm hat.

Die Formel für den Flächeninhalt eines Dreiecks mit der Grundseite c lautet $A = \frac{1}{2} \cdot c \cdot h_c$.

Dieser Flächeninhalt ist genauso groß wie der des Quadrats, wenn $\frac{1}{2} \cdot h_c$ ebenfalls 2,5 cm lang ist. Deshalb hat h_c eine Länge von 5 cm.

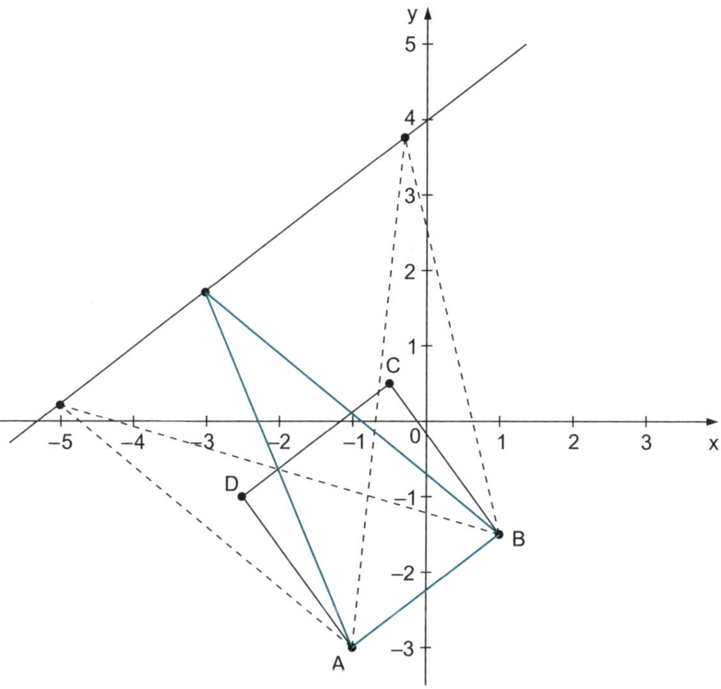

Vorgehen: Man zieht eine Parallele zur Strecke $\overline{AB}$ im Abstand von 5 cm, wählt auf dieser Parallele einen beliebigen Punkt als Eckpunkt des Dreiecks und zeichnet das Dreieck.

Bei diesem Vorgehen sind beliebig viele Dreiecke möglich.

179 a)

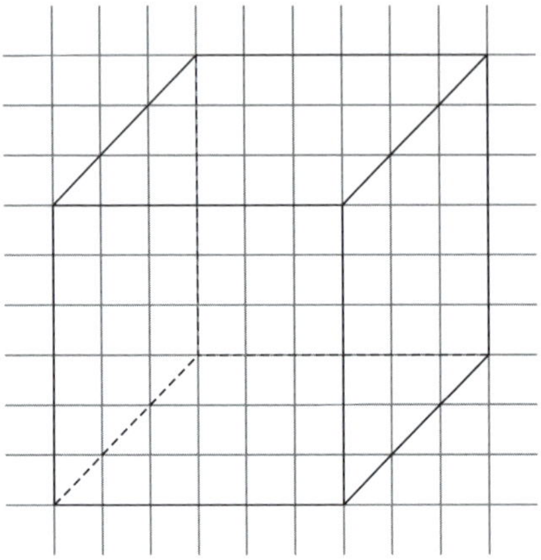

b)

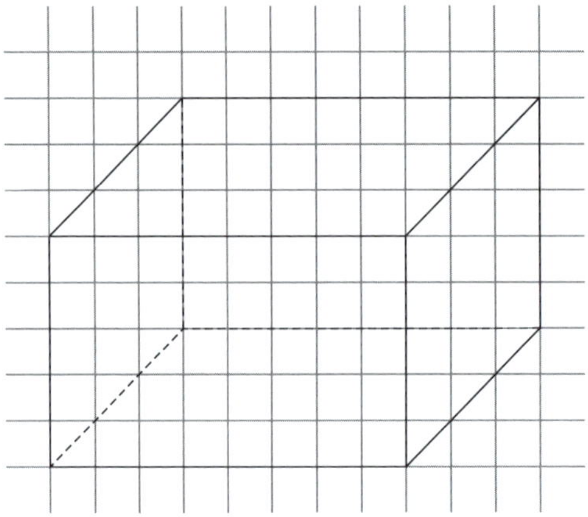

c)

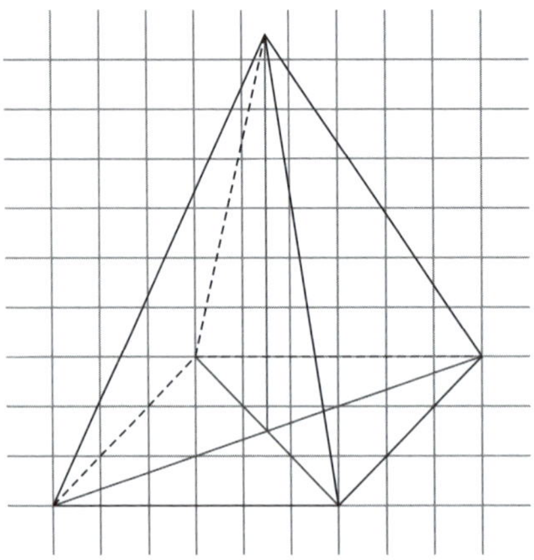

Zeichne die Höhe der Pyramide senkrecht ab dem Schnittpunkt der Diagonalen der Grundfläche.

180 a)

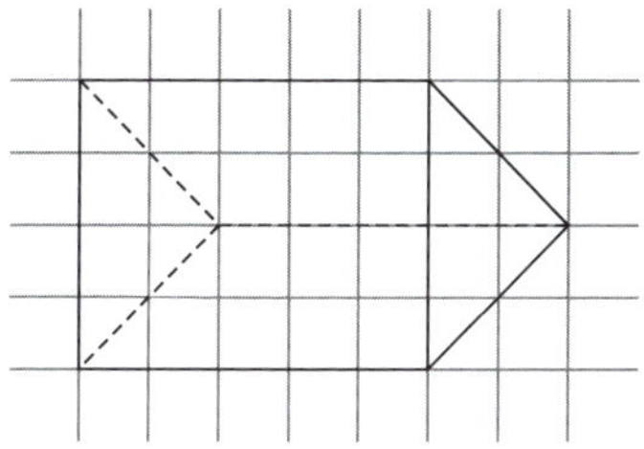

b)

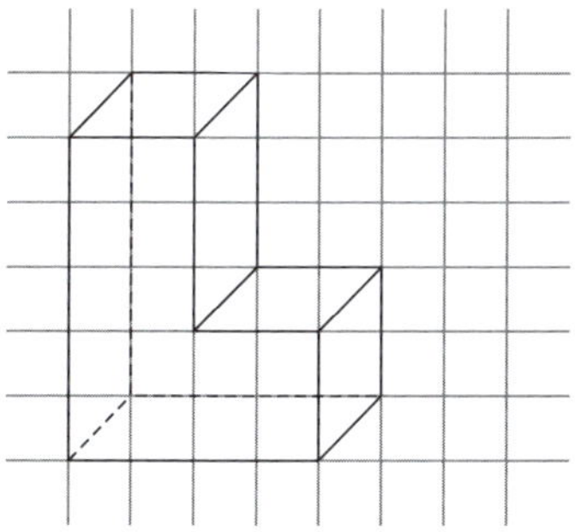

c)

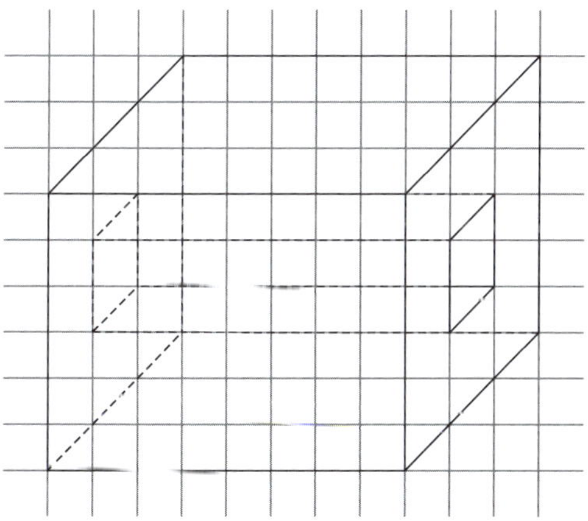

181 a)

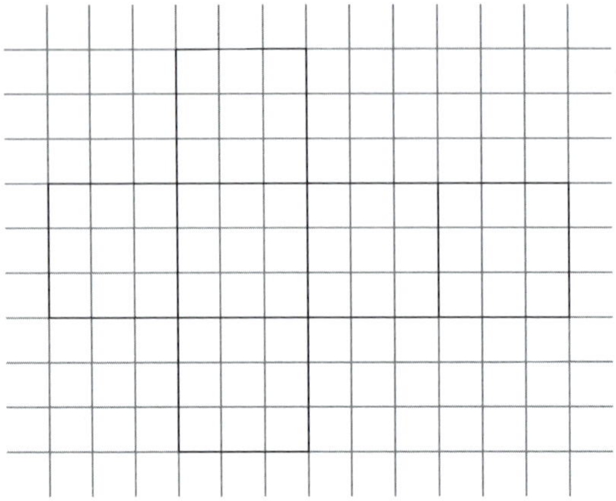

b)

182 a)

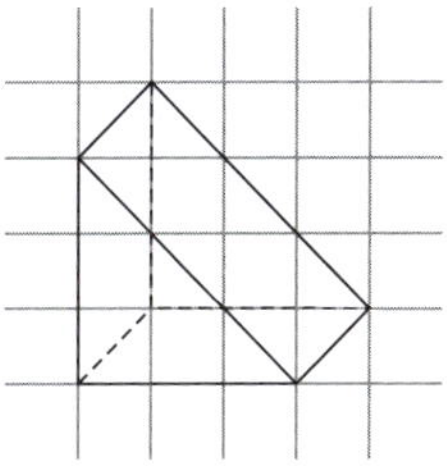

b)

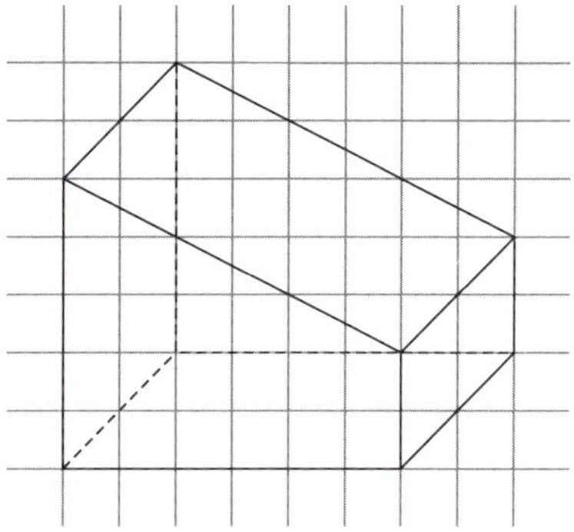

183 Schrägbild:

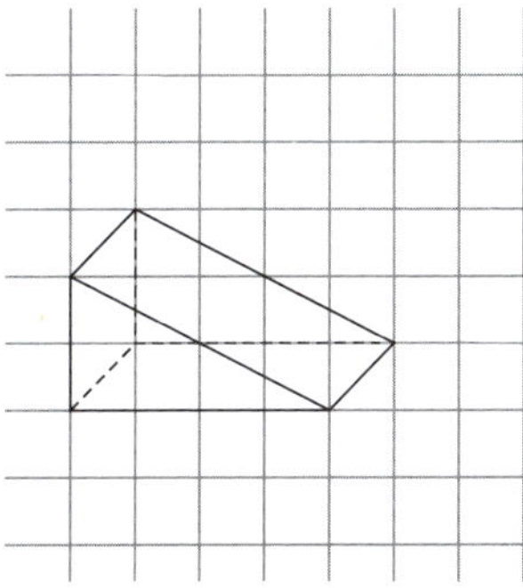

Netz:

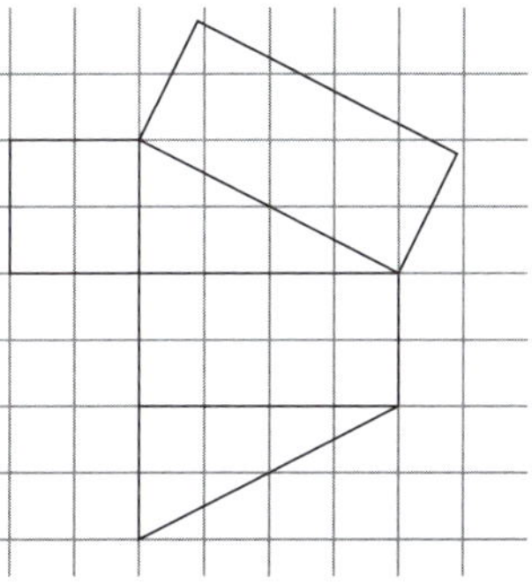

184 a) Mögliche Lösungen:

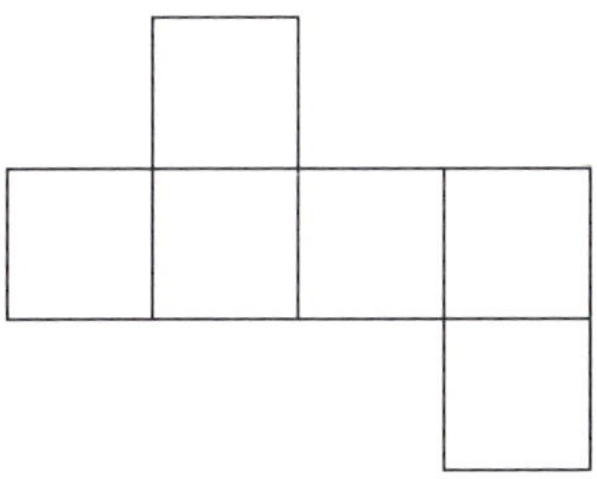

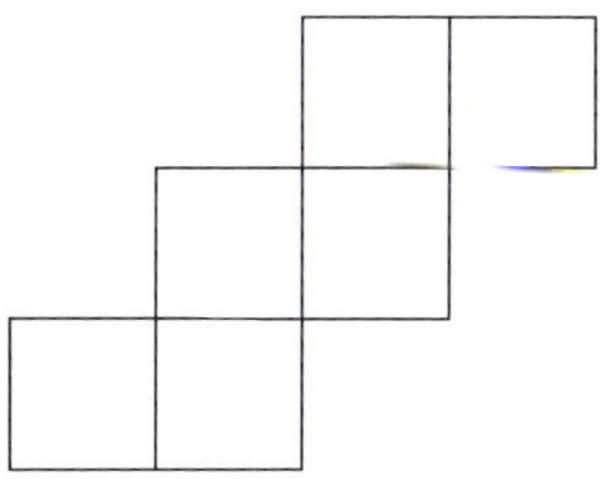

b) Mögliche Lösungen:

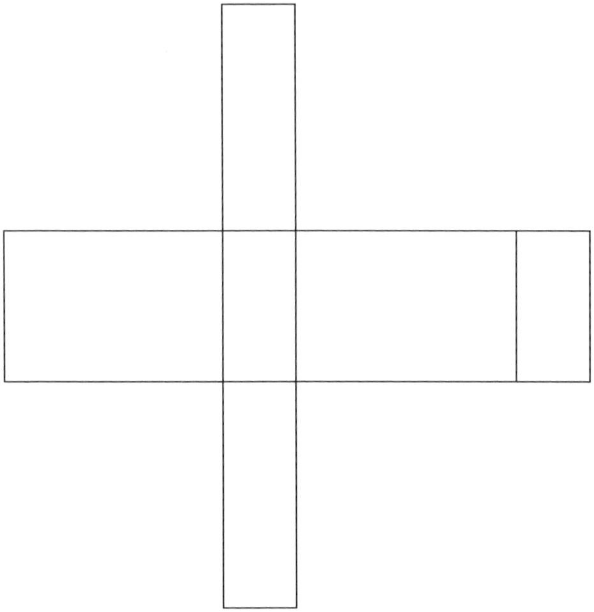

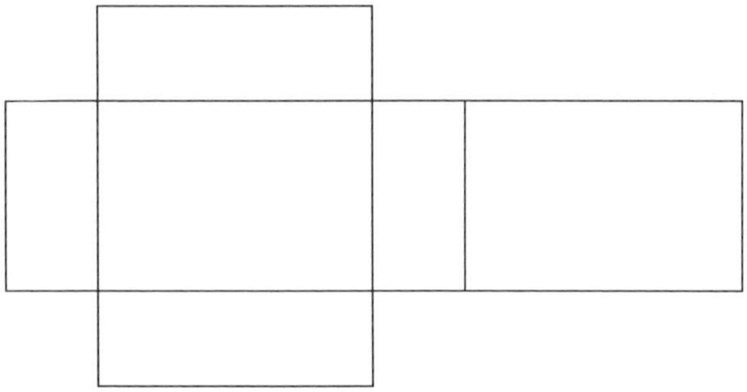

c) Zu jedem Würfelnetz, das man zeichnen kann, kann man drei Quadernetze zeichnen, weil die drei Längen der Kanten unterschiedlich sind.

Beispiel:

1 Würfelnetz (im Maßstab 1 : 2):

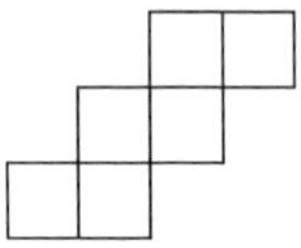

3 Quadernetze (im Maßstab 1 : 2):

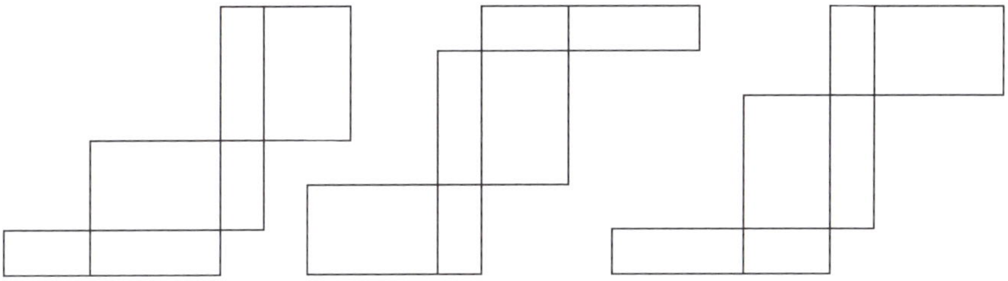

Man kann also **mehr** unterschiedliche Netze eines Quaders zeichnen.

d)

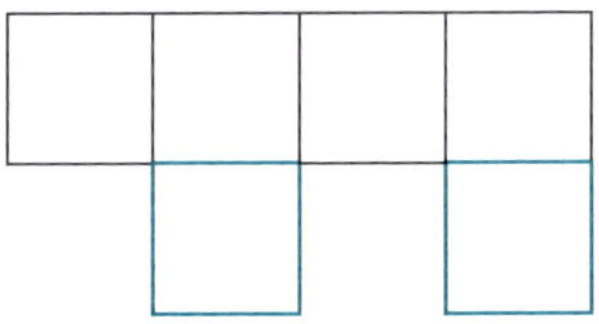

Es gibt auch unmögliche Würfelnetze, bei denen eine Seitenfläche fehlt (z. B. ein Netz aus 5 Quadraten). Außerdem gibt es unmögliche Würfelnetze, die sich nicht zu einem Körper falten lassen, weil zu viele Seitenflächen vorkommen.

Hier würden die blau umrandeten Seitenflächen **aufeinanderliegen**.

185 a) $s = 50\text{ mm} = 5\text{ cm}$

$O = 6 \cdot (5\text{ cm})^2 = 6 \cdot 25\text{ cm}^2$

$= \mathbf{150\text{ cm}^2 = 15\,000\text{ mm}^2}$

Rechne mm in cm um.

Wende die Formel $O = 6 \cdot s^2$ an.

b) $O = 6 \cdot (12\text{ dm})^2 = 6 \cdot 144\text{ dm}^2$

$= \mathbf{864\text{ dm}^2}$

c) $O = 6 \cdot (3{,}4\text{ m})^2 = 6 \cdot 11{,}56\text{ m}^2$

$= \mathbf{69{,}36\text{ m}^2}$

d) $O = 6 \cdot (4{,}5\text{ cm})^2 = 6 \cdot 20{,}25\text{ cm}^2$

$= \mathbf{121{,}5\text{ cm}^2}$

186 Du gehst in zwei Schritten vor: Erst berechnest du den Flächeninhalt A eines Quadrats, also teilst du den Oberflächeninhalt durch 6. Dann suchst du die Zahl, die mit sich selbst multipliziert diesen Flächeninhalt ergibt.

a) Der Flächeninhalt eines Quadrats beträgt:

$A = 96\text{ cm}^2 : 6$

$= 16\text{ cm}^2$

Wegen $4\text{ cm} \cdot 4\text{ cm} = 16\text{ cm}^2$ gilt:

$s = \mathbf{4\text{ cm}}$

b) Der Flächeninhalt eines Quadrats beträgt:
$A = 294\ dm^2 : 6$
$= 49\ dm^2$
Wegen $7\ dm \cdot 7\ dm = 49\ dm^2$ gilt:
$s =$ **7 dm**

c) Der Flächeninhalt eines Quadrats beträgt:
$A = 600\ mm^2 : 6$
$= 100\ mm^2$
Wegen $10\ mm \cdot 10\ mm = 100\ mm^2$ gilt:
$s = 10\ mm =$ **1 cm**

d) Der Flächeninhalt eines Quadrats beträgt:
$A = 150\ cm^2 : 6$
$= 25\ cm^2$
Wegen $5\ cm \cdot 5\ cm = 25\ cm^2$ gilt:
$s =$ **5 cm**

187 a) $\ell = 2{,}5\ cm$, $b = 15\ mm = 1{,}5\ cm$, $h = 3\ cm$
Für die Oberfläche gilt:
$O = 2 \cdot (2{,}5\ cm \cdot 1{,}5\ cm + 2{,}5\ cm \cdot 3\ cm + 1{,}5\ cm \cdot 3\ cm)$
$= 2 \cdot (3{,}75\ cm^2 + 7{,}5\ cm^2 + 4{,}5\ cm^2)$
$= 2 \cdot 15{,}75\ cm^2$
$=$ **31,5 cm²**

Bringe alle Maße auf dieselbe Einheit.

Verwende die Formel $O = 2 \cdot (\ell \cdot b + \ell \cdot h + b \cdot h)$.

b) $a = 4{,}5\ dm$, $b = 27\ cm = 2{,}7\ dm$, $c = 3\ dm$
Für die Oberfläche gilt:
$O = 2 \cdot (4{,}5\ dm \cdot 2{,}7\ dm + 4{,}5\ dm \cdot 3\ dm + 2{,}7\ dm \cdot 3\ dm)$
$= 2 \cdot (12{,}15\ dm^2 + 13{,}5\ dm^2 + 8{,}1\ dm^2)$
$= 2 \cdot 33{,}75\ dm^2$
$=$ **67,5 dm²**

Bringe alle Maße auf dieselbe Einheit.

Verwende die Formel $O = 2 \cdot (a \cdot b + a \cdot c + b \cdot c)$.

188 a) Die Kantenlänge beträgt $s = 2\ cm$. Damit gilt:
$O = 6 \cdot (2\ cm)^2 = 6 \cdot 4\ cm^2$
$=$ **24 cm²**

b) Die Kantenlänge beträgt $s = 1{,}5\ cm$. Damit gilt:
$O = 6 \cdot (1{,}5\ cm)^2 = 6 \cdot 2{,}25\ cm^2$
$=$ **13,5 cm²**

189 Du musst hier die einzelnen Rechtecke oder Quadrate getrennt berechnen und dann addieren.

a) Netz:

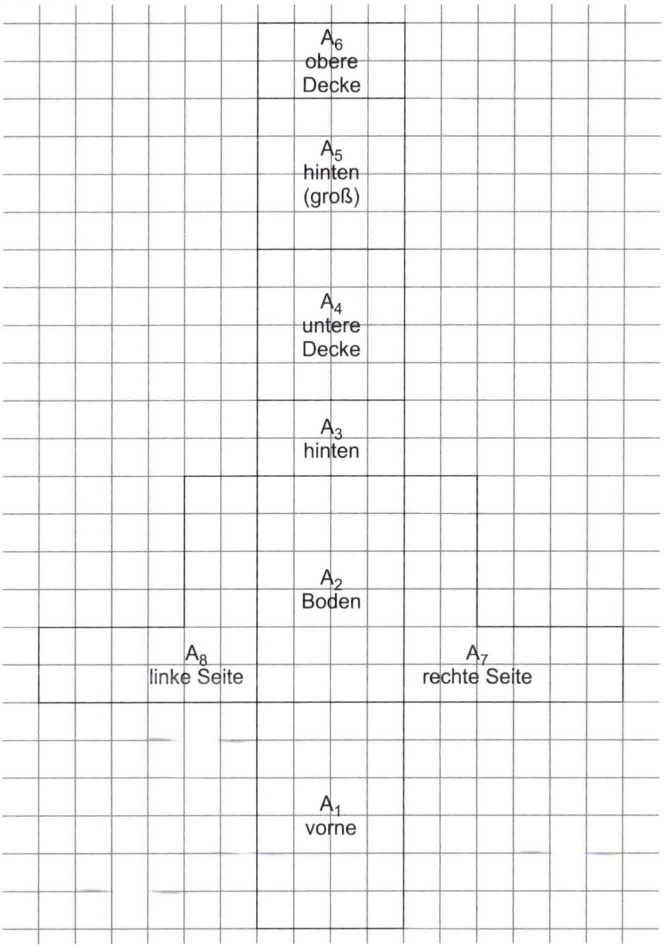

Für die Teilflächen gilt:

$A_1 = A_2 = 2\text{ cm} \cdot 3\text{ cm} = 6\text{ cm}^2$
$A_3 = A_6 = 2\text{ cm} \cdot 1\text{ cm} = 2\text{ cm}^2$
$A_4 = A_5 = 2\text{ cm} \cdot 2\text{ cm} = 4\text{ cm}^2$
$A_7 = A_8 = 3\text{ cm} \cdot 1\text{ cm} + 1\text{ cm} \cdot 2\text{ cm} = 5\text{ cm}^2$

Damit folgt für den Oberflächeninhalt:

$$\begin{aligned} O &= A_1 + A_2 + A_3 + A_4 + A_5 + A_6 + A_7 + A_8 \\ &= 6\text{ cm}^2 + 6\text{ cm}^2 + 2\text{ cm}^2 + 4\text{ cm}^2 + 4\text{ cm}^2 + 2\text{ cm}^2 + 5\text{ cm}^2 + 5\text{ cm}^2 \\ &= \mathbf{34\text{ cm}^2} \end{aligned}$$

b) Netz:

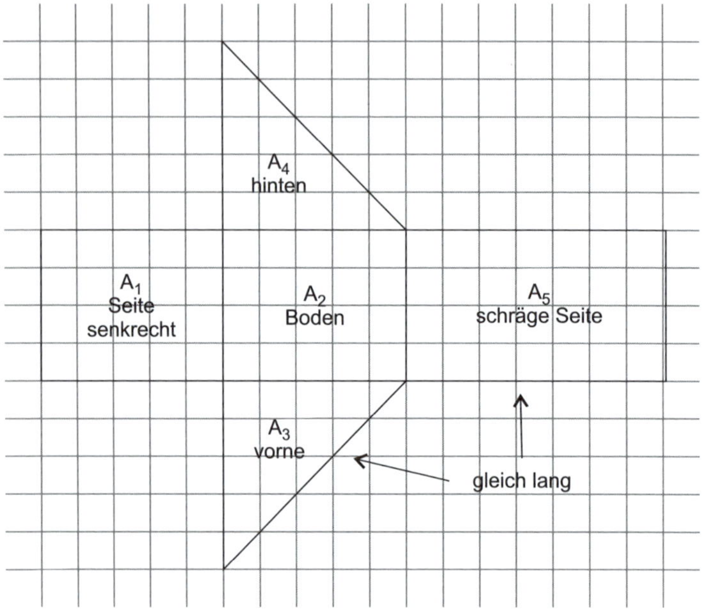

Für die Teilflächen gilt:

$A_1 = A_2 = 2{,}5\text{ cm} \cdot 2\text{ cm} = 5\text{ cm}^2$

$A_3 = A_4 = \frac{1}{2} \cdot 2{,}5\text{ cm} \cdot 2{,}5\text{ cm} = 3{,}125\text{ cm}^2$

$A_5 = 3{,}55\text{ cm} \cdot 2\text{ cm} = 7{,}1\text{ cm}^2$

Damit folgt für den Oberflächeninhalt:

$$\begin{aligned} O &= A_1 + A_2 + A_3 + A_4 + A_5 \\ &= 5\text{ cm}^2 + 5\text{ cm}^2 + 3{,}125\text{ cm}^2 + 3{,}125\text{ cm}^2 + 7{,}1\text{ cm}^2 \\ &= \mathbf{23{,}35\text{ cm}^2} \end{aligned}$$

190 Um herauszufinden, ob Kai recht hat, probierst du am besten zuerst ein Beispiel.

Wählt man z. B. einen Würfel mit der Kantenlänge 3 cm, erhält man:

$O_{Würfel} = 6 \cdot a^2 = 6 \cdot (3\text{ cm})^2 = 6 \cdot 9\text{ cm}^2 = 54\text{ cm}^2$

Der Quader hat dann z. B. die Abmessungen a = 4 cm, b = 3 cm und c = 2 cm und es gilt:

$$\begin{aligned} O_{Quader} &= 2 \cdot (a \cdot b + a \cdot c + b \cdot c) \\ &= 2 \cdot (4\text{ cm} \cdot 3\text{ cm} + 4\text{ cm} \cdot 2\text{ cm} + 3\text{ cm} \cdot 2\text{ cm}) \\ &= 2 \cdot (12\text{ cm}^2 + 8\text{ cm}^2 + 6\text{ cm}^2) = 2 \cdot 26\text{ cm}^2 = 52\text{ cm}^2 \end{aligned}$$

Kai hat also **nicht recht**, weil es ein Gegenbeispiel gibt.

191 Du berechnest am besten den Flächeninhalt des Rechtecks / Quadrats, in das sich die Figur einfügen lässt, und subtrahierst dann die überflüssigen Flächeninhalte:

a) Vom großen Rechteck werden das kleine Rechteck und die beiden flächengleichen Dreiecke abgezogen.

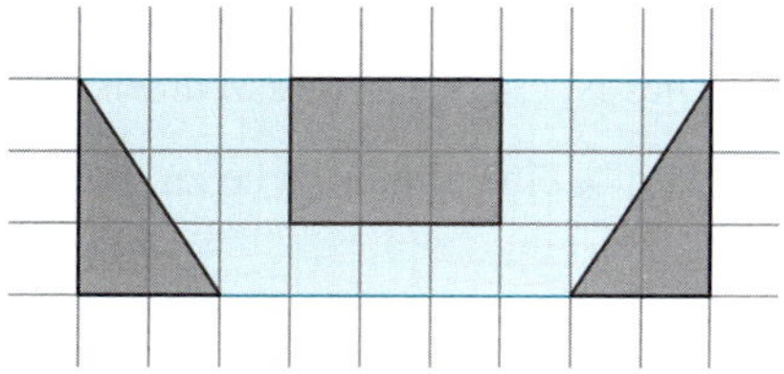

$A_{\text{großes Rechteck}} = 4{,}5\text{ cm} \cdot 1{,}5\text{ cm}$
$= 6{,}75\text{ cm}^2$

$A_{\text{kleines Rechteck}} = 1{,}5\text{ cm} \cdot 1\text{ cm} = 1{,}5\text{ cm}^2$

$A_{\text{Dreieck}} = \frac{1}{2} \cdot 1{,}5\text{ cm} \cdot 1\text{ cm} = 0{,}75\text{ cm}^2$

Damit gilt für den gesuchten Flächeninhalt:
$A_{\text{gesucht}} = 6{,}75\text{ cm}^2 - 1{,}5\text{ cm}^2 - 0{,}75\text{ cm}^2 - 0{,}75\text{ cm}^2 = \mathbf{3{,}75\text{ cm}^2}$

b) Vom großen Rechteck werden das kleine Rechteck und das Quadrat abgezogen.

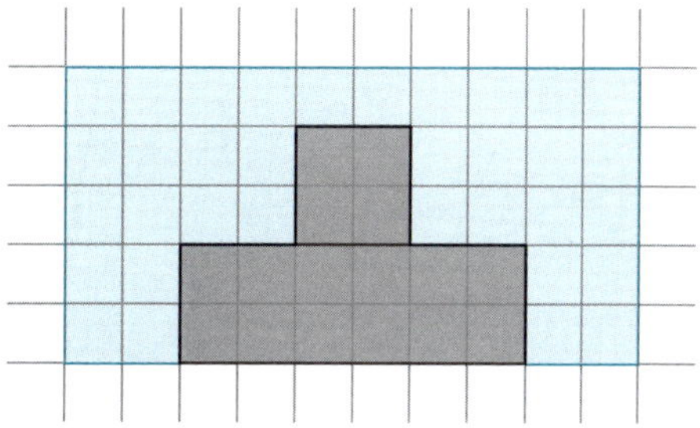

$A_{\text{großes Rechteck}} = 5\text{ cm} \cdot 2{,}5\text{ cm}$
$= 12{,}5\text{ cm}^2$

$A_{\text{kleines Rechteck}} = 3\text{ cm} \cdot 1\text{ cm}$
$= 3\text{ cm}^2$

$A_{\text{Quadrat}} = 1\text{ cm} \cdot 1\text{ cm} = 1\text{ cm}^2$

Damit gilt für den gesuchten Flächeninhalt:
$A_{\text{gesucht}} - 12{,}5\text{ cm}^2 - 3\text{ cm}^2 - 1\text{ cm}^2 = \mathbf{8{,}5\text{ cm}^2}$

c) Vom Quadrat werden zwei Dreiecke abgezogen.

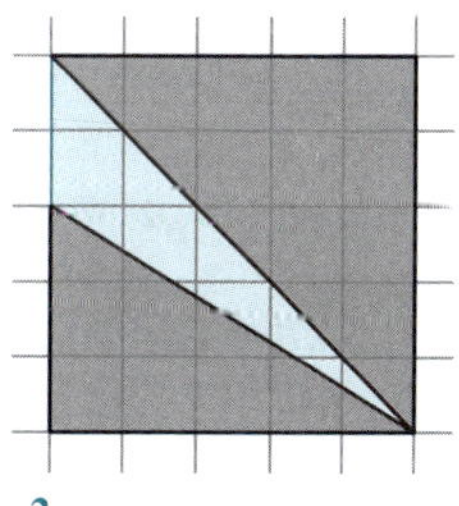

$A_{\text{Quadrat}} = 2{,}5\text{ cm} \cdot 2{,}5\text{ cm} = 6{,}25\text{ cm}^2$

$A_{\text{Dreieck I}} = \frac{1}{2} \cdot 2{,}5\text{ cm} \cdot 2{,}5\text{ cm} = 3{,}125\text{ cm}^2$

$A_{\text{Dreieck II}} = \frac{1}{2} \cdot 2{,}5\text{ cm} \cdot 1{,}5\text{ cm} = 1{,}875\text{ cm}^2$

Damit gilt für den gesuchten Flächeninhalt:
$A_{\text{gesucht}} = 6{,}25\text{ cm}^2 - 3{,}125\text{ cm}^2 - 1{,}875\text{ cm}^2 = \mathbf{1{,}25\text{ cm}^2}$

192 a) Das ist **kein Netz**, weil es zwei Deckflächen und keine Grundfläche gibt.

b) Dies ist ein **Netz** eines Würfels.

c) Dies ist ein **Netz** eines Würfels.

d) Es gibt eine Seitenfläche zu viel, dafür fehlt die Deckfläche, es ist **kein Netz**.

193 a) Zeichnung:

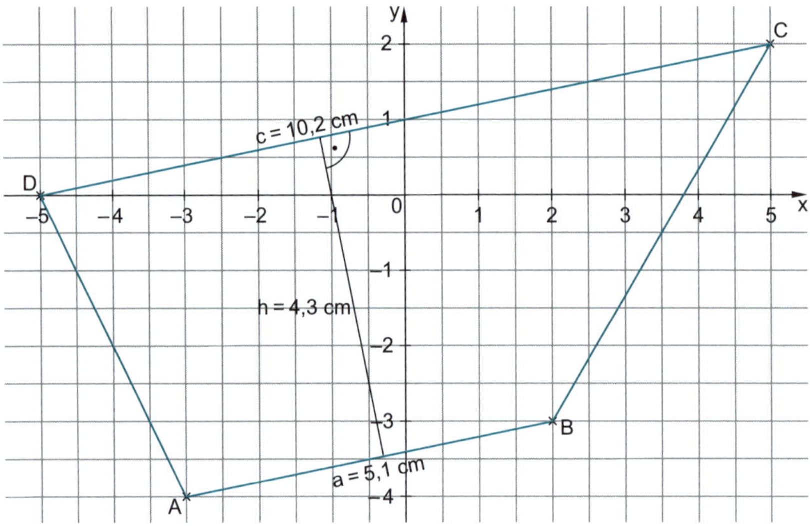

Es handelt sich um ein Trapez, wobei a = 5,1 cm, c = 10,2 cm und h = 4,3 cm gilt.

$$A = \frac{(5{,}1\text{ cm} + 10{,}2\text{ cm}) \cdot 4{,}3\text{ cm}}{2}$$

$$= \frac{65{,}79}{2}\text{ cm}^2$$

$$= \mathbf{32{,}895\ cm^2}$$

Du kannst h zwischen a und c einzeichnen, wo du möchtest, aber h muss mit den Seiten a und c einen rechten Winkel einschließen.

b) Zeichnung:

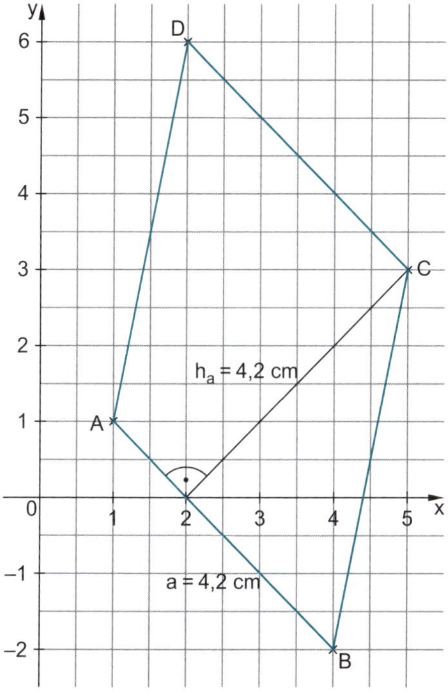

Es handelt sich um ein Parallelogramm, wobei $a = h_a = 4{,}2$ cm gilt.
$A = a \cdot h_a = 4{,}2 \text{ cm} \cdot 4{,}2 \text{ cm} = \mathbf{17{,}64\ cm^2}$

194 a)

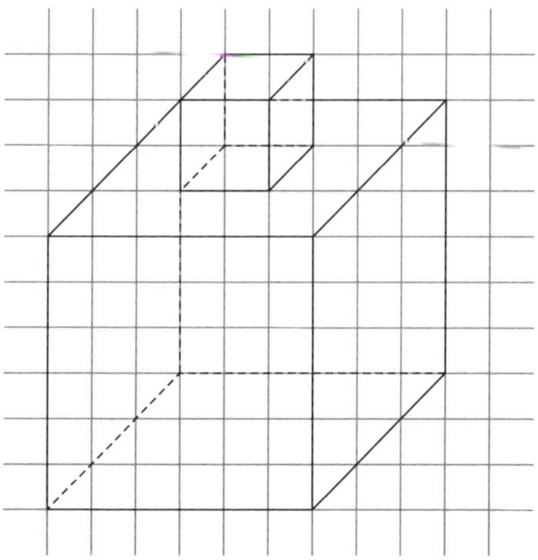

Die Deckfläche des kleinen Würfels fehlt genau in der Deckfläche des großen Würfels, also kann man die beiden zusammenfassen. Sie sind genauso groß wie alle anderen Quadrate des großen Würfels.
Man berechnet also den Oberflächeninhalt des großen Würfels und dazu noch den Flächeninhalt der vier Seitenflächen des kleinen Würfels.
$O = 6 \cdot (3\text{ cm})^2 + 4 \cdot (1\text{ cm})^2 = 54\text{ cm}^2 + 4\text{ cm}^2 = \mathbf{58\text{ cm}^2}$

b) 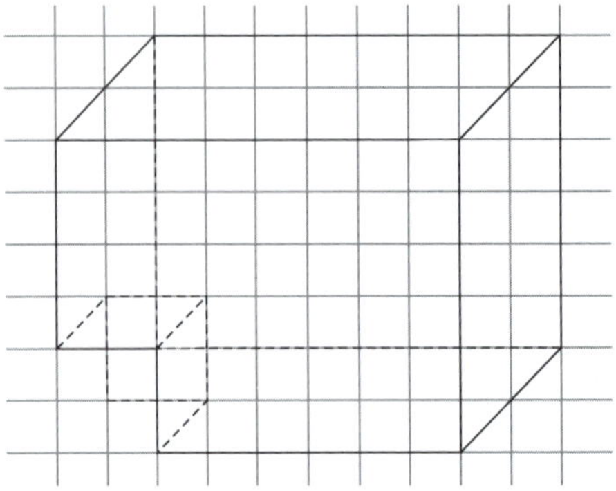

In der Vorderseite fehlt genau das kleine Quadrat. Dasselbe gilt für die Grundfläche und für die linke Seitenfläche. Diese drei kleinen Quadrate sind nach innen verschoben und fehlen daher nicht in der Oberfläche des Quaders.
Man kann also den Oberflächeninhalt mit der Quaderformel berechnen.

$$\begin{aligned} O &= 2 \cdot (4\text{ cm} \cdot 2\text{ cm} + 4\text{ cm} \cdot 3\text{ cm} + 2\text{ cm} \cdot 3\text{ cm}) \\ &= 2 \cdot (8\text{ cm}^2 + 12\text{ cm}^2 + 6\text{ cm}^2) \\ &= 2 \cdot 26\text{ cm}^2 \\ &= \mathbf{52\text{ cm}^2} \end{aligned}$$

195 Erst wird der Flächeninhalt der vier Wände und der Decke berechnet. Dann wird davon der Flächeninhalt des Fensters und der Türe subtrahiert.

$$\begin{aligned} A_{gesucht} &= 2 \cdot (3{,}4\text{ m} \cdot 2{,}7\text{ m} + 4{,}2\text{ m} \cdot 2{,}7\text{ m}) + 3{,}4\text{ m} \cdot 4{,}2\text{ m} \\ &\quad - 1{,}5\text{ m} \cdot 1{,}2\text{ m} - 2{,}1\text{ m} \cdot 0{,}95\text{ m} \\ &= 2 \cdot (9{,}18\text{ m}^2 + 11{,}34\text{ m}^2) + 14{,}28\text{ m}^2 - 1{,}8\text{ m}^2 - 1{,}995\text{ m}^2 \\ &= 2 \cdot 20{,}52\text{ m}^2 + 14{,}28\text{ m}^2 - 3{,}795\text{ m}^2 \\ &= 41{,}04\text{ m}^2 + 14{,}28\text{ m}^2 - 3{,}795\text{ m}^2 \\ &= 55{,}32\text{ m}^2 - 3{,}795\text{ m}^2 \\ &= \mathbf{51{,}525\text{ m}^2} \end{aligned}$$

196 Die Deckfläche des kleinen Quaders fehlt genau in der Deckfläche des großen Quaders, also kann man die beiden zusammenfassen. Sie sind zusammen genau so groß wie die Grundfläche des großen Quaders. Man berechnet also den Oberflächeninhalt des großen Quaders und dazu noch den Flächeninhalt der vier Seitenflächen des kleinen Quaders.

$$\begin{aligned} O &= 2 \cdot (3\text{ cm} \cdot 3\text{ cm} + 3\text{ cm} \cdot 1\text{ cm} + 3\text{ cm} \cdot 1\text{ cm}) + 2 \cdot (1\text{ cm} \cdot 0{,}5\text{ cm} + 1\text{ cm} \cdot 0{,}5\text{ cm}) \\ &= 2 \cdot (9\text{ cm}^2 + 3\text{ cm}^2 + 3\text{ cm}^2) + 2 \cdot (0{,}5\text{ cm}^2 + 0{,}5\text{ cm}^2) \\ &= 2 \cdot 15\text{ cm}^2 + 2\text{ cm}^2 \\ &= 30\text{ cm}^2 + 2\text{ cm}^2 \\ &= \mathbf{32\text{ cm}^2} \end{aligned}$$

197 $O = 2 \cdot (\ell \cdot b + \ell \cdot h + b \cdot h)$

$126 = 2 \cdot (6 \cdot 3 + 6 \cdot h + 3 \cdot h)$

Am besten schreibst du zuerst die Formel auf und setzt alle Zahlen ein, die du kennst.

Wie groß ist der Wert der Klammer? Mit welcher Zahl muss man 2 multiplizieren, damit 126 herauskommt?

Es ist die Zahl 63. ($63 \cdot 2 = 126$)

Also gilt:

$63 = 18 + 6 \cdot h + 3 \cdot h$

$63 = 18 + 9 \cdot h$

Welchen Wert hat $9 \cdot h$? Zu welcher Zahl muss man 18 addieren, damit sich die Summe 63 ergibt?

Es ist die Zahl 45. ($18 + 45 = 63$)

$45 = 9 \cdot h$ ($9 \cdot 5 = 45$)

Dies ist erfüllt, wenn $h = 5$ cm ist. Der Quader ist also **5 cm** hoch.

198 Die Umrechnungszahl ist 1 000, also verschiebst du das Komma um drei Stellen nach rechts.

a) $5{,}34\text{ m}^3 = \mathbf{5\,340\text{ dm}^3}$

b) $0{,}4\text{ cm}^3 = \mathbf{400\text{ mm}^3}$

c) $12{,}345\text{ dm}^3 = \mathbf{12\,345\text{ cm}^3}$

d) $\frac{3}{4}\text{ m}^3 = 0{,}75\text{ m}^3 = \mathbf{750\text{ dm}^3}$

e) $\frac{2}{50}\text{ cm}^3 = 0{,}04\text{ cm}^3 = \mathbf{40\text{ mm}^3}$

f) $5\frac{1}{200}\text{ dm}^3 = 5{,}005\text{ dm}^3 = \mathbf{5\,005\text{ cm}^3}$

199 Die Umrechnungszahl ist 1 000, also verschiebst du zuerst das Komma um drei Stellen nach links. Danach schreibst du die Dezimalzahl als Bruch und kürzt.

a) $25\ \text{cm}^3 = \mathbf{0{,}025\ dm^3} = \frac{25}{1\,000}\ \text{dm}^3 = \mathbf{\frac{1}{40}\ dm^3}$

b) $125\ \text{dm}^3 = \mathbf{0{,}125\ m^3} = \frac{125}{1\,000}\ \text{m}^3 = \mathbf{\frac{1}{8}\ m^3}$

c) $4\ \text{mm}^3 = \mathbf{0{,}004\ cm^3} = \frac{4}{1\,000}\ \text{cm}^3 = \mathbf{\frac{1}{250}\ cm^3}$

d) $2\,300\ \text{cm}^3 = \mathbf{2{,}3\ dm^3} = \mathbf{\frac{23}{10}\ dm^3}$

e) $175\ \text{dm}^3 = \mathbf{0{,}175\ m^3} = \frac{175}{1\,000}\ \text{m}^3 = \mathbf{\frac{7}{40}\ m^3}$

f) $95\ \text{mm}^3 = \mathbf{0{,}095\ cm^3} = \frac{95}{1\,000}\ \text{cm}^3 = \mathbf{\frac{19}{200}\ cm^3}$

200 Ein **Spielwürfel** hat ein Volumen von ca. **1 cm³**.
Eine **Milchtüte** hat ein Volumen von ca. 1 ℓ = **1 dm³**.
Ein **Stecknadelkopf** hat ein Volumen von ca. **1 mm³**.
Ein **Schuhkarton** hat ein Volumen von ca. **6,4 dm³**.
Ein **Hühnerei** hat ein Volumen von ca. **70 cm³**.
Zum **Hotelzimmer** passt die Volumenangabe von **40 m³**.

201 a) $3{,}4\ \ell + 345\ \text{mm}^3 - 2{,}5\ \text{cm}^3$
$= 3\,400\ \text{cm}^3 + 0{,}345\ \text{cm}^3 - 2{,}5\ \text{cm}^3$
$= \mathbf{3\,397{,}845\ cm^3}$

$3{,}4\ \ell = 3{,}4\ \text{dm}^3 = 3\,400\ \text{cm}^3$
$345\ \text{mm}^3 = 0{,}345\ \text{cm}^3$

b) $\frac{1}{2}\ \text{cm}^3 + 35\frac{4}{5}\ \text{dm}^3 - \frac{3}{10\,000}\ \text{m}^3$
$= 0{,}5\ \text{cm}^3 + 35\,800\ \text{cm}^3 - 300\ \text{cm}^3$
$= \mathbf{35\,500{,}5\ cm^3}$

$\frac{1}{2}\ \text{cm}^3 = 0{,}5\ \text{cm}^3$
$35\frac{4}{5}\ \text{dm}^3 = 35{,}8\ \text{dm}^3 = 35\,800\ \text{cm}^3$
$\frac{3}{10\,000}\ \text{m}^3 = 0{,}0003\ \text{m}^3 = 0{,}3\ \text{dm}^3 = 300\ \text{cm}^3$

c) $0{,}32\ h\ell + 578\frac{1}{2}\ \text{cm}^3 - 0{,}004\ \text{m}^3$

$= 32\,000\ \text{cm}^3 + 578{,}5\ \text{cm}^3 - 4\,000\ \text{cm}^3$

$= \mathbf{28\,578{,}5\ cm^3}$

$0{,}32\ h\ell = 32\ \ell = 32\ \text{dm}^3 = 32\,000\ \text{cm}^3$

$578\frac{1}{2}\ \text{cm}^3 = 578{,}5\ \text{cm}^3$

$0{,}004\ \text{m}^3 = 4\ \text{dm}^3 = 4\,000\ \text{cm}^3$

d) $4 \cdot \left(\frac{3}{5}\ \text{dm}^3 + 456\ m\ell - 2\ \text{cm}^3\right)$

$= 4 \cdot (600\ \text{cm}^3 + 456\ \text{cm}^3 - 2\ \text{cm}^3)$

$= 4 \cdot 1\,054\ \text{cm}^3$

$= \mathbf{4\,216\ cm^3}$

$\frac{3}{5}\ \text{dm}^3 = 0{,}6\ \text{dm}^3 = 600\ \text{cm}^3$

$456\ m\ell = 0{,}456\ \ell = 0{,}456\ \text{dm}^3 = 456\ \text{cm}^3$

202 Du überlegst jeweils, wie viele Würfel mit 1 cm³ Volumen in den Körper passen.

a) In den großen Quader passen 36 Würfel mit 1 cm³ Volumen, weil man $4 \cdot 3 = 12$ Würfel auf die Grundfläche stellen kann und dann 3 solcher Würfelebenen übereinander bauen kann. In die oberen kleinen Quader passen jeweils 3 Würfel mit 1 cm³ Volumen, also gilt:
$V = 36\ \text{cm}^3 + 2 \cdot 3\ \text{cm}^3 = \mathbf{42\ cm^3}$

b) Hoher Quader links: 4 Ebenen mit jeweils 3 Würfeln: 12 cm³
Niedriger Quader rechts: 2 Ebenen mit jeweils 3 Würfeln: 6 cm³
Also gilt:
$V = 12\ \text{cm}^3 + 6\ \text{cm}^3 = \mathbf{18\ cm^3}$

c) Großer Quader: 4 Ebenen mit jeweils 3 Würfeln: 12 cm³
Kleiner Quader: 1 Würfel: 1 cm³
Also gilt:
$V = 12\ \text{cm}^3 - 1\ \text{cm}^3 = \mathbf{11\ cm^3}$

203 $\frac{1}{4}\ \ell + 20\ \text{cm}^3 + \frac{1}{5}\ \ell + 0{,}3\ \ell$

$= 0{,}25\ \ell + 0{,}02\ \ell + 0{,}2\ \ell + 0{,}3\ \ell$

$= 0{,}77\ \ell$

Ja, der Saft würde in eine Flasche passen.

$20\ \text{cm}^3 = 0{,}02\ \text{dm}^3 = 0{,}02\ \ell$

204 1. Karton: In 25 cm haben 5 Würfel Platz, in 15 cm passen 3 Würfel und in 10 cm finden 2 Würfel Platz. Es passen also $5 \cdot 3 \cdot 2 = \mathbf{30}$ Würfel in den Karton.

2. Karton: Es passen $4 \cdot 4 \cdot 3 = \mathbf{48}$ Würfel in den Karton.

3. Karton: Es passen $6 \cdot 3 \cdot 2 = \mathbf{36}$ Würfel in den Karton.

4. Karton: Es passen $7 \cdot 2 \cdot 2 = \mathbf{28}$ Würfel in den Karton.

Bilde erst eine Reihe, dann ein „Stockwerk" und fülle dann den Karton aus.

205 a) Man sollte die Längen in **Dezimeter** umwandeln, da man dann direkt das Volumen in der Einheit $1\ dm^3 = 1\ \ell$ erhält und nicht mehr weiter umrechnen muss.

Das Umrechnen von Volumeneinheiten ist nämlich fehleranfälliger als das Umrechnen von Längeneinheiten.

b) $\ell = 45\ cm = 4{,}5\ dm$

$b = 2{,}5\ dm$

$h = 300\ mm - 2\ cm = 3\ dm - 0{,}2\ dm = 2{,}8\ dm$ — Ziehe 2 cm von der Höhe ab.

$V = 4{,}5\ dm \cdot 2{,}5\ dm \cdot 2{,}8\ dm = 11{,}25 \cdot 2{,}8\ dm^3$
$= 31{,}5\ dm^3 = 31{,}5\ \ell$

Man muss **31,5 ℓ Wasser** ins Aquarium einfüllen.

206 a) $V = 4{,}5\ cm \cdot 2{,}3\ cm \cdot 5\ cm = \mathbf{51{,}75\ cm^3}$

b) $V = (6\ dm)^3 = \mathbf{216\ dm^3}$

c) $a = 4\ cm,\ b = 0{,}7\ dm = 7\ cm,\ c = 30\ mm = 3\ cm$ — Bringe alle Maße auf dieselbe Einheit.
$V = 4\ cm \cdot 7\ cm \cdot 3\ cm = \mathbf{84\ cm^3}$

d) $V = (5{,}5\ cm)^3 = \mathbf{166{,}375\ cm^3}$

207 a) $a = 3\frac{2}{5}\ cm = 3{,}4\ cm,\ b = \frac{47}{4}\ cm = 11{,}75\ cm,\ c = 5{,}2\ cm$

$V = 3{,}4\ cm \cdot 11{,}75\ cm \cdot 5{,}2\ cm = \mathbf{207{,}74\ cm^3}$

b) $s = \frac{25}{4}\ dm = 6{,}25\ dm$

$V = (6{,}25\ dm)^3 \approx \mathbf{244{,}14\ dm^3}$

c) $\ell = \frac{42}{5}\ mm = 8{,}4\ mm,\ b = \frac{5}{4}\ cm = 1{,}25\ cm = 12{,}5\ mm,$

$h = \frac{1}{20}\ dm = 0{,}05\ dm = 5\ mm$

$V = 8{,}4\ mm \cdot 12{,}5\ mm \cdot 5\ mm = \mathbf{525\ mm^3}$

d) $a = \frac{27}{50}\ m = 0{,}54\ m = 5{,}4\ dm$

$V = (5{,}4\ dm)^3 \approx \mathbf{157{,}46\ dm^3}$

208 Zuerst berechnet man das Volumen des Würfels:
$V = (2\ \text{cm})^3 = 8\ \text{cm}^3$

a) Für den neuen Würfel gilt:
$V = (2 \cdot 2\ \text{cm})^3 = (4\ \text{cm})^3 = 64\ \text{cm}^3$
Verglichen mit dem alten Würfel gilt:
$64\ \text{cm}^3 : 8\ \text{cm}^3 = 8$
Also hat er **achtmal** so viel Rauminhalt.

b) Für den neuen Würfel gilt:
$V = (3 \cdot 2\ \text{cm})^3 = (6\ \text{cm})^3 = 216\ \text{cm}^3$
Verglichen mit dem alten Würfel gilt:
$216\ \text{cm}^3 : 8\ \text{cm}^3 = 27$
Also hat er einen **27-fachen** Rauminhalt.

209 Zuerst berechnet man das Volumen des Barrens:
$V = 9\ \text{cm} \cdot 4\ \text{cm} \cdot 1{,}8\ \text{cm} = 64{,}8\ \text{cm}^3$
Dann multipliziert man diese Zahl mit dem spezifischen Gewicht:
Gold: $64{,}8 \cdot 19{,}3\ \text{g} = 1\,250{,}64\ \text{g}$
Silber: $64{,}8 \cdot 10{,}5\ \text{g} = 680{,}4\ \text{g}$
Der Goldbarren ist um $1\,250{,}64\ \text{g} - 680{,}4\ \text{g} =$ **570,24 g** schwerer als der Silberbarren.

210 a) Volumen des Würfels: $V = 4\ \text{cm} \cdot 4\ \text{cm} \cdot 4\ \text{cm} = 64\ \text{cm}^3$

Man muss nun 64 so in drei Faktoren aufspalten, dass zumindest zwei davon voneinander verschieden sind. Dann hat man einen Quader.

Möglich sind z. B. Quader mit den Kantenlängen:
a = 1 cm, b = 1 cm, c = 64 cm oder
a = 1 cm, b = 2 cm, c = 32 cm oder
a = 1 cm, b = 8 cm, c = 8 cm und noch viele mehr.

b) Man kann **keinen** volumengleichen Quader mit ganzzahligen Abmessungen in cm finden, weil **7 kein Teiler von 64** ist.

211 Wenn s die Seitenlänge der Grundfläche ist, dann beträgt die Höhe 2s. Für das Volumen gilt demnach:
$V = s \cdot s \cdot 2s = 2s^3$
Damit folgt:
$128 = 2s^3 \Rightarrow 64 = s^3$
Also ist die gesuchte Zahl 4. Der Karton ist **4 cm lang**, **4 cm breit** und **8 cm hoch**.

212 a) Zunächst werden alle Angaben in dieselbe Einheit umgewandelt:
$1{,}2\ \text{m} = 12\ \text{dm}$, $40\ \text{cm} = 4\ \text{dm}$
Man addiert die Volumina des senkrechten Quaders und des Würfels:
$V = 4\ \text{dm} \cdot 4\ \text{dm} \cdot 12\ \text{dm} + (4\ \text{dm})^3 = 192\ \text{dm}^3 + 64\ \text{dm}^3 = \mathbf{256\ dm^3}$

b) Zunächst werden alle Angaben in dieselbe Einheit umgewandelt:
$25\ \text{cm} = 2{,}5\ \text{dm}$, $50\ \text{cm} = 5\ \text{dm}$, $250\ \text{mm} = 2{,}5\ \text{dm}$
Man kann den Körper in zwei gleich große Quader teilen. Die Klammern umfassen das Volumen eines einzelnen Quaders.
$V = 2 \cdot (5\ \text{dm} \cdot 2{,}5\ \text{dm} \cdot 2{,}5\ \text{dm})\ \text{dm}^3 = \mathbf{62{,}5\ dm^3}$

c) Der Körper wird senkrecht in der Mitte halbiert und die Teile werden zu einem Quader zusammengefügt.
$V = 10{,}5\ \text{cm} \cdot 17{,}5\ \text{cm} \cdot 21\ \text{cm} = \mathbf{3\,858{,}75\ cm^3}$

Der entstehende Quader hat die Länge $21\ \text{cm} : 2 = 10{,}5\ \text{cm}$.

d) Zunächst werden alle Angaben in dieselbe Einheit umgewandelt:
$50\ \text{mm} = 5\ \text{cm}$, $0{,}25\ \text{dm} = 2{,}5\ \text{cm}$, $0{,}4\ \text{dm} = 4\ \text{cm}$
Vom alles umfassenden Quader wird das Prisma abgezogen. Das Prisma wird wie in Teilaufgabe c berechnet.
$V_{\text{Prisma}} = 2{,}5\ \text{cm} \cdot 4\ \text{cm} \cdot 2{,}5\ \text{cm} = 25\ \text{cm}^3$

Der entstehende Quader hat die Länge $5\ \text{cm} : 2 = 2{,}5\ \text{cm}$.

$V = 5\ \text{cm} \cdot 4\ \text{cm} \cdot 5\ \text{cm} - 25\ \text{cm}^3 = 100\ \text{cm}^3 - 25\ \text{cm}^3 = \mathbf{75\ cm^3}$

e) Zunächst werden alle Angaben in dieselbe Einheit umgewandelt:
$200\ \text{mm} = 2\ \text{dm}$, $15\ \text{cm} = 1{,}5\ \text{dm}$, $0{,}5\ \text{m} = 5\ \text{dm}$
Dieses Prisma teilt man am besten in drei Teile, sodass sich in der Mitte ein Quader befindet. Die beiden äußeren Teile ergeben zusammen ebenfalls einen Quader (wie in Teilaufgabe c). Die Länge dieses zusammengesetzten Quaders beträgt:
$(0{,}5\ \text{m} - 200\ \text{mm}) : 2 = (5\ \text{dm} - 2\ \text{dm}) : 2 = 1{,}5\ \text{dm}$
Damit gilt:
$V = 2\ \text{dm} \cdot 1\ \text{dm} \cdot 1{,}5\ \text{dm} + 1{,}5\ \text{dm} \cdot 1\ \text{dm} \cdot 1{,}5\ \text{dm} = \mathbf{5{,}25\ dm^3}$

f) Dieses Prisma teilt man waagrecht so in drei Teile, dass sich unten ein Quader befindet und die beiden oberen Teile zusammen einen Quader ergeben.
$V = 6\ \text{cm} \cdot 2\ \text{cm} \cdot 3\ \text{cm} + 2\ \text{cm} \cdot 2\ \text{cm} \cdot 2\ \text{cm} = \mathbf{44\ cm^3}$

g) Zunächst werden alle Angaben in dieselbe Einheit umgewandelt:
$26\ \text{mm} = 2{,}6\ \text{cm}$, $32\ \text{mm} = 3{,}2\ \text{cm}$, $13\ \text{mm} = 1{,}3\ \text{cm}$, $0{,}52\ \text{dm} = 5{,}2\ \text{cm}$
Vom alles umfassenden Quader werden ein Würfel und ein Quader subtrahiert.
$V = 10{,}4\ \text{cm} \cdot 2{,}6\ \text{cm} \cdot 3{,}2\ \text{cm} - 2{,}6\ \text{cm} \cdot 2{,}6\ \text{cm} \cdot 2{,}6\ \text{cm} - 5{,}2\ \text{cm} \cdot 2{,}6\ \text{cm} \cdot 1{,}9\ \text{cm}$
$= 86{,}528\ \text{cm}^3 - 17{,}576\ \text{cm}^3 - 25{,}688\ \text{cm}^3$
$= \mathbf{43{,}264\ cm^3}$

213 Skizziere als Hilfe für dich die Schrägbilder der Körper. Berechne anschließend die Volumina.

a) Das ist das Netz eines Würfels mit Kantenlänge $s = 3$ dm.
$V = (3\,\text{dm})^3 = \mathbf{27\,dm^3}$

b) Der Körper wird waagrecht geteilt, sodass ein flacher Quader und ein dreieckiges Prisma entstehen. Das Volumen des Prismas kann berechnet werden, indem das Volumen des umfassenden Quaders halbiert wird.

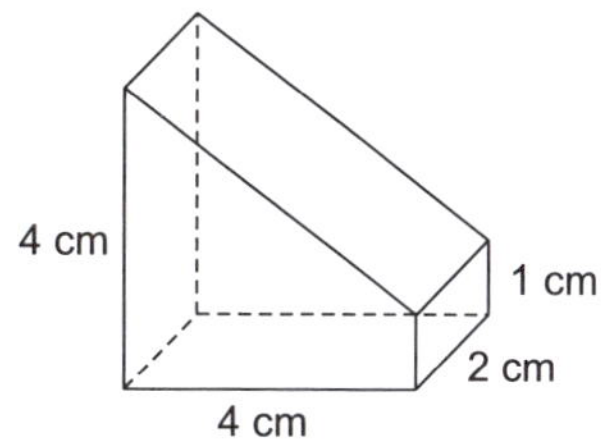

$V = 4\,\text{cm} \cdot 2\,\text{cm} \cdot 1\,\text{cm} + \frac{1}{2} \cdot 4\,\text{cm} \cdot 2\,\text{cm} \cdot 3\,\text{cm}$
$= \mathbf{20\,cm^3}$

c) Der Körper wird senkrecht geteilt und sein Volumen wie in Teilaufgabe 185 c berechnet.
$V = 1\,\text{cm} \cdot 2\,\text{cm} \cdot 1{,}8\,\text{cm} = \mathbf{3{,}6\,cm^3}$

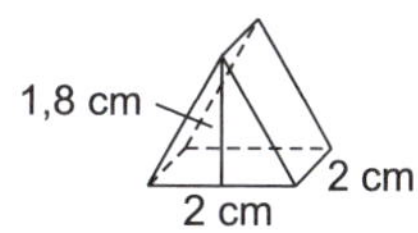

d) Der Körper wird waagrecht geteilt, sodass ein Quader und ein Würfel entstehen.
$V = 3{,}9\,\text{cm} \cdot 1{,}3\,\text{cm} \cdot 1{,}3\,\text{cm} + (1{,}3\,\text{cm})^3$
$= \mathbf{8{,}788\,cm^3}$

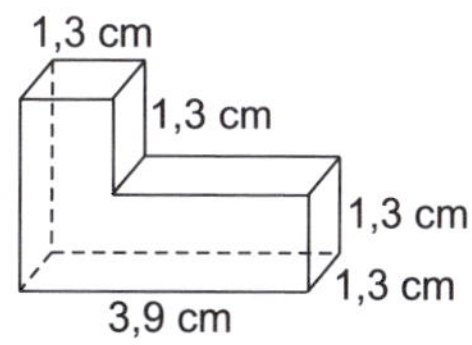

214 Mögliche Schrägbilder:

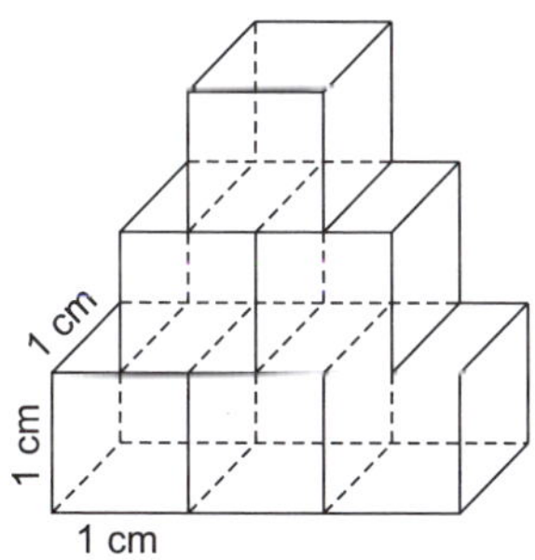

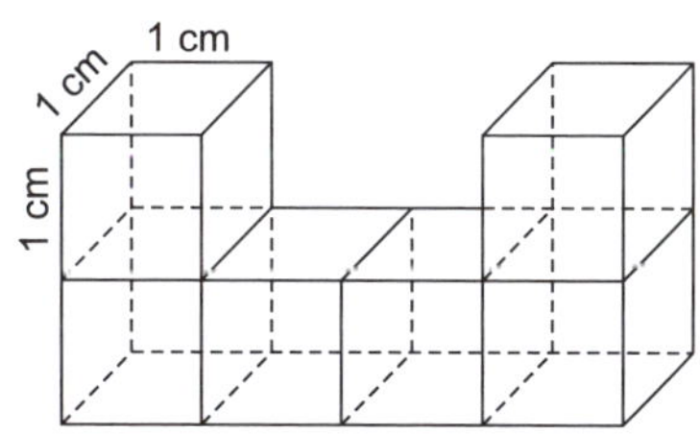

Vorgehen: Man stellt sich das Volumen am besten als **sechs Bauklötze** mit jeweils 1 cm^3 Volumen vor und baut damit die Körper.

215 Der Körper wird senkrecht in drei Teile geteilt. Der mittlere Teil wird waagrecht zerlegt, sodass oben ein schmaler Quader und darunter ein Prisma entstehen.

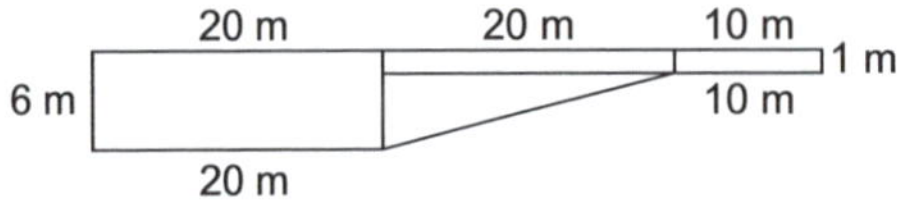

Das Volumen des Prismas ist genau die Hälfte des Volumens des umfassenden Quaders. Damit gilt:

$$V = 20\text{ m}\cdot 10\text{ m}\cdot 6\text{ m} + \left(\frac{1}{2}\cdot 20\text{ m}\cdot 10\text{ m}\cdot 5\text{ m} + 20\text{ m}\cdot 10\text{ m}\cdot 1\text{ m}\right) + 10\text{ m}\cdot 10\text{ m}\cdot 1\text{ m}$$

$$= 1\,200\text{ m}^3 + 700\text{ m}^3 + 100\text{ m}^3$$

$$= 2\,000\text{ m}^3$$

Umrechnung in Hektoliter:

$2\,000\text{ m}^3 = 2\,000\,000\text{ dm}^3 = 2\,000\,000\ \ell =$ **20 000 hl**

Es werden **20 000 hl** benötigt, um das Schwimmbecken zu füllen.

216 Der Körper wird senkrecht in drei Teile geteilt. Der mittlere ist ein Quader, die beiden äußeren ergeben zusammen einen Quader.

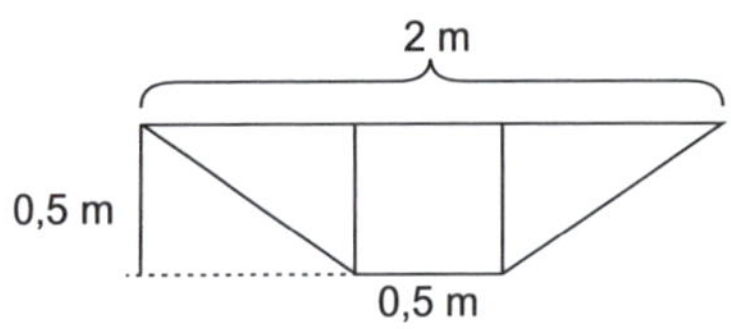

$$V = 0{,}5\text{ m}\cdot 3\,000\text{ m}\cdot 0{,}5\text{ m} + 0{,}75\text{ m}\cdot 3\,000\text{ m}\cdot 0{,}5\text{ m}$$
$$= 750\text{ m}^3 + 1\,125\text{ m}^3$$
$$= 1\,875\text{ m}^3$$

Der zusammengesetzte Quader hat die Länge $(2\text{ m} - 0{,}5\text{ m}) : 2 = 0{,}75\text{ m}$.

Die Erde wiegt $1\,875\cdot 1{,}5 = 2\,812{,}5$ Tonnen.

Bei einer Fahrt kann ein Lkw 15 Tonnen transportieren.
$2\,812{,}5 : 15 \approx 187{,}5$
Es sind insgesamt 188 Fahrten.

Also fahren alle **10 Lkw achtzehnmal**, dann fahren nur **8 Lkw noch einmal**, wobei einer nur halb beladen ist.

217 Breite: b
Länge: 2b
Höhe: 0,5b

Alle Kanten zusammen haben die Länge:
$K = 4\cdot \ell + 4\cdot b + 4\cdot h$

Damit gilt:

$$K = 4 \cdot (2 \cdot b) + 4 \cdot b + 4 \cdot (0{,}5 \cdot b)$$
$$56\text{ cm} = 8 \cdot b + 4 \cdot b + 2 \cdot b$$
$$56\text{ cm} = 14 \cdot b$$

Also muss **$b = 4$ cm** gelten. $14 \cdot 4 = 56$

Dann folgt daraus:

$\ell = 8$ cm und **$h = 2$ cm**

Für das Volumen gilt:

$V = 8 \cdot 4 \cdot 2\text{ cm}^3 = \mathbf{64\text{ cm}^3}$

218 Es werden die Formeln $O_{\text{Würfel}} = 6 \cdot s \cdot s$ und $V_{\text{Würfel}} = s \cdot s \cdot s$ verglichen. Damit diese beiden Terme dieselbe Zahl ergeben, muss $s = 6$ gelten. Die Kantenlänge kann **6 mm**, **6 cm**, **6 dm**, **6 m** oder **6 km** sein.

219 a) Ein Würfel mit $s = 8$ cm passt genau sechsmal in dieses Werkstück. Also gilt für sein Volumen:

$V = 6 \cdot (8\text{ cm})^3 = \mathbf{3\,072\text{ cm}^3}$

Für die Oberfläche betrachtet man die Seiten getrennt, wobei man deckungsgleiche Seiten zusammenfasst.

Vorder- und Rückseite:

$A = 2 \cdot (16\text{ cm} \cdot 8\text{ cm} + 8\text{ cm} \cdot 8\text{ cm} + 24\text{ cm} \cdot 8\text{ cm}) = 768\text{ cm}^2$

Boden und rechte Seite außen:

$A = 2 \cdot (24 \cdot 8\text{ cm}^2) = 384\text{ cm}^2$

Drei Deckflächen und die linke Seite innen:

$A = 4 \cdot (8 \cdot 8\text{ cm}^2) = 256\text{ cm}^2$

Linke Seite außen und rechte Seite innen:

$A = 2 \cdot (8 \cdot 16\text{ cm}^2) = 256\text{ cm}^2$

$O_{\text{gesamt}} = 768\text{ cm}^2 + 384\text{ cm}^2 + 2 \cdot 256\text{ cm}^2 = \mathbf{1\,664\text{ cm}^2}$

b) Aus dem umfassenden Quader werden vier gleich große Quader an den Ecken herausgeschnitten:

$$V = 12\text{ dm} \cdot 12\text{ dm} \cdot 12\text{ dm} - 4 \cdot (4\text{ dm} \cdot 4\text{ dm} \cdot 12\text{ dm})$$
$$= 1\,728\text{ dm}^3 - 768\text{ dm}^3$$
$$= \mathbf{960\text{ dm}^3}$$

$120\text{ cm} = 1{,}2\text{ m} = 12\text{ dm}$
$40\text{ cm} = 4\text{ dm}$

Oberfläche:

Vorder- und Rückseite:

$A = 2 \cdot [5 \cdot (4\text{ dm} \cdot 4\text{ dm})] = 160\text{ dm}^2$

Alle Seitenflächen, Grundfläche und Deckfläche:

$A = 12 \cdot (4\text{ dm} \cdot 12\text{ dm}) = 576\text{ dm}^2$

$O_{\text{gesamt}} = 160\text{ dm}^2 + 576\text{ dm}^2 = \mathbf{736\text{ dm}^2}$

220 a) Das Prisma wird halbiert und zu einem Quader zusammengefügt, dessen Länge 18 cm beträgt.

$V = 18\text{ cm} \cdot 18\text{ cm} \cdot 31{,}2\text{ cm} = \mathbf{10\,108{,}8\text{ cm}^3}$

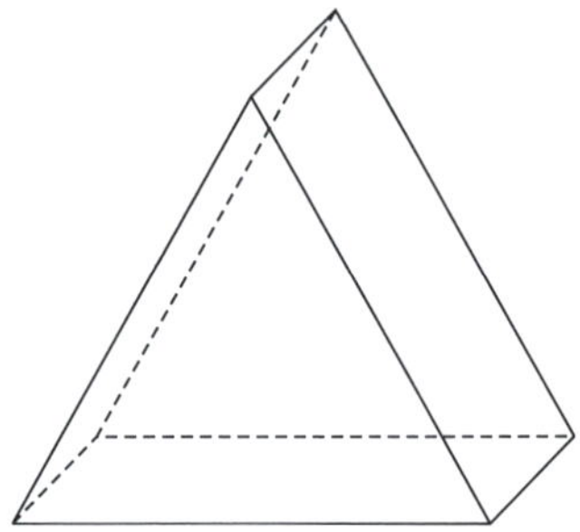

Das Werkstück wiegt:
$10\,108{,}8 \cdot 0{,}65\text{ g} = 6\,570{,}72\text{ g} \approx \mathbf{6{,}57\text{ kg}}$

Oberfläche:
Vorder- und Rückseite:

$A = 2 \cdot \left(\frac{1}{2} \cdot 36\text{ cm} \cdot 31{,}2\text{ cm}\right) = 1\,123{,}2\text{ cm}^2$

Grundfläche und zwei Seitenflächen:

$A = 3 \cdot (36\text{ cm} \cdot 18\text{ cm}) = 1\,944\text{ cm}^2$

$O_{gesamt} = 1\,123{,}2\text{ cm}^2 + 1\,944\text{ cm}^2 = \mathbf{3\,067{,}2\text{ cm}^2}$

b) Der Körper wird waagrecht geteilt, wodurch zwei Quader und ein Würfel entstehen:

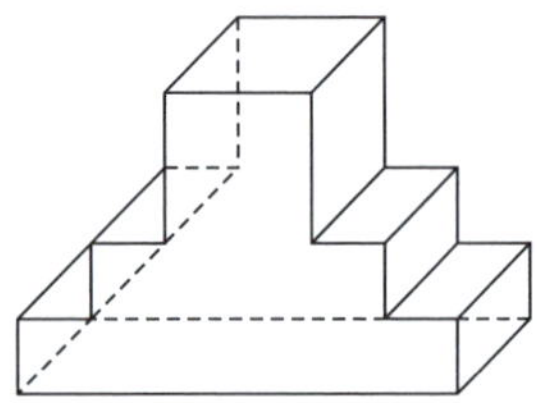

$V = 30\text{ cm} \cdot 10\text{ cm} \cdot 5\text{ cm} + 20\text{ cm} \cdot 10\text{ cm} \cdot 5\text{ cm}$
$\quad + 10\text{ cm} \cdot 10\text{ cm} \cdot 10\text{ cm}$
$\quad = 1\,500\text{ cm}^3 + 1\,000\text{ cm}^3 + 1\,000\text{ cm}^3$
$\quad = \mathbf{3\,500\text{ cm}^3}$

Das Werkstück wiegt:
$3\,500 \cdot 0{,}65\text{ g} = 2\,275\text{ g} \approx \mathbf{2{,}3\text{ kg}}$

Oberfläche:
Vorder- und Rückseite:

$A = 2 \cdot (5\text{ cm} \cdot 30\text{ cm} + 5\text{ cm} \cdot 20\text{ cm} + 10\text{ cm} \cdot 10\text{ cm}) = 700\text{ cm}^2$

Acht kleine Seiten-/Deckflächen:

$A = 8 \cdot (5\text{ cm} \cdot 10\text{ cm}) = 400\text{ cm}^2$

Drei große Seiten-/Deckflächen:
$A = 3 \cdot (10\text{ cm} \cdot 10\text{ cm}) = 300\text{ cm}^2$

Bodenfläche:
$A = 30\text{ cm} \cdot 10\text{ cm} = 300\text{ cm}^2$

$O_{gesamt} = 700\text{ cm}^2 + 400\text{ cm}^2 + 300\text{ cm}^2 + 300\text{ cm}^2 = \mathbf{1\,700\text{ cm}^2}$

c) Das ist das Netz eines Quaders.

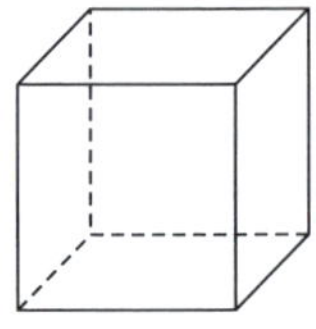

$V = 24\text{ cm} \cdot 16\text{ cm} \cdot 24\text{ cm} = \mathbf{9\,216\text{ cm}^3}$
Das Werkstück wiegt:
$9\,216 \cdot 0{,}65\text{ g} = 5\,990{,}4\text{ g} \approx \mathbf{6\text{ kg}}$

Oberfläche:

$O = 2 \cdot (24\text{ cm} \cdot 24\text{ cm} + 24\text{ cm} \cdot 16\text{ cm} + 24\text{ cm} \cdot 16\text{ cm}) = \mathbf{2\,688\text{ cm}^2}$

221 Denk daran, dass der Prozentsatz immer zum Prozentwert passen muss.

	Grundwert	Prozentwert	Prozentsatz
a)	**1 300 €**	**156 €**	**12 %**
b)	**450 Kinder**	**126 Kinder mit Rad**	**28 %**
c)	**2 500 €**	**2 562,50 €**	100 % + 2,5 % = **102,5 %**
d)	**85 €**	**72,25 €**	100 % – 15 % = **85 %**
e)	**80 Bonbons**	**52 Bonbons, die nicht nach Erdbeere schmecken**	100 % – 35 % = **65 %**

222 Du kannst hier verschiedene Geschichten erfinden. Wichtig ist, dass die Angaben vorkommen.

a) Die 6a unternimmt einen Wandertag. Alle 32 Kinder gehen mit. Im Gasthaus sitzen die 12 Mädchen an einem Tisch. Das sind 37,5 % der Klasse.

b) Nach Halloween haben die Drillinge Maja, Mara und Moritz viele Süßigkeiten gesammelt. Gemeinsam haben sie 140 Gummibärchen. Davon sind 35 % rot. Das sind 49 Gummibärchen.

223 Gegeben: GW = 5 km
PS = 100 % + 40 % = 140 % = 1,4
Gesucht: PW
PW = GW · PS = 5 km · 1,4 = 7 km
Petra und Paula werden dann **7 km** weit reiten.

224 Gegeben: GW = 28 Klimmzüge
PS = 25 % = 0,25
Gesucht: PW
PW = GW · PS = 28 · 0,25 = 7
Patrick muss zusätzlich **7 Klimmzüge** machen.

225 Gegeben: GW = 260 €
PS = 12 % = 0,12
Gesucht: PW
PW = GW · PS = 260 € · 0,12 = 31,20 €
Evas Eltern müssen um **31,20 €** weniger zahlen.

226 Gegeben: GW = 3 500 €
PS = 2,5 % = 0,025
Gesucht: PW
PW = GW · PS = 3 500 € · 0,025 = 87,50 €
Die Erhöhung macht **87,50 €** aus.

227 Gegeben: GW = 64 Bonbons
PS = 12,5 % = 0,125
Gesucht: PW
PW = GW · PS = 64 · 0,125 = 8
8 Bonbons sind grün.

228 Gegeben: GW = 24 Kinder
PS = 100 % – 37,5 % = 62,5 % = 0,625
Gesucht: PW
PW = GW · PS = 24 · 0,625 = 15
15 Kinder haben ein anderes Lieblingsgetränk.

229 Rechnung 1:
Gegeben: GW = 58 €
PS = 100 % + 2 % = 1,02
Gesucht: PW
PW = GW · PS = 58 € · 1,02 = 59,16 €

Man muss zwei voneinander getrennte Rechnungen durchführen, weil jede Erhöhung extra berechnet werden muss.

Rechnung 2:
Gegeben: GW = 59,16 €
PS = 100 % + 2,5 % = 1,025
Gesucht: PW
PW = GW · PS = 59,16 € · 1,025 = 60,639€ ≈ 60,64 €
Die Fahrkarte kostet jetzt **60,64 €**.

Der eben berechnete Prozentwert ist der neue Grundwert.

230 2017/18:
Gegeben: GW = 320 Kinder
PS = 75 % = 0,75
Gesucht: PW
PW = GW · PS = 320 · 0,75 = 240

2016/17:

Gegeben: GW = 350 Kinder

PS = 75 % − 5 % = 70 % = 0,7

2016/17 waren es 5 Prozentpunkte weniger als 2017/18.

Gesucht: PW

$PW = GW \cdot PS = 350 \cdot 0{,}7 = 245$

Im Schuljahr **2016/17** haben **245 Sechstklässler** sich für den naturwissenschaftlich-technologischen Zweig entschieden, **2017/18** waren es **240 Kinder**.

231 Man kann **nicht entscheiden**, ob Manuel recht hat oder nicht. Dazu müsste man die Anzahl der Körbe kennen, die in den beiden Spielen jeweils insgesamt geworfen wurden. Nur wenn man diese beiden Grundwerte kennt, kann man mit den Prozentsätzen (45 % und 50 %) die Prozentwerte (Anzahl der geworfenen Körbe von Jan und Hussein) errechnen und vergleichen.

Mit einem Beispiel kannst du sehen, dass es notwendig ist, den Grundwert zu kennen:
Jan wirft 45 % von 20 Körben, d. h. $20 \cdot 0{,}45 = 9$ Körbe.
Hussein wirft 50 % von 16 Körben, d. h. $16 \cdot 0{,}5 = 8$ Körbe, also weniger als Jan.
Aber falls Hussein 50 % von 24 Körben wirft, sind das $24 \cdot 0{,}5 = 12$ Körbe, also mehr als bei Jan.

232 Gegeben: GW = 300 €

PS = 100 % + 0,5 % = 1,005

Gesucht: PW_1 nach einem Jahr, PW_2 nach zwei Jahren, PW_3 nach drei Jahren

Das Ergebnis eines Jahres ist immer der Grundwert des nächsten Jahres:

$PW_1 = 300 \cdot 1{,}005 = 301{,}50$ €

$PW_2 = 301{,}50 \cdot 1{,}005 \approx 303{,}01$ €

$PW_3 = 303{,}01 \cdot 1{,}005 \approx 304{,}53$ €

Mario kann nach drei Jahren **304,53 €** abheben.

233 Gegeben: GW = 75 Bonbons

PW = 21 Bonbons

Gesucht: PS

$$PS = \frac{PW}{GW} = \frac{21}{75} = 0{,}28 = 28\ \%$$

In der Packung schmecken **28 %** nach Zitrone.

234 Gegeben: GW = 60 Kekse
PW = 48 Kekse
Gesucht: PS

$$PS = \frac{PW}{GW} = \frac{48}{60} = 0{,}8 = 80\ \%$$

Henry hat schon **80 %** der Kekse gegessen.

235 Gegeben: GW = 3 750 €
PW = 3 881,25 € − 3 750 € = 131,25 €
Gesucht: PS

$$PS = \frac{PW}{GW} = \frac{131{,}25\ €}{3\,750\ €} = 0{,}035 = 3{,}5\ \%$$

Das Gehalt von Frau Hainreiter wurde um **3,5 %** erhöht.

236 Gegeben: GW = 9,90 €
PW = 9,90 € − 8,91 € = 0,99 €
Gesucht: PS

$$PS = \frac{PW}{GW} = \frac{0{,}99\ €}{9{,}90\ €} = 0{,}1 = 10\ \%$$

Der Rabatt betrug **10 %**.

237 Gegeben: GW = 3 h = 180 min
PW = (5 · 45 min + 2 · 120 min) − 180 min = 465 min − 180 min = 285 min
Gesucht: PS

$$PS = \frac{PW}{GW} = \frac{285\ \text{min}}{180\ \text{min}} = 1{,}58\overline{3} \approx 158{,}33\ \%$$

Joshua hat seine Trainingszeit um ungefähr **158,33 %** gesteigert.

238 Gegeben: GW = 200 €
Zinsen = PW = 201 € − 200 € = 1 €
Gesucht: Zinssatz = PS

$$PS = \frac{PW}{GW} = \frac{1}{200} = 0{,}005 = 0{,}5\ \%$$

Das Sparbuch hatte einen Zinssatz von **0,5 %**.

239 a) Gegeben: GW = 306 Spiele
PW = 74 Spiele
Gesucht: PS

$$PS = \frac{PW}{GW} = \frac{74}{306} \approx 0,24 \approx 24\ \%$$

24 % der Bundesligaspiele endeten 2016/17 unentschieden.

b) Gegeben: GW = 306 Spiele
PS = 24 % + 3 % = 27 % = 0,27
Gesucht: PW

$PW = GW \cdot PS = 306 \cdot 0{,}27 = 82{,}62 \approx 83$ Spiele

83 Spiele endeten 2017/18 unentschieden.

240 Mit dem Dreisatz erhält man:

$$\begin{array}{lrcl}
:24 & 24\ \% & \hat{=} & 6 \text{ Kinder} \\
\cdot 100 & 1\ \% & \hat{=} & \frac{6}{24} = 0,25 \text{ Kinder} \\
 & 100\ \% & \hat{=} & 25 \text{ Kinder}
\end{array}$$

(links und rechts jeweils :24 und · 100)

25 Kinder besuchen die 6c.

241 Gegeben: PW = 5 564 €
PS = 100 % + 4 % = 104 % = 1,04
Gesucht: GW

$$GW = \frac{PW}{PS} = \frac{5\,564\ €}{1,04} = \frac{556\,400\ €}{104} = 5\,350\ €$$

Frau Hanussen hat vor der Gehaltserhöhung **5 350 €** verdient.

Alternative mit dem Dreisatz:

$$\begin{array}{lrcl}
:104 & 104\ \% & \hat{=} & 5\,564\ € \\
\cdot 100 & 1\ \% & \hat{=} & 53,50\ € \\
 & 100\ \% & \hat{=} & 5\,350\ €
\end{array}$$

(links und rechts jeweils :104 und · 100)

Auch die folgenden Aufgaben können mit dem Dreisatz gelöst werden. Diese Alternative ist dort aber nicht mehr als Lösung angegeben.

242 Gegeben: PW = 7,28 km
PS = 100 % + 12 % = 1,12
Gesucht: GW

$$GW = \frac{PW}{PS} = \frac{7,28\text{ km}}{1,12} = \frac{728\text{ km}}{112} = 6,5\text{ km}$$

Janas ursprüngliche Trainingsstrecke war **6,5 km** lang.

243 Gegeben: PW = 46 Bücher
PS = 100 % + 15 % = 1,15
Gesucht: GW

$$GW = \frac{PW}{PS} = \frac{46}{1,15} = \frac{4\,600}{115} = 40$$

Lisa hat **40 Bücher**.

244 Gegeben: PW = 25 Körbe
PS = 100 % + 25 % = 1,25
Gesucht: GW

$$GW = \frac{PW}{PS} = \frac{25}{1,25} = \frac{2\,500}{125} = 20$$

Ben hat im vorigen Spiel **20 Körbe** geworfen.

245 Gegeben: GW = 25 000 €
PS = 2,5 % = 0,025
Gesucht: PW

$PW = 25\,000\text{ €} \cdot 0{,}025 = 625\text{ €}$

Gegeben: GW = 28 000 €
PS = 2,2 % = 0,022
Gesucht: PW

$PW = 28\,000\text{ €} \cdot 0{,}022 = 616\text{ €}$

Herr Huber zahlt mehr Zinsen.

246 Zunächst wird die Gesamtzahl aller Schülerinnen und Schüler berechnet:
$292 + 260 + 248 = 800$
Für den Anteil in der Unterstufe gilt:

$$\frac{292}{800} = \frac{73}{200} = 0,365 = 36,5\ \%$$

Für den Anteil in der Mittelstufe gilt:

$$\frac{260}{800} = \frac{13}{40} = 0,325 = 32,5\ \%$$

Für den Anteil in der Oberstufe gilt:

$$\frac{248}{800}=\mathbf{\frac{31}{100}}=0{,}31=\mathbf{31\ \%}$$

Stufe	absolute Häufigkeit	relative Häufigkeit in %	relative Häufigkeit als Bruch
Unterstufe	292	**36,5 %**	$\mathbf{\frac{73}{200}}$
Mittelstufe	260	**32,5 %**	$\mathbf{\frac{13}{40}}$
Oberstufe	248	**31 %**	$\mathbf{\frac{31}{100}}$

247 Die Gesamtzahlen der Schülerinnen und Schüler sind:
6a: $2+6+4+3+4+1=20$
6b: $3+4+6+4+4+3=24$

Die relativen Häufigkeiten sind:

6a: **Note 1:** $\frac{2}{20}=0{,}1=\mathbf{10\ \%}$

Note 2: $\frac{6}{20}=0{,}3=\mathbf{30\ \%}$

Noten 3 und 5: $\frac{4}{20}=0{,}2=\mathbf{20\ \%}$

Note 4: $\frac{3}{20}=0{,}15=\mathbf{15\ \%}$

Note 6: $\frac{1}{20}=0{,}05-\mathbf{5\ \%}$

6b: **Noten 1 und 6:** $\frac{3}{24}=\mathbf{\frac{1}{8}}$

Noten 2, 4 und 5: $\frac{4}{24}=\mathbf{\frac{1}{6}}$

Note 3: $\frac{6}{24}=\mathbf{\frac{1}{4}}$

248 a) Gesamtzahl der Würfe: Lukas würfelt 50-mal und Max 40-mal.

Die relativen Häufigkeiten sind:

	1	2	3	4	5	6
Lukas	16 %	12 %	22 %	14 %	20 %	16 %
Max	$\frac{3}{20}$	$\frac{1}{5}$	$\frac{7}{40}$	$\frac{3}{40}$	$\frac{9}{40}$	$\frac{7}{40}$

b) Der Prozentsatz von Max mit Augenzahl 3 beträgt:

$$\frac{7}{40}=\frac{7}{2^3\cdot 5}=\frac{7\cdot 5^2}{2^3\cdot 5\cdot 5^2}=\frac{7\cdot 25}{2^3\cdot 5^3}=\frac{175}{1000}=0{,}175=17{,}5\,\%$$

Lukas hat den höheren Prozentsatz an Würfen mit der Augenzahl 3.

249 a) (1) **Falsch**, denn 2004 wurden mehr Athleten entsandt als 2000.

(2) Gegeben: GW = 489 Athleten
PW = 325 männliche Athleten
Gesucht: PS

$$PS=\frac{PW}{GW}=\frac{325}{489}=0{,}664\ldots$$

Dieser Wert ist kleiner als $\frac{2}{3}=0{,}\overline{6}$. Die Aussage ist daher **falsch**.

(3) 2008:
Gegeben: GW = 421 Athleten
PW = 188 weibliche Sportler
Gesucht: PS

$$PS=\frac{PW}{GW}=\frac{188}{421}\approx 0{,}4466=44{,}66\,\%$$

2004:
Gegeben: GW = 449 Athleten,
PW = 195 weibliche Sportler
Gesucht: PS

$$PS=\frac{PW}{GW}=\frac{195}{449}\approx 0{,}4343=43{,}43\,\%$$

Die Aussage ist **wahr**.

(4) Das kann man aus dem Diagramm **nicht ablesen**.

b) **1992** fuhren die wenigsten Frauen (nämlich 164), **2012** die wenigsten Männer (nämlich 215).

c)

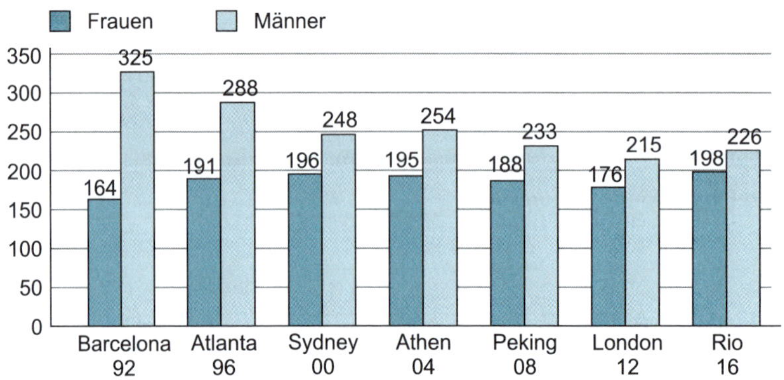

d) Gegeben: GW = 176 Personen
PW = 215 Personen – 176 Personen = 39 Personen
Gesucht: PS

$$PS = \frac{PW}{GW} = \frac{39}{176} \approx 0,2216 = 22,16\ \%$$

2012 gab es um etwa **22 %** mehr männliche als weibliche Athleten.

250 a) (1) Diese Aussage ist **falsch**, weil es 1 502 000 Familien waren.

(2) Zuerst wird jeweils die Summe der Familien mit Kindern in Tausend berechnet:
2002: 3 645 + 4 009 + 1 502 = 9 156
2012: 3 385 + 3 435 + 1 241 = 8 061
Danach wird der gesuchte Prozentsatz berechnet:
Gegeben: GW = 9 156
PW = 9 156 – 8 061 = 1 095
Gesucht: PS

$$PS = \frac{PW}{GW} = \frac{1\,095}{9\,156} \approx 0,1196 = 11,96\ \%$$

Das sind ca. 12 %, also ist die Aussage **wahr**.

(3) Das kann man aus dem Diagramm **nicht ablesen**.

(4) Zuerst werden die beiden Prozentsätze berechnet:
2002:
Gegeben: GW = 9 156
PW = 3 645
Gesucht: PS

$$PS = \frac{PW}{GW} = \frac{3\,645}{9\,156} \approx 0,3981 = 39,81\ \%$$

2012:
Gegeben: GW = 8 061
PW = 3 385
Gesucht: PS

$$PS = \frac{PW}{GW} = \frac{3\,385}{8\,061} \approx 0,4199 = 41,99\ \%$$

Der Prozentsatz ist 2012 größer, die Aussage ist also **wahr**.

b) Zunächst werden alle Prozentsätze von 2012 berechnet:

1 Kind: $PS = \frac{3\,385}{8\,061} \approx 0,42 = 42\ \%$

Es ist ausreichend, die Werte auf ganze Prozent zu runden.

2 Kinder: $PS = \frac{3\,435}{8\,061} \approx 0,43 = 43\ \%$

3 oder mehr Kinder: $PS = \frac{1\,241}{8\,061} \approx 0{,}15 = 15\,\%$

Wenn 100 % im Streifendiagramm 10 cm entsprechen, ergibt sich:

c) Der Rückgang der Familien insgesamt ist schon bekannt. Er beträgt 11,96 %.
Für den Rückgang der Familien mit 3 oder mehr Kindern gilt:
Gegeben: $GW = 1\,502$
$PW = 1\,502 - 1\,241 = 261$
Gesucht: PS

$$PS = \frac{PW}{GW} = \frac{261}{1\,502} \approx 0{,}1738 = 17{,}38\,\%$$

Dieser Anteil ist also **stärker** zurückgegangen.

d) 2012 gab es in Deutschland **3 435 000 Familien** mit 2 Kindern.

251 a) (1) Das kann man aus dem Diagramm **nicht ablesen**, weil man nur den Anteil der Studienberechtigten kennt, aber nicht die absolute Zahl.

(2) Diese Aussage ist **wahr**, weil der Unterschied von 37,2 % und 36,4 % kleiner als alle anderen Unterschiede ist.

(3) Es reicht, ein **Gegenbeispiel** zu finden. Am ehesten liegt im Jahr 1995 ein zu geringer Prozentsatz vor, weil hier die beiden Werte am weitesten auseinanderliegen. Man kann zwei Rechenwege wählen:

Möglichkeit 1:
Drei Viertel von 36,4 sind:

$$\frac{3}{4} \cdot \frac{36{,}4}{1} = \frac{3}{1} \cdot \frac{9{,}1}{1} = 27{,}3$$

Es haben weniger als drei Viertel der Studienberechtigten, nämlich nur 26,8 % statt 27,3 % des Geburtsjahrgangs, ein Studium begonnen.

Möglichkeit 2:
Wie viel Prozent von 36,4 sind 26,8?
$GW = 36{,}4$
$PW = 26{,}8$

$$PS = \frac{PW}{GW} = \frac{26{,}8}{36{,}4} \approx 73{,}6\,\%$$

Also ist der Prozentsatz niedriger als $\frac{3}{4} = 75\,\%$.
Die Aussage ist **falsch**.

(4) Das kann man aus dem Diagramm **nicht ablesen**.

b) 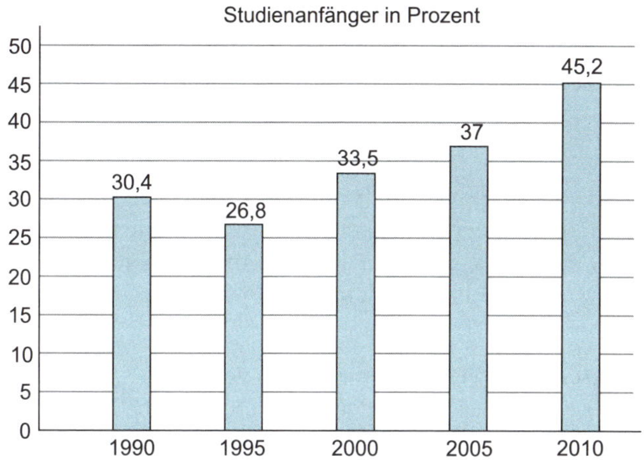

c) **1990** lagen die beiden Prozentwerte am nächsten beieinander.

d) Ja, er hat **recht**, weil 49 % fast 50 % sind, das wäre jeder Zweite. Ein Bildungspolitiker könnte 1990 sagen: „**Fast jeder Dritte** eines Geburtsjahrgangs hat eine Studienberechtigung.“ 31,4 % sind fast ein Drittel.

252 a) (1) Diese Aussage ist **wahr**, da die 6a dreimal Dritter geworden ist.

(2) Diese Aussage ist **falsch**, da nur die 6a nie Letzter geworden ist.

(3) Diese Aussage ist **wahr**. Beide haben zweimal ein Turnier gewonnen, die 6c für Völkerball und Fitness, die 6d für Leichtathletik und Geräteturnen.

(4) Das kann man aus dem Diagramm **nicht ablesen**.

b) 6a: $1 \cdot 10 + 2 \cdot 5 + 3 \cdot 3 = 29$ Punkte
6b: $1 \cdot 10 + 3 \cdot 5 + 1 \cdot 3 = 28$ Punkte
6c: $2 \cdot 10 + 3 \cdot 5 = 35$ Punkte
6d: $2 \cdot 10 = 20$ Punkte
Die **6c** hat nach Punkten gesiegt.

c) 6a: $1 \cdot 10 + 1 \cdot 5 + 1 \cdot 3 = 18$ Punkte
6b: $1 \cdot 10 + 1 \cdot 5 + 1 \cdot 3 = 18$ Punkte
6c: $1 \cdot 10 + 2 \cdot 5 = 20$ Punkte
6d: 0 Punkte
Die **6c** hat nach Punkten gesiegt.

253 Die horizontale Achse schneidet die vertikale Achse **nicht bei 0**, sondern bei 10. Dadurch wirken die Unterschiede viel größer, als sie in Wirklichkeit sind. Die Breite der Balken bleibt gleich, sodass hierdurch keine zusätzliche Verzerrung bewirkt wird.

254 Die horizontale Achse schneidet die vertikale Achse **nicht bei 0**, sondern bei 140. Deshalb wirkt es so, als wären die Unterschiede viel größer, als sie in Wirklichkeit sind. Die Breite der Balken verändert sich nicht, also liegt keine zusätzliche Verzerrung vor.

255 In der 6b haben doppelt so viele Kinder ein Haustier wie in der 6c. Aber die Abbildung ist doppelt so breit und doppelt so hoch, also vergrößert sich die **Fläche um den Faktor 4**. So wirkt es, als gäbe es in der 6b viermal so viele Kinder mit Haustieren wie in der 6c. Es entsteht also ein falscher Eindruck.

256 Wenn man z. B. die Geschenkpakete der 6a und der 6b vergleicht, so sind jeweils Länge, Breite und Höhe des Paketes der 6b doppelt so groß wie die Abmessungen des Pakets der 6a. Das heißt aber, dass sich das **Volumen verachtfacht**. Deshalb wirkt es so, als gäbe die 6b noch mehr aus, als das in Wirklichkeit der Fall ist.

257 a) Gesamtanzahl an Noten:
6

Summe der Einzelwerte:
$2+4+3+2+1+1=13$

Notenschnitt:
$13:6 \approx$ **2,17**

b) Gesamtanzahl an Noten:
7

Summe der Einzelwerte:
$2+3+2+3+2+2+1=15$

Notenschnitt:
$15:7 \approx$ **2,14**

c) Gesamtanzahl an Noten:
$2+1+5=8$

Summe der Einzelwerte:
$2 \cdot 1+1 \cdot 3+5 \cdot 2=15$

Notenschnitt:
$15:8 \approx$ **1,88**

258 a) Gesamtanzahl an Äpfeln:
4

Summe der Einzelgewichte (in g):
$145+166+210+193=714$

Durchschnitt (in g):
$714 : 4 = 178{,}5$

Ein Apfel wiegt durchschnittlich **178,5 g**.

b) Gesamtanzahl an Kindern:
3

Summe der Körpergrößen (in cm):
$144 + 147 + 134 = 425$

Durchschnitt (in cm):
$425 : 3 \approx 142$

Die drei Mädchen sind durchschnittlich **1,42 m** groß.

c) Hier musst du rückwärtsrechnen.

$4{,}65\ € \cdot 3 = 13{,}95\ €$
$13{,}95\ € - (5{,}70\ € + 3{,}95\ €) = 4{,}30\ €$

Wenn jeder der drei im Schnitt 4,65 € hat, dann haben sie zusammen das Dreifache.

Jago hat **4,30 €**.

259 a) Gesamtanzahl an Kindern:
5

Summe der Geschwisterzahlen:
$3 + 3 + 2 + 1 + 1 = 10$

Durchschnittliche Geschwisterzahl:
$\frac{10}{5} = \mathbf{2}$

b) Die Aussage ist **falsch**.

Das kannst du durch Ausprobieren herausfinden. Du wirst folgende Gegenbeispiele finden:

1. Entfernt man Burak, so bleibt der Durchschnitt gleich:
$\frac{3+3+1+1}{4} = \frac{8}{4} = 2$

2. Entfernt man Tobias oder Selma, so wird der Durchschnitt sogar größer:
$\frac{3+3+2+1}{4} = \frac{9}{4} = 2{,}25$

Das gilt immer:

- Entfernt man einen Einzelwert, der gleich dem Durchschnitt ist, so verändert sich der Durchschnitt nicht.
- Entfernt man einen Einzelwert, der kleiner als der Durchschnitt ist, so wird der Durchschnitt größer.
- Entfernt man einen Einzelwert, der größer als der Durchschnitt ist, so wird der Durchschnitt kleiner.

260 Gegeben: GW = 75 Kekse
PW = 12 Kekse
Gesucht: PS

$$PS = \frac{PW}{GW} = \frac{12}{75} = 0{,}16 = 16\ \%$$

16 % der Kekse sind zerbrochen.

261 Gegeben: PW = 12 Kinder
PS = 37,5 % = 0,375
Gesucht: GW

$$GW = \frac{PW}{PS} = \frac{12}{0{,}375} = \frac{12\,000}{375} = 32$$

In der Klasse sind **32 Kinder**.

262 Gegeben: PW = 4 284 €
PS = 100 % + 2 % = 102 % = 1,02
Gesucht: GW

$$GW = \frac{PW}{PS} = \frac{4\,284\ €}{1{,}02} = \frac{428\,400\ €}{102} = 4\,200\ €$$

Frau El Labadi hat vorher **4 200 €** verdient.

263 Gegeben: GW = 6,8 km
PS = 100 % + 15 % = 115 % = 1,15
Gesucht: PW
$PW = GW \cdot PS = 6{,}8\ \text{km} \cdot 1{,}15 = 7{,}82\ \text{km}$
Anna und Ruth laufen nach der Erhöhung der Trainingsstrecke **7,82 km**.

264 Gegeben: GW = 200 g
PW = 55 g
Gesucht: PS

$$PS = \frac{PW}{GW} = \frac{55\ \text{g}}{200\ \text{g}} = 0{,}275 = 27{,}5\ \%$$

Es sind **nicht genug** Cashew-Kerne in der Mischung.

265 Rechnung 1:

Hier musst du „zurückrechnen", also zwei getrennte Rechnungen ausführen.

Starte mit dem Endpreis und berechne den Preis vor dem zweiten Rabatt.

Gegeben: PW = 19,89 €
PS = 100 % – 15 % = 85 % = 0,85
Gesucht: GW

$$GW = \frac{PW}{PS} = \frac{19,89\ €}{0,85} = \frac{1989\ €}{85} = 23,40\ €$$

Rechnung 2:

Berechne mit diesem Ergebnis den ursprünglichen Preis.

Gegeben: PW = 23,40 €
PS = 100 % – 10 % = 90 % = 0,9
Gesucht: GW

$$GW = \frac{PW}{PS} = \frac{23,40\ €}{0,9} = \frac{234\ €}{9} = 26\ €$$

Das Spiel hat ursprünglich **26 €** gekostet.

266 Man berechnet in beiden Fällen den Preis für einen Keks und vergleicht anschließend.

25 % mehr Kekse:
Gegeben: GW = 40 Kekse
PS = 125 % = 1,25
Gesucht: PW

PW = 40 · 1,25 = 50 Kekse

Preis pro Keks: 6,40 : 50 = 0,128, also 12,8 ct

25 % Rabatt:
Gegeben: GW = 6,40 €
PS = 75 % = 0,75
Gesucht: PW

PW = 6,40 · 0,75 = 4,80 €

Preis pro Keks: 4,80 : 40 = 0,12, also 12 ct

Für eine Naschkatze ist das **bessere Angebot der Rabatt**, weil dann der Preis pro Keks günstiger ist.

267 Die Unterschiede zwischen den Umsätzen der verschiedenen Filialen wirken in dieser Darstellung sehr groß, da die senkrechte Achse **nicht bei null** beginnt. Die Breite der Balken bleibt gleich, sodass hierdurch keine zusätzliche Verzerrung bewirkt wird.

268 a) (1) 1970 gab es ca. 400 000 Schülerinnen und Schüler in diesen Schulen, 2010 ca. 600 000. Also fehlen ca. 200 000 Schülerinnen und Schüler dazu, dass sich die Anzahl verdoppelt hat.
Die Aussage ist **falsch**.

(2) **Falsch**, das war 1970.

(3) Das kann man dem Diagramm **nicht entnehmen**.

b) Die Anzahl der Schülerinnen und Schüler an Volksschulen sank ab **2000** bis heute.

c) 1970:
Gegeben: GW = 1 600 000
PW = 400 000
Gesucht: PS

$$PS = \frac{PW}{GW} = \frac{400\,000}{1\,600\,000} = 0{,}25 = \mathbf{25\ \%}$$

2010:
Gegeben: GW = 1 250 000
PW = 600 000
Gesucht: PS

$$PS = \frac{PW}{GW} = \frac{600\,000}{1\,250\,000} = 0{,}48 = \mathbf{48\ \%}$$

Veränderung zwischen 2010 und 1970:
48 % − 25 % = 23 %

Der Prozentsatz hat um **23 Prozentpunkte** zugenommen.

d) Man könnte die vertikale Achse von der horizontalen bei 600 000 Schülerinnen und Schülern schneiden lassen. Dadurch würde der Anteil der Schülerinnen und Schüler an Mittelschulen und höheren Schulen viel größer wirken, als er in Wirklichkeit ist.

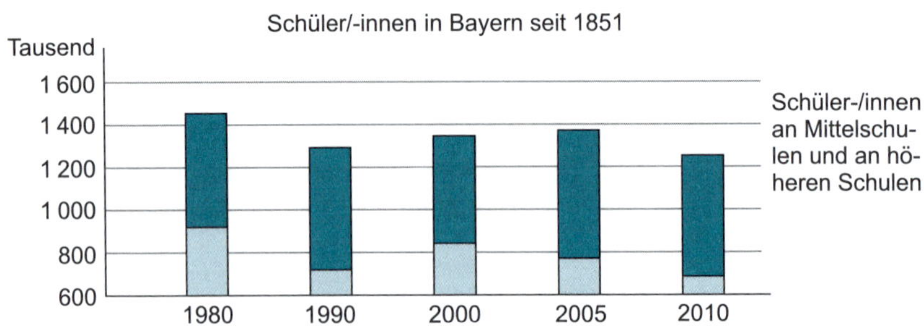

Bildnachweis

Umschlag: © 363469. Shutterstock
S. 1: © Can Stock Photo Inc./tomwang
S. 2: © Phase4Studios. Shutterstock
S. 5: © Crisp. Shutterstock
S. 6: By jdurham
S. 7: © verchik. Shutterstock
S. 11: © Nataliya Peregudova. Shutterstock
S. 13: © Deep OV. Shutterstock
S. 14: © Brocreative. Shutterstock
S. 16: © Digitalpress/Fotolia.com
S. 17: © Maridav. Shutterstock
S. 18: © Nikola Bilic. Shutterstock
S. 21: © vamapaul/www.freeimages.com
S. 23: © jAdamG1975/www.istockphoto.com
S. 24: © sevenke. Shutterstock
S. 27: © Nick Webb/wikipedia, CC BY 2.0
S. 30: © mikecco/www.freeimages.com
S. 33: © Gladskikh Tatiana. Shutterstock
S. 34: © Petlia Roman. Shutterstock
S. 35: © ARochau/Fotolia.com
S. 38: © Elnur/Dreamstime.com
S. 39: © SmileStudio. Shutterstock
S. 41: © Nattika. Shutterstock
S. 42: © AN NGUYEN. Shutterstock
S. 43: © Danny Smythe. Shutterstock
S. 44: © Ljupco Smokovski. Shutterstock
S. 45: © Monkey Business Images. Shutterstock
S. 48: © katielittle. Shutterstock
S. 51: © Vuk Vukmirovic / Dreamstime.com
S. 52: Hund: © Mikko Pilkünen/Fotolia.com; Kaninchen: © JIANG HONGYAN. Shutterstock;
Vogel: © Ene/dreamstime; Katze: © ustyujanin/Dreamstime.com; Schildkröte: © dreamstime
S. 53: © monticello. Shutterstock
S. 54, S. 202: © David Fuchs, Berlin
S. 57: © Tina Rencelj. Shutterstock
S. 58: © Danny Smythe. Shutterstock
S. 59: © bluegum/www.freeimages.com
S. 60: © irin-k. Shutterstock
S. 61: © just4you/www.freeimages.com
S. 63: © Markus Mainka. Schutterstock
S. 65: © Karramba Production. Shutterstock
S. 69: © Poznyakov. Shutterstock
S. 73: © Ariwasabi. Shutterstock
S. 77: © Barbol. Shutterstock
S. 78: © Christine Langer-Pueschel. Shutterstock
S. 79: © Toby_s/Dreamstime.com
S. 80: © Sozaijiten
S. 84: © falco/fotolia.com
S. 89: © Norman Chan. Shutterstock

S. 90: © prometeus / 123RF Stock Foto
S. 92: © JIANG HONGYAN. Shutterstock
S. 93: © Venusianer/wikipedia, cc-by-sa-3.0
S. 95: © © Lukas Riebling/wikipedia, cc-by-sa-3.0
S. 99: © egore911/Openclipart
S. 104: © Nic Neish. Shutterstock
S. 108: © justin maresch. Shutterstock
S. 109: © Yeko Photo Studio. Shutterstock
S. 110: © Slavoljub Pantelic. Shutterstock
S. 112: Spielwürfel: © Franco Volpato. Shutterstock; Milchtüte: © joingate. Shutterstock; Stecknadelkopf: © You Touch Pix of EuToch. Shutterstock; Schuhkarton: © uatp2. 123rf.com; Hotelzimmer: © bialasiewicz. 123rf.com; Hühnerei: © Nattika. Shutterstock
S. 114: © Tischenko Irina. Shutterstock
S. 123: © kreatorex. Shutterstock
S. 124: © vbmark. Shutterstock
S. 126: © Amy Myers. Shutterstock
S. 127: © Ahturner. Shutterstock
S. 128: © Lius Louro. Shutterstock
S. 129: © Pressmaster. Shutterstock
S. 130: © Gabriel Nardelli Araujo / Dreamstime.com
S. 131: © Penywise/Dreamstime.com
S. 132: © dotshock. Shutterstock
S. 133: © Pressmaster. Shutterstock
S. 143: Fußball: © Gemenacom/Dreamstime.com
S. 145: Geschenk: © Mailthepic/Dreamstime.com
S. 146: highwaystarz. 123rf.com
S. 151: © view7/Fotolia
S. 163: © Can Stock Photo Inc./4774344sean